ÂNCORA MEDICINAL

PARA CONSERVAR A VIDA COM SAÚDE

ÂNCORA MEDICINAL

PARA CONSERVAR A VIDA COM SAÚDE

FRANCISCO DA FONSECA HENRIQUEZ

Texto Modernizado e Glossário
MANOEL MOURIVALDO SANTIAGO ALMEIDA (UFMT)
SÍLVIO DE ALMEIDA TOLEDO NETO (USP)
HEITOR MEGALE (USP)

Revisão das Traduções do Latim
LEÔNIDAS QUERUBIM AVELINO (UFMT)

Prefácios
DR. CASSIO RAVAGLIA *e* DR. SÉRGIO DE PAULA SANTOS

Revisão Geral
GERALDO GERSON DE SOUZA

Ateliê Editorial

Dados Internacionais de Catalogação na Publicação (CIP)
(Câmara Brasileira do Livro, SP, Brasil)

Henriquez, Francisco da Fonseca
Âncora medicinal: para conservar a vida com saúde / Francisco da Fonseca Henriquez; texto modernizado Manoel Mourivaldo Santiago Almeida, Sílvio de Almeida Toledo Neto e Heitor Megale; revisão das traduções do latim por Leônidas Querubim Avelino; prefácios Cassio Ravaglia e Sérgio de Paula Santos; revisão geral Geraldo Gerson de Souza. – Cotia, SP: Ateliê Editorial, 2004.

ISBN: 85-7480-195-X

1. Medicina – Obras anteriores a 1800 2. Nutrição 3. Saúde – Promoção I. Almeida, Manoel Mourivaldo Santiago. II. Toledo Neto, Sílvio de Almeida. III. Megale, Heitor IV. Avelino, Leônidas Querubim. V. Ravaglia, Cassio VI. Santos, Sérgio de Paula. VII. Souza, Geraldo Gerson de. VIII. Título.

04-1465 CDD-613.2

Índice para catálogo sistemático
1. Nutrição: Promoção da saúde 613.2

ATELIÊ EDITORIAL
Rua Manuel Pereira Leite, 15
06709-280 – Granja Viana – Cotia – SP
Telefax: (11) 4612-9666
www.atelie.com.br
e-mail: atelie_editorial@uol.com.br

Printed in Brazil 2004
Foi feito depósito legal

SUMÁRIO

Prefácio – *Dr. Cássio Ravaglia* 11
O Primeiro Tratado de Nutrição em Língua Portuguesa –
Dr. Sérgio de Paula Santos 17

ÂNCORA MEDICINAL

Ao Excelentíssimo Senhor 23
Excelentíssimo Senhor 24
Ao Leitor 25
Licenças do Santo Ofício 27
Antelóquio 31

SEÇÃO I
DO AR AMBIENTE

I. *O que Seja Ar e que Poderes Tenha no Corpo Humano* 35
II. *Da Eleição do Ar* 39

SEÇÃO II
DOS ALIMENTOS EM COMUM

I. *O que Seja Alimento, como se Coza no Estômago e Quais Sejam os Melhores Alimentos para as Pessoas que Têm Saúde* 45
II. *Da Quantidade de Alimento* 51

III. *Qual Seja mais Saudável, a Mesa que Consta de um só Alimento ou a que se Compõe de Muitos* 57
IV. *Da Ordem com que se Hão de Usar os Alimentos* 61
V. *Quantas Vezes e em que Horas se Há de Comer Cada Dia* 65
VI. *Se o Almoço Há de Ser Maior que o Jantar, se o Jantar Maior que o Almoço* 69
VII. *Se os Alimentos do Jantar Devem Ser Diferentes dos do Almoço?* 73
VIII. *Se é Melhor Comer Assado ou Cozido?* 75
IX. *Do Alimento Próprio para Cada Idade e Temperamento* 77
X. *Do Alimento Próprio de Cada Tempo do Ano* 81

Seção III
DOS ALIMENTOS EM PARTICULAR

I. *Do Pão de Trigo* 85
II. *Do Pão de Centeio, de Milho, de Cevada e Aveia* 89
III. *Dos Animais Quadrúpedes em Comum* 91
IV. *Das Carnes dos Quadrúpedes em Particular* 95
V. *Das Entranhas e Extremidades dos Animais Quadrúpedes* 107
VI. *Das Partes Líqüidas dos Quadrúpedes que Servem de Alimento* 111
VII. *Dos Animais Voadores* 115
VIII. *Dos Ovos (*Ova Gallinae*)* 127
IX. *Dos Peixes em Comum* 129
X. *Dos Peixes em Particular* 133
XI. *Dos Legumes* 159
XII. *Da Hortaliça Sativa e Esculenta* 165
XIII. *Das Raízes Sativas* 173
XIV. *Das Raízes que se não Semeiam e dos Cogumelos* 179
XV. *Dos Frutos Sativos* 181
XVI. *Dos Frutos das Árvores* 187
XVII. *Dos Frutos Lenhosos* 201
XVIII. *Dos Condimentos* 205
XIX. *Dos Aromas* 209

Seção IV
DA ÁGUA, DO VINHO E DE OUTRAS BEBIDAS ALIMENTARES E MEDICAMENTOSAS QUE NO PRESENTE SÉCULO SE FREQÜENTAM

I. *Da Água e suas Diferenças* 215

II. *De que Água se Há de Usar, em que Quantidade, em que Tempo e com que Ordem se Há de Beber* 221
III. *Se se Há de Beber Água Fria, se Quente, Crua, ou Fervida; e das Utilidades e Danos de Cada uma Delas* 225
IV. *Da Água Nevada, Sorvetes, Limonadas de Neve; e da Água Fria nos Poços e ao Sereno, e de Outras Bebidas* 227
V. *Do Vinho e suas Diferenças* 231
VI. *Qual Seja o Melhor Vinho; se Devem Usar Dele as Pessoas que Têm Saúde; em que Quantidade se Há de Beber e das Utilidades e Danos que Causa* 237
VII. *Se o Vinho se Há de Beber Puro, se Linfado* 241
VIII. *Propõem-se Algumas Advertências que se Devem Observar no Uso do Vinho* 243
IX. *Da Aguardente, do Espírito de Vinho, da Água-da-rainha-da-hungria e do Arrobe de Vinho* 245
X. *Da Cerveja* 247
XI. *Do Chocolate* 249
XII. *Do Chá* 251
XIII. *Do Café* 255
XIV. *Do Licor a que Chamam Sidra* 257
XV. *Do Hidromel Vinoso e do Mulso* 259

SEÇÃO V
DO SONO E VIGÍLIA; DO MOVIMENTO E DESCANSO; DOS EXCRETOS E RETENTOS E DAS PAIXÕES DA ALMA

I. *O que Seja Sono e que Utilidades e Danos Cause no Corpo Humano* 263
II. *Em que Tempo, Quantas Horas e com que Decúbito se Há de Dormir* 267
III. *Que Coisa Seja Vigília e Quais os seus Efeitos no Corpo Humano*... 271
IV. *Do Movimento, ou Exercício. Mostra-se o que Seja Exercício e as Utilidades que dele se Seguem* 273
V. *Do Descanso. Mostra-se o Muito que Ofende a Falta de Exercício*.... 277
VI. *Dos Excretos e Retentos* 279
VII. *Das Paixões da Alma* 283

Glossário 287
Índice das Coisas que se Contêm neste Livro 293

PREFÁCIO

DR. CÁSSIO RAVAGLIA

"A conservação da saúde consiste na reta observância das seis coisas não naturais, que são: o ar ambiente, o comer e o beber, o movimento e o descanso, os excretos e os retentos, e as paixões da alma." Essa proposta, em síntese estupenda por sua validade tão presente, foi feita há três séculos por um médico na obra que aqui reapresentamos. E bem poderíamos valer-nos das palavras do questor do Santo Ofício, Frei Boaventura de São Gião, que, ao proferir seu voto, não somente dá permissão à publicação da obra como a enaltece "pela eleição do assunto e acerto da matéria".

Desde as primeiras linhas, o autor nos encanta com a elegância da linguagem, a clarividência dos fatos e dos comportamentos, a universalidade de seu conhecimento, a largueza de sua erudição histórica e literária. Francisco da Fonseca Henriquez, médico num tempo em que a Medicina Clínica vivia de vomitórios, purgantes e sanguessugas; em que não poucas vezes quem não morresse do mal viria a morrer da cura, é um preservador sensato dos recursos naturais do organismo e de seu hábitat. Num tempo em que nem se conheciam os gases respiratórios, a circulação sangüínea e a própria respiração eram grosseiramente conceituais, e Lavoisier definiria somente meio século depois a vida orgânica como processo de combustão, com geração de calor, água e energia – o doutor Henriquez correlaciona o poder nutriente dos alimentos à sensação de calor e "à recomposição dos espíritos do sangue", que seriam a glicose e ácidos graxos de nossos dias.

Os capítulos do ar ambiente e da água, feitos num mundo que presumimos, face ao nosso, quase virginal em recursos e pureza ambiental, são primorosamente oportunos para qualquer leitor atual. Preciosas as observações sobre alimentos, sua composição, aceitação digestiva e poder nutriente; o número e a freqüência das refeições; o quando e o quanto de tais ou quais, ao longo do dia ou da noite, em função do estado de saúde, da intensidade da vida física, do biotipo e do temperamento, do clima e, por que não?, do estado da alma. "Usar bons alimentos, comê-los com moderação e tomá-los com ordem." Mais do que a ordem, a moderação e o profundo respeito à individualidade de naturezas, hábitos, comportamentos.

Francisco Henriquez é grande cultor de biotipos e de individualidades, inclusive nos próprios alimentos: "[...] não há alimento tão bom que para alguma natureza não possa ser mau, nem alimento tão mau que para outros não possa ser bom". A moderação e a frugalidade perpassam todas as páginas, ricas em exemplos dos grandes parcimoniosos do passado, que com isso viveram longa vida, para o que aduz o autor também o testemunho dos sábios da Antiguidade: "[...] quem janta com Celso deve cear com Platão".

Aponta os sedentários, comedores vorazes, doentes devido à gula, e os verbera com seu apurado senso clínico: "O melhor modo para durar pouco é comer muito [...]. Muito mais os que morrem pelos excessos da mesa do que pelos golpes da espada". Antecipa com brilho nosso conceito de balanço calórico e do efeito benéfico do exercício: "Comendo-se o que bastar para manter o corpo, se faça exercício de maneira que com ele se gastem as superfluidades que resultam dos cozimentos e nutrição".

Estuda minuciosamente dezenas de alimentos, no estado quase natural do reino em que se inserem (animal, vegetal ou mineral), pois a manufatura industrial limitava-se então a conservas, queijos, óleos, salmouras, vinhos e defumados. Suas definições: pão – "o melhor e mais comum dos alimentos"; carne de vaca – "alimento próprio para pessoas fortes, que trabalham e se exercitam muito [...]; para todo sexo, toda idade e todo temperamento"; louva na carne de porco "a excelência do sabor que dificulta a moderação", antevendo, como já o fizera Galeno, que ela "melhor se dá com a nossa natureza, pela analogia e semelhança que tem com ela". No pão rústico percebe maior laxante do que no mais sofisticado, intuindo o benefício hoje tão propalado que as fibras prestam aos intestinos.

O capítulo dos peixes é pleno de referências ao poder nutriente, à textura e aos sabores de carnes em correlação com o hábitat, valorizando os de rios e os de águas pedregosas – estes pelo sabor e aqueles pelo poder nutriente, alargando nossas opções de gosto e exigência.

Discorre Henriquez longamente sobre os vegetais e as frutas, sempre com enfoques pertinentes. Da alface diz "que concilia o sono, abranda o ventre e gera muito leite, ainda que seja certo que nutre pouco", e recomenda-lhe o uso que pode ser antes das refeições, durante e após elas. Destaca o poder digestivo e hidratante das frutas, que "laxam o ventre e movem a urina". Louva o poder antiescorbútico da laranja-da-china – brilhante antevisão de sua riqueza em vitamina C. A melancia "se faz sempre agradável objeto da vista, enquanto não passa a ser deliciosa lisonja do gosto e gracioso emprego do apetite [...] mais para fruto líquido que se bebe do que fruto sólido que se come [...] que toda se desfaz em água" – síntese poética do sabor, encanto visual, poder digestivo e hidratante da fruta.

Estimável a contribuição do autor quanto à ação dos medicamentos, com ênfase para os benefícios sensoriais e afrodisíacos de essências, bebidas e condimentos. Se nos apêndices aos capítulos dos alimentos aponta muitos efeitos medicinais que valem hoje apenas como curiosidades históricas – como quando dos miolos de galinha diz "que são bons para os tremores do cérebro, confortam a memória e aguçam o engenho [...] estimulam para os serviços de Vênus" – neste passo tem observações válidas. A hortelã, escreve, "conforta o estômago, dissipa os flatos, provoca os atos libidinosos, conforta o cérebro, conserva e aumenta a memória"; o mel "é alimento e é medicamento, e com pouco mais do que ele, viveram muitos idades provectas".

Vai Francisco Henriquez desenrolando seu texto num crescendo de requintes e encantos de expressão surpreendentes. Fala do vinho como "o leite da senilidade. [...] Beber vinho restaura os espíritos perdidos, vigora o calor natural, alegra e conforta o coração, refaz as forças". O chocolate é "a melhor bebida de quantas inventaram os castelhanos [em alusão à descoberta do cacau na América]. Toma-se em jejum, ao almoço e ao jantar, que em qualquer tempo e a qualquer hora o recebe bem o estômago". Sumariza sobre as bebidas: "são boas para aumentar o estômago e para ajudar o seu cozimento, para dissipar os flatos, para alentar os espíritos e nutrir o corpo; para tudo isto é melhor o vinho, o chocolate, o chá e o café". Mas acrescenta: "nos excessos, perturbam o entendimento e ofendem a razão". Do primoroso café, que agrada a humanidade desde os egípcios, escreve: "conforta a memória, alegra o ânimo, é útil nos males da cabeça, reprime e abate os vapores do vinho" – ênfase que revela a preocupação do autor, ao longo da obra, de que se procure sempre alcançar e manter com a saúde do corpo a lucidez da mente e a felicidade do espírito.

A permanente busca do aprimoramento da qualidade de vida se completa nos últimos capítulos, onde Mirandela discorre a respeito do estado de vigília e do sono, das virtudes do trabalho e da vida física, e finalmente das paixões da alma.

> O dormir e o vigilar são afecções dos sentidos que na vigília trabalham e no sono aquietam. Vigília é uma disposição do cérebro em que os espíritos animais livremente se efundem para fazerem seus usos [...]; nela os espíritos se movem por todo o corpo e a todo ele se difunde e comunica o calor para o reto exercício de todas as suas partes.

Limitado pelos conhecimentos de seu tempo, mas com uma originalidade que desafia os condicionamentos que nos desviam de um sentido mais profundo, o autor, sem impor regras, alerta para o equilíbrio entre ambos: "É necessário dormir o tempo oportuno as horas que bastem com decúbito conveniente". Já advertira noutro passo sobre o necessário e suficiente: "Uns necessitam de comer mais, outros menos vezes, uns hão mister almoço, merenda, outros escusam-nos [...], no que aconselhamos que observe cada qual o uso e costume em que está posto em sua utilidade". Primor de síntese!

Depois do estado de vigília, tece o autor sábias observações sobre o trabalho e o exercício físico, válidas ainda hoje e ricas, graças à serenidade e força de reflexão de que se revestem:

> Que o exercício se há de fazer de manhã, andando com moderada veemência, até que se mova algum suor, ou que o corpo se fatigue; e os que não puderem fazer de manhã, façam-no de tarde porque nada é tão nocivo como o não fazer [...] porque, ainda que neste gênero de exercício só os pés e as pernas propriamente se movam, todas as mais partes gozam do benefício dos seus movimentos.

Nem faltam os testemunhos dos antigos de que "era tão necessário o exercício no campo, como a sobriedade na mesa" (Hipócrates) e "que os homens adoeciam, ou por lhes sobejar alimento, ou por lhes faltar exercício" (Aristóteles). E acrescenta: "A lástima é que ordinariamente nem se faz exercício, nem se come com moderação [...] que estas duas coisas são as colunas em que estriba o edifício da saúde". Garante que de todos os males gerados pelo ócio e excesso da mesa,

> [...] preserva o exercício, estímulo da natureza adormecida no ócio, consumpção das superfluidades, consolidação dos membros, morte dos achaques, fuga dos vícios, medicina dos males, lucro do tempo, dívida dos moços, gosto dos velhos [...] utilidade de que se privam todos aqueles que não querem viver com gosto.

Proposta tão bem concebida para conservar a saúde, e com esta a vida, não poderia completar-se sem alcançar o que o de Mirandela, com sua brilhante originalidade, denomina "as paixões da alma", que "são uns movimentos e impulsos do ânimo nascidos da apreensão do bem ou do mal, presente ou futuro". Menciona a alegria, o gosto e a deleitação, a esperança e o amor, contrapondo-lhes a ira, a tristeza, o medo e a desesperação; e afirma que "todas estas paixões têm grande poder no corpo humano, que não só causam gravíssimos males, mas também mortes, e às vezes, repentinas, chegam a mudar a constituição e temperamento do corpo, quando são excessivas e continuadas".

Antecipando a Medicina Psicossomática hodierna, prega que "o gosto é, entre as paixões da alma, a única que conduz para a conservação da saúde"; e completa: "prevalecendo sobre todos os estímulos da paixão os superiores poderes do entendimento, que tudo dominam".

Âncora Medicinal, de Francisco da Fonseca Henriquez, é o retrato de um mundo que supomos tão distante, e no entanto surge-nos aqui tão semelhante ao nosso, formado que é pelo mesmo homem problemático e doente no corpo, porque incompleto na mente – limitação essa presente tanto hoje como na época do autor, da mesma forma que ao tempo de Hipócrates e Galeno. A proposta de Mirandela, apesar de fragmentada, apresenta-se atual como a dos gênios da Antiguidade, mercê de comungarem do talento e do saber.

O PRIMEIRO TRATADO DE NUTRIÇÃO EM LÍNGUA PORTUGUESA

Dr. Sérgio de Paula Santos

Vem-se verificando nos últimos tempos significativo aumento de publicações na área de culinária. É bem verdade que a grande maioria não passa de transcrição de receitas mais ou menos recentes, em que pese algumas delas terem pretensões históricas, sociológicas ou mesmo filosóficas. É o caso dos manuais baseados nas esdrúxulas idéias alimentares atribuídas a Rudolf Steiner (1861–1925), a chamada cozinha antroposófica.

Para nós, porém, a mais curiosa das publicações recentes de receitas foi a coletânea de "iguarias" que constam do cardápio de um Spa paulista, um desses centros, mais ou menos idôneos, destinados a emagrecer provisoriamente gordos abastados.

Se levarmos em conta que o primeiro livro de cozinha português (*A Arte da Cozinha*, de Domingos Rodrigues) é de 1680 e o segundo (*O Cozinheiro Moderno*, de Lucas Rigaud) apenas de 1780, e de que, até o final do terceiro quartel do século XIX, somente existem seis livros de culinária em português, temos que concordar que é uma bibliografia pobre, principalmente se comparada com a dos outros países europeus, relativamente abundante.

Justamente por isso é oportuno lembrar uma importante publicação, quase desconhecida e sem dúvida o primeiro tratado de nutrição editado em português, que não consta mesmo da mais completa relação de livros de culinária lusitana, o *Livros Portugueses de Cozinha*, organizado por Manuela Rego em 1999 para a Biblioteca Nacional de Lisboa, reeditado no ano seguinte.

Trata-se deste curiosíssimo *Âncora Medicinal para Conservar a Vida com Saúde*, do Dr. Francisco da Fonseca Henriquez, médico de D. João v (1689–1750), editado em 1721 – entre a publicação de Domingos Rodrigues e a de Lucas Rigaud. A obra foi reeditada em 1731, 1754 e 1769.

Fonseca Henriquez era natural de Mirandela, no Alto Douro, tendo sido mais conhecido por Dr. Mirandela, e seu livro, o livro do Dr. Mirandela. Nele o autor aborda o problema da alimentação sob vários aspectos: o meio ambiente, os alimentos em si, o repouso, os exercícios, os hábitos e horários de comer, as variações de dieta conforme a idade e o clima. Valendo-se de todos os conhecimentos científicos da época.

Pode-se ver assim que Mirandela antecipou-se às preocupações de nossas atuais nutricionistas e "culinaristas" (neologismo recente, usado para "cozinheiras"), das quais muitas regras e conclusões já eram objetos de sua criteriosa atenção há um quarto de milênio.

É de lembrar que o reinado de D. João v e de seu filho e sucessor D. José (1714–1777) corresponderam ao apogeu material e cultural da nação e que ambos os monarcas viveram mais de sessenta anos, quando a vida média portuguesa da época estava ao redor de quarenta (L. I. Montalvão, *Causas de Morte dos Reis Portugueses*, Lisboa, 1974).

Encarando a alimentação de um modo geral e amplo ("holístico", diriam os "descobridores" atuais do que sempre se conheceu), Fonseca Henriquez insistia na sobriedade. Inicia seu trabalho com um sábio antelóquio:

> A conservação da saúde consiste na reta observância das seis coisas não naturais, que são: o ar ambiente, o comer e o beber, o sono e a vigília, o movimento e o descanso, os excretos e os retentos, e as paixões da alma. Porque [...] quem trouxer a natureza bem regulada [...] e quem não tiver paixões que lhe alterem a harmonia dos humores não pode deixar de ter boa saúde, ou ao menos não terá tantas ocasiões de a perder, como os que se hão no uso destas coisas sem reparo.

Com relação à quantidade de alimentos afirma: "Ainda que bons os alimentos, hão de usar-se com moderada quantidade, de sorte que a natureza não se oprima com eles". Citando Aristóteles, Galeno, Avicena e mesmo Santo Antônio e São Paulo, conclui filosoficamente: "O melhor para durar pouco é comer muito". Lembre-se aqui que tanto D. João v como D. José I, que tiveram vida relativamente longa, nunca primaram pela sobriedade.

Mirandela constata que parte dos homens se alimenta duas vezes ao dia, "no almoço e no jantar", enquanto outros acrescentam além destas "o desjejum e a merenda". Aconselha seja o almoço entre 11 e 12 horas e a ceia entre as 9 e 10 da noite. Quanto às outras duas, merenda e desjejum (que supomos sejam pela manhã e à tarde), recomenda "se tome tão pouco alimento que não sirva de embaraço para o almoço e o jantar, a horas costumadas". Sugere também que nos climas quentes ou no verão se jante mais cedo, pois "o calor destrói o apetite e não ajuda os cozimentos", referindo-se à digestão. Admite, porém, que os "rústicos que trabalham e se exercitam muito, comam e bebam largamente quatro vezes ao dia, sem ofensa, nem poderiam trabalhar muito se não comessem tanto".

Comenta com clareza a alimentação diversa para cada idade, reconhecendo as diferenças individuais, "não se podendo ter uma regra certa", sendo esta "a questão mais contenciosa que há entre os dietários". Concorda com a escola de Salerno, com Galeno, Juvenal e Platão, bem como com os conceitos atuais de que não se coma muito à noite.

Com relação ao alimento para cada temperamento e idade, trata das indicações e contra-indicações do vinho, do chocolate, do chá e mesmo do café, na puerícia (infância), na adolescência, na juventude, na maturidade e na senilidade. "Os vinhos devem permanecer proibidos nesta idade" (infância e puberdade), pois com eles "se fariam os mancebos que bebessem, irados e libidinosos", aconselhando-os, porém, na idade madura e na senilidade porque "vigora seu calor, ajuda a cozer o estômago, dissipa os flatos, refaz as forças, alegra o coração e rebate as forças da melancolia".

A dissertação é longa, podendo-se tentar resumi-la com indicação de alimentos "frios e úmidos" para as "épocas quentes e secas", como o verão, e para o inverno, que é "frio e úmido", alimentos "quentes e secos". Recomenda no calor frutas, sorvetes, limonadas, "nevadas" ou águas-de-neve, abstendo-se de chocolate e café.

O tratado se encerra com um comentário sobre cada alimento – "Dos Alimentos em Particular" – começando pelo "Pão de Trigo, o Melhor que Usam os Homens". Sobre ele diz que "no Brasil, onde por ignorância dos naturais ou pelas qualidades da terra", não havendo trigo, "supre-se esse defeito com farinha de pau, que é o pó de umas raízes nativas, a que chamam de Mandiocas e delas fazem seus bolos que chamam beijus".

Dos vários alimentos comentados, citaremos apenas os encontrados no Brasil, entre mamíferos, peixes, aves, frutas e algumas ervas: anta (teria mau gosto e "nutre mal"), paca, cotia, capivara, nhambu, mutum, jacu, maitaca, maracanã e maguari. Entre os peixes: pacu, piranema, tajasica, mero, além das "hortaliças sativas e feculentas, as raízes que não se semeiam e os cogumelos".

Com relação aos frutos, Dr. Mirandela cita a banana, o caju, a mangaba, cacori, pachichi, jabuticaba, maracujá, cajá, joá, jenipapo, araçá, ananás, além do palmito.

É assim o delicioso livro do Dr. Francisco de Fonseca Henriquez, escrito há quase três séculos e que merece esta reedição, não apenas por curiosidade histórica, mas mesmo pelo que nele se possa aproveitar de bom senso: num ramo em que a própria medicina tem sido freqüentemente substituída pela desinformação e pelo charlatanismo, esta obra talvez possa acrescentar algo aos conhecimentos modernos.

ANCHORA MEDICINAL

PARA CONSERVAR
a vida com ſaude.

ESCRITA PELO DOUTOR
FRANCISCO DA FONSECA HENRIQUEZ,

Natural de Mirandella, Medico do Sereniſſimo REY de Portugal

D. JOAÕ V.

IMPRESSA POR ORDEM,
& deſpeza do Excellentiſſimo Senhor Marquez de Caſcaes, Conde de Monſanto; &c.

LISBOA OCCIDENTAL,
na Officina da Muſica.

An. de M.DCC.XXI.

Com todas as licenças neceſſarias.

AO EXCELENTÍSSIMO

SENHOR

Dom Manuel José de Castro Noronha Ataíde e Sousa, nono conde de Monsanto, terceiro marquês de Cascais, fronteiro-mor, couteiro-mor, coudel-mor e alcaide-mor das cidades de Lisboa e das vilas de que se compõem o seu Estado, com jurisdição ordinária de juro e herdade, senhor das vilas de Cascais, Monsanto, Lourinhã, Ançã, São Lourenço do Bairro, Castelo Mendo, vila de Bucicos e dos Reguengos, de Oeiras, de Trancoso, Póvoa de El-Rei, Bouça Cova e Vila Franca, senhor e administrador dos morgados de Boquilobo, da Foz e de São Mateus, senhor dos dois terços das rendas eclesiásticas da igreja de Penalva e padroeiro perpétuo da mesma igreja de S. Pedro do Castelo de Penalva e das mais paroquiais de São Lourenço do Bairro, de S. Salvador e de S. Miguel da vila de Monsanto, de S. Maria Madalena, de Medelim e de S. Julião de Portunhos da vila de Ançã, padroeiro outrossim dos conventos das religiosas de Nossa Senhora da Conceição de Subserra, dos capuchos de S. Antônio e do Hospital da Castanheira, dos capuchos de S. Antônio de Cascais e das capelas-mores de Penha Longa, da ordem de S. Jerônimo e de S. Francisco da Cidade, das capelas do couto de S. Mateus da Foz, de Aramenha e de Boquilobo, comendador das comendas de S. Maria de Pereiro, de S. Maria de Vila de Rei, de S. Maria de Segura e de S. Martinho de Bornes, da Ordem de Cristo, senhor e capitão-general das capitanias de Itamaracá, Taparica, Tamarandiva e terras do Rio Vermelho no Estado do Brasil, governador e capitão-general que foi do Reino do Algarve, governador da Fortaleza de S. Vicente de Belém e do Conselho de Guerra de El-Rei, Nosso Senhor.

EXCELENTÍSSIMO SENHOR

As persuasões de V. Ex.ª para que escrevesse este livro não só tiveram forças de preceito para a minha vontade senão que também me alentaram o ânimo para o concluir dentro de quatro meses e meio, sem faltar à contínua fadiga de visitar doentes, que, sobre ser trabalhosa, todo o tempo ocupa. Eu o ponho aos pés de V. Ex.ª com esta carta, que servirá de dedicatória para o prelo, visto que V. Ex.ª o quer dar à luz. E fico entendendo que, com a mesma diligência com que me empreguei em lisonjear-lhe o agrado, fiz algum serviço ao bem comum em relevante tamanho como o da vida e da saúde em que a V. Ex.ª caberá a maior parte assim pelo curioso e implacável desejo com que me obrigou a escrever como pela zelosa e magnífica generosidade com que o quer imprimir. Guarde Deus a V. Ex.ª como deseja

Seu mais afetivo criado
Francisco da Fonseca Henriquez

AO LEITOR

ESTA É, LEITOR AMIGO, a sexta obra que pomos em público na faculdade que professamos. Foi a primeira a nossa *Pleuricologia*, escrita na língua latina. A segunda, o *Tratado do Uso do Azougue nos Casos Proibidos*, escrito em português, que depois se imprimiu com a nossa *Medicina Lusitana*, que foi a terceira obra, escrita na mesma língua. A quarta, um tomo de observações latinas. A quinta, as ilustrações à prática de Duarte Madeira, com o título de *Madeira Ilustrado*, a que ajuntamos uma curiosa dissertação dos humores naturais do corpo humano. Esta agora, ainda que obra pequena no volume, cuidamos nós que excede as outras no assunto e na matéria, porque aquelas foram escritas para os doentes, esta, escrevemo-la para os sãos. Aquelas foram para curar achaques e enfermidades, esta é para não achacar nem adoecer; e não há dúvida que é muito melhor não padecer do que curar, assim como é melhor não furtar do que restituir.

Trata este livro das seis coisas não naturais com cujo reto uso e boa administração se conserva a saúde, e por isto lhe damos o título de *Âncora Medicinal*, porque, assim como as embarcações que navegam os mares com as âncoras se seguram nas procelosas fúrias de Netuno, assim o baixel da vida humana, que muitas vezes flutua na tempestade dos males, com este livro se pode preservar deles, observando a sua doutrina no tempo da saúde, para não vir a experimentar as tormentas e assaltos das enfermidades. Inclui este livro um tratado de alimentos, coisa muito necessária para os que não são médicos, porque é razoável que saiba cada qual que alimentos usa sem mendigar de notícias alheias (que às vezes não são muito certas) o conhecimento de suas qualidades quando o pode alcançar com certeza e sem mais diligência que a de abrir este livro, onde com distinção, clareza e brevidade o achará facilmente.

Trouxemos muito tempo delineada na idéia esta obra sem que nos resolvêssemos a escrevê-la, porque a vista cansada já de semelhantes empregos e o exercício prático, que leva todo o tempo, serviram de remora aos nossos desígnios, até que houve um poderoso impulso que nos fez romper por todos os obstáculos para pormos logo em efeito o que trazíamos no pensamento. Esperamos que tenha este livro tão boa aceitação como os mais que havemos escrito, de cujo aplauso nos certifica o bom consumo deles, incitando-nos para prosseguir na mesma empresa, ainda que seja roubando o tempo ao descanso próprio ou descansando com ler e escrever o trabalho de curar, o que fazemos com tão pouca violência que pudéramos dizer o que Plínio disse:

Est gaudium mihi et solatium in literis, nihilque tam laetum quod his laetius, nihil tam triste quod non per has sit minus triste.

Nas letras estão o meu contentamento e a minha consolação, e nada é tão alegre que não seja mais alegre nelas, nada tão triste não seja menos triste por meio delas.

Ou com o Sulmonense:

Detineo studiis animum fallorque dolores,
Experior curis et dare verba meis.

Ocupo o pensamento com os estudos e mitigo as dores,
Tento dar palavras também às minhas preocupações.

LICENÇAS
Do Santo Ofício

EMINENTÍSSIMO SENHOR

As repetidas obras que o Doutor Francisco da Fonseca Henriquez tem dado ao prelo e a estimação que o público faz delas bem asseguram o acerto desta, que atualmente quer imprimir, na qual não só não acho coisa contra a fé ou bons costumes, mas, apadrinhada pelo natural desejo de conservar a saúde, se faz mais agradável e apetecida. Eu o experimentei na brevidade com que a li. V. Eminência mandará o que houver por bem. São Domingos de Lisboa Ocidental, 19 de novembro de 1720.

Frei Manoel Guilherme

EMINENTÍSSIMO SENHOR

Por ordem de V. Em.ª vi o livro intitulado *Âncora Medicinal para Conservar a Vida com Saúde*, composto pelo Doutor Francisco da Fonseca Henriquez, médico de Sua Majestade, e nele não achei coisa que se oponha à pureza de nossa santa fé ou bons costumes, antes bem justificado motivo em louvor e abono do autor, por manifestar e comunicar às gentes a grande compreensão e relevante ciência de que Deus o dotou na faculdade da Medicina, com tanta conveniência da República e utilidade do bem comum, não sepultando, mas fazendo público o talento que se lhe entregou, para com ele lucrar em benefício do próximo[1], seguindo o angélico exemplo do arcanjo São Rafael, que ensinou o remédio e descobriu a virtude oculta do fel do peixe, com que Tobias recuperou a vista que tinha perdido[2], e, imitando a caridade do apóstolo, que tanto adoecia das enfermidades alheias como os doentes das próprias[3], pois na primeira epístola que escreveu a seu discípulo Timóteo, lhe mandou a receita com que se havia de curar das suas freqüentes enfermidades[4].

É a ciência da Medicina a segunda árvore da vida que Deus plantou no mundo[5], depois que, pelo apetite de uma desobediência de Adão e pelo pecado de ambos, foram lançados do paraíso[6]. E como toda aquela felicidade se converteu em miséria e à vida que havia de ser quase imortal sucedeu a sentença de morte, ao vigor do corpo, a fraqueza e à saúde, as enfermidades. Para remédio de tantos males, dispôs a divina providência revelar aos homens os naturais segredos e virtudes admiráveis que sua onipotência tinha depositado em todas as coisas criadas para universal remédio de todas as enfermidades. E sendo só Deus o autor da vida do homem em sua criação, decretou não ser só autor da conservação da mesma vida, mas ele juntamente com o médico como instrumento e segunda causa.

Árvore da vida será este livro para quem se chegar à sua sombra e se quiser aproveitar de suas virtudes, porque entre as suas folhas achará suaves e deliciosos frutos para a conservação da vida, podendo afirmar-se dos remontados vôos da pena deste escritor o que diz da virtude do sol que, entre os raios de sua luz, traz a saúde nas penas[7]. *Âncora Medicinal* se intitula este volume; quem, pois, se pegar e firmar nesta âncora pode ter esperança não só de livrar-se de naufrágios, mas de não se ver nos perigos que se experimentam nas tormentas das enfermidades.

Tendo, pois, o autor já conseguido universal aceitação e comum aplauso pelas obras com que o seu estudo, animado do seu engenho, tem ilustrado o prelo e enobrecido a pátria, esta, com que agora sai à luz, pela eleição do assunto e acerto da matéria lhe conciliará duplicada estima e avantajado crédito por insinuar os melhores meios para conservar a saúde, e, como da perseverança desta depende a desejada vida, é certo ser o maior interesse da vida a conservação da saúde. E o remédio antecipado, o melhor e mais estimável remédio, por ser preservativo e livrar ao homem da experiência dos males e moléstias da enfermidade. E não só é doutrina humana, mas documento divino, antecipar o remédio à doença e a cautela, ao perigo[8]. Por tão evidente,

1. *Math.*

2. *Tob.* 12.

3. *Quis infirmatur et ego non infirmor.*

4. *Nolle adhuc aquam bibere, sed modico vino utere propter stomachum et frequentes tuas infirmitates.* 1 ad Thim. 5, 23.

5. *Altisimus creavit de terra Medicinam.* Eccles. 38, 4.

6. Genes. 3.

7. *Sanitas in penis ejus.* Malach. 4, 2.

8. *Ante langorem adhibe medicinam.* Eccles. 18, 20.

pois, e tão justificada causa, se faz merecedor da licença que pede e que este livro, por meio da estampa, venha à notícia de todos. Este o meu parecer. V. Em[a] mandará o que for servido. Lisboa Ocidental, no Hospício do Duque, 3 de dezembro de 1720.

Fr. Boaventura de S. Gião

Vistas as informações, pode-se imprimir o livro de que esta petição trata, e depois de impresso tornará para se conferir e dar licença para correr, sem a qual não correrá. Lisboa Ocidental, 6 de dezembro de 1720.

Rocha. Fr. Alencastre. Carneiro.
Teixeira. Silva.

Ordinário

Pode imprimir-se o livro de que se trata, e depois de impresso tornará para se conferir e dar licença que corra, sem a qual não correrá. Lisboa Ocidental, 4 de janeiro de 1721.

D. J. A. de Lacedemonia

Do Paço

Por ordem de V. Majestade, li o livro intitulado *Âncora Medicinal*, para cuja censura pudera bastar o comum aplauso com que foram aceitas as muitas obras com que seu autor tem ilustrado a Arte, com grande crédito da nação portuguesa. Esta que agora quer pôr em público me parece muito útil e muito necessária. Muito útil pelos documentos que propõe para conservar a saúde. Muito necessária pelos remédios que inculca para a recuperar, perdida; e assim a julgo digníssima de se dar ao prelo. V. Majestade mandará o que for servido. Lisboa Oriental, 1 de janeiro de 1721.

Miguel da Costa Pinheiro

Que se possa imprimir, visto as licenças do Santo Ofício e Ordinário, e depois de impresso, tornará à Mesa para se conferir e taxar, e sem isso, não correrá. Lisboa Ocidental, 21 de janeiro de 1721.

Pereira. Oliveira. Teixeira.

Está conforme com o original. S. Domingos de Lisboa Ocidental, 19 de maio de 1721.

Fr. Manoel Guilherme

Visto estar conforme com seu original, pode correr. Lisboa Ocidental, 20 de maio de 1721.

Rocha. Fr. Alencastre. Carneiro. Cunha. Silva.

Taxam este livro em um cruzado. Lisboa Ocidental, 24 de maio de 1721.

Pereira. Oliveira. Teixeira.

ÂNCORA MEDICINAL
PARA CONSERVAR a vida com saúde

ANTELÓQUIO

A conservação da saúde consiste na reta observância das seis coisas não naturais, que são: o ar ambiente, o comer e o beber, o sono e a vigília, o movimento e o descanso, os excretos e os retentos, e as paixões da alma. Porque quem respirar bons ares, quem, com moderação e prudência, usar bons alimentos, quem dormir com sossego as horas que bastem, quem fizer exercício como deve, quem trouxer a natureza bem regulada nas suas evacuações e quem não tiver paixões que lhe alterem a harmonia dos humores não pode deixar de ter boa saúde, ou ao menos não terá tantas ocasiões de a perder, como os que usam estas coisas sem reparo. A Escola de Salerno, querendo dar documentos para conservar a saúde, todos fundou sobre o bom uso e administração destas seis coisas, de que entramos a escrever. Comecemos pela primeira.

SEÇÃO I

DO AR AMBIENTE

CAPÍTULO I

O que Seja Ar e que Poderes Tenha no Corpo Humano

I. O ar, que os filósofos antigos tiveram por um dos quatro elementos que assinaram por princípio de todas as coisas, do que agora não disputamos, é um corpo tênue, leve, rarefeito e diáfano, que ocupa todo o espaço que há entre a terra e o fogo; e o que fica na parte inferior é o que chamamos ambiente, porque nos cerca e rodeia; o qual perde a pureza elemental pelas impuridades que da terra e da água se lhe comunicam. É quente e úmido, ainda que alguns filósofos tivessem entendido que o ar não tinha qualidades próprias e que recebia aquelas que se lhe comunicavam. É tão tênue que é invisível. Tão rarefeito que facilmente o penetram as aves com os seus vôos e, com suas agitações, todos os viventes. Tão diáfano que não serve de obstáculo aos olhos para os empregos da vista, enquanto os vapores e exalações não o condensam ou o pó e o fumo não o engrossam. É tão preciso para a duração da vida que nem um instante se pode conservar sem ele. E nos danos e utilidades da saúde pode tanto que, umas vezes, com suas boas qualidades a conserva e, outras, com suas impuridades a arruína. Ele tem o primeiro lugar na simetria e governo do corpo humano, donde veio a dizer Hipócrates que o ar era a principal causa de quantas coisas nele aconteciam:

> *Aer* [são as suas palavras] *maximus est in omnibus quae corpori accidunt et auctor, et dominus*[1]. O ar é o máximo autor e senhor de todas as coisas que acontecem ao corpo.

1. *Lib. de flatibus.*

2. Porque o ar, entrando no corpo ou pela inspiração com que se atrai, ou pelos poros e orifícios da contextura cutânea por onde se introduz, chega facilmente com os espíritos a todas as suas partes. E, sendo puro e de boas qualidades, ainda que sem a pureza elemental, conduz muito para o bom sustento do indivíduo, porque ajuda a circulação do sangue, assim porque o atenua e rarefaz nos vasos do pulmão e do coração, onde se deflagra e acende, como porque ilustra e vigora os espíritos, conforta e alenta os nervos, refrigera e modifica o calor do coração, recreia e tempera as entranhas inflamadas e, por último, conserva e aumenta o calor natural, de que resulta uma grande prontidão e agilidade no corpo para todas as suas ações em qualquer temperamento e região que seja. E, pelo contrário, sendo o ar impuro, caliginoso, úmido com excesso, espesso e nebuloso, é causa de gravíssimos incômodos, porque engrossa o sangue, entorpece os espíritos, enfraquece os nervos, laxa as fibras, perturbando-lhe o seu movimento sistáltico, retarda a circulação do sangue e da linfa, de que se seguem lassidões generalizadas, peso da cabeça, catarros, defluxos, estupores, paralisias, apoplexias e outros danos nocivos e imedicáveis.

3. Isto não devia ignorar Columela quando, no livro que escreveu, *De re rustica*[2], disse: que quem houvesse de comprar ou fazer uma quinta, atendesse mais à salubridade dos ares e ao temperamento do clima do que à fertilidade dos campos e à produção das terras, julgando por insânia construir palácios e fabricar edifícios em local que, pela ruindade dos ares, ou acabe a vida antes de colher os frutos e rendimentos da fazenda, ou destrua a saúde, para não lográ-la com gosto.

2. *Lib.* 1. c. 3.

4. Não só na vida e na saúde tem grande domínio o ar, mas também nas inclinações, nos costumes, no engenho, nas cores e nas diferentes figuras do corpo:

Formae et mores hominum [disse Hipócrates] *magna ex parte naturam regionis sequuntur*[3].
As formas e os costumes dos homens seguem, em grande parte, a natureza da região.

3. *Lib. de Aere, locis et aq.*

O mesmo entendeu Platão, quando disse que a natureza dos ares tinha grande força para serem bem, ou mal morigerados os homens:

Verissimile est aeris clementiam, aut inclementiam, ad mores immutandos vires habere maximas.
É verossímil que a clemência ou a inclemência do ar têm força máxima para mudar os costumes.

E expressamente afirmou Galeno que os homens que viviam em terras cujo ar era temperado excediam aos de outras regiões na estatura do corpo, na probidade dos costumes, na agudeza do entendimento e na virtude da prudência:

Homines [diz ele] *temperatam regionem habitantes et corporibus et animi moribus et intelligentia et prudentia longe excedere*[4].

Homens que habitam região temperada excederam de longe no corpo, nos costumes, na inteligência e na prudência.

4. *Lib. quod animi mores et.*

O que com elegância proferiu também Cícero, dizendo que tinham entendimento mais agudo os que viviam em ar puro e tênue que os que moravam em ar espesso e impuro:

Etenim licet videre acutiora ingenia et ad intelligendum aptiora [diz Cícero] *eorum qui terras incolant eas, in quibus aer sit purus ac tenuis, quam illorum, qui utantur crasso caelo atque concreto. Quin etiam cibo quo utare, interest aliquid ad mentis aciem*[5].

De fato, pode-se observar que a inteligência dos que habitam regiões de ar mais puro e sutil é mais aguda e mais apta ao entendimento do que a daqueles que dispõem de um céu espesso e denso. Até mesmo o alimento de que te serves interessa um pouco à agudeza da mente.

5. 2. *De nat. deor.*

E assim se atribuiu a agudeza e engenho dos atenienses à pureza e secura dos seus ares, a estupidez e pouco entendimento dos de Boécia à grossura e impuridade do seu clima, a grande estatura dos moradores junto de Fásis, rio de Colcos, à muita umidade daquele local, a boa inclinação dos da Ásia ao bom temperamento dos ares que respiram, a soberba dos de Campânia à salubridade do seu país e a cor negra dos etíopes e a crespatura dos seus cabelos ao excessivo calor e secura daqueles ares.

Capítulo II

Da Eleição do Ar

1. Visto pois que o ar pode tanto nos homens, resta saber quais sejam os bons ares, para os eleger e quais os maus, para os reprovar. O bom ar é aquele que, sendo temperado nas primeiras qualidades, é puro, exposto ao sol, claro, tênue, livre, sereno e, algumas vezes, levemente batido por ventos brandos que, movendo-o com suavidade, o conservem sem corrupção, livre de umidades e vapores que o contaminem, e de miasmas e infecções que o corrompam. Mas poucas vezes se achará um ar com esta pureza e bondade porque ou o alteram os ventos com as suas fúrias, ou o sol, a lua e os astros com os seus raios, ou a terra e a água com os seus vapores e nevoeiros, tirando-lhe a pureza e sossego com que se devia respirar e dando-lhe qualidades nocivas para nos ofender.

2. Os ventos, sendo moderados e brandos, não há dúvida de que servem muito para que o ar não se corrompa com as impuridades que se lhe comunicam, de que nascem graves e pestilentas enfermidades, como experimentam, muitas vezes, as regiões estagnantes paludosas e baixas, menos batidas ou enxugadas pelos ventos. Porém esses mesmos ventos, ou pela fúria e ímpeto com que sopram, ou pelas qualidades adversas de que são dotados, alteram e viciam os ares. E sendo grande o número dos ventos, de que contam doze os Peripatéticos, outros, dezesseis, e os náuticos, trinta e dois, os que principalmente causam estas alterações no ar

são quatro: o setentrional, a que chamam Bóreas ou Aquilão, que é frio e seco, o meridional, a que chamam Austro ou Noto, que é quente e úmido, o oriental, a que chamam Euro ou Subsolano, que é quente e seco, e o ocidental, a que chamam Zéfiro ou Favônio, que é frio e úmido. Quando algum destes ventos excede nas suas qualidades, altera o ar insignemente com elas e causa à saúde graves danos, que em tudo foi sempre prejudicial o excessivo. Por isso Marcial queria antes o meio e a moderação das coisas do que os extremos delas:

Illud quod medium est atque inter utrumque probamus:
Nec volo quod cruciat nec volo quod satiat[1].
O que está no meio, entre um e outro, aprovamos:
Não quero nem o que torture, nem o que sacie.

1. *Lib. 1 epigram.* 57.

3. Se o ar é muito quente, inflama as entranhas, dissolve os humores, rarefaz e dissolve a massa sangüínea, de que se seguem inumeráveis males, enerva o calor natural do estômago, debilita o seu cozimento ou a digestão e brevemente conclui a vida. Por isto entendeu Aristóteles que os moradores da Líbia e da Etiópia viviam poucos anos, porque o ardentíssimo calor do sol, dissipando-lhes o seu calor natural, lhes acelerava a morte. O ar muito frio refrigera muito os corpos, constipa a textura da pele, impede a transpiração insensível, excita catarros, promove tosses e fluxos de urina, refrigera o cérebro, ofende os nervos e causa grande multidão de males. O ar muito úmido amolece o corpo, enfraquece os nervos e fibras, hebeta os ouvidos, lubrica o ventre com excesso, grava a cabeça, entorpece os sentidos e, por fim, faz lânguida, mole e pesada toda a máquina do corpo, donde veio a chamar Horácio vento de chumbo ao vento Noto, pela muita umidade que tem e com que causa os referidos danos. O ar muito seco extenua e desseca o corpo, causa sedes, convulsões, tosses secas, vigílias e outros mais incômodos.

4. Há logo de eleger-se um ar que seja temperado no calor e no frio, na umidade e na secura, que seja sereno e levemente movido por ventos brandos, que seja exposto ao sol e livre, que este, como temos dito, é o bom ar. Assim como é mau ar o que for excessivo em alguma das qualidades primeiras, e furiosamente agitado por grandes ventos e o que for úmido, pantanoso e pouco batido pelos ventos, cheio de vapores crassos e de horríveis exalações de lugares lodosos, palustres e imundos, e de outras impuridades que o corrompam, de que se originam febres podres e pestilentas, e outros danos. Este ar se acha nos lugares baixos e úmidos, e é o ar que deve reprovar-se.

5. Isto é no que toca à bondade do ar, que em comum deve eleger-se: que no particular tem diferentes considerações, segundo a diversidade dos temperamentos e naturezas. Para as pessoas extraordinariamente bem temperadas

nas primeiras qualidades, é bom ar aquele que for, em todas elas, bem temperado. Para os que forem intemperados, é bom ar aquele que se contrariar à sua intemperança. E assim, para naturezas quentes, é conveniente o ar frio. Para temperamentos frios, é útil o ar quente. Para os secos, o úmido; e para os úmidos, o seco. E quando, por causa do clima, não se possa eleger ar idôneo e conveniente ao temperamento, suprir-se-á com a arte o que negou a natureza, preparando o ar com coisas que o temperem. Quando for necessário ar quente, prepare-se o aposento o melhor que puder ser e acenda-se lume que o aqueça. E quando se quiser ar frio, abram-se as janelas e reguem-se as casas com água, e alcatifem-se de plantas frescas, como são violas, salgueiro, gólfãos, folhas de rosas e outras semelhantes; o que se fará também quando se quiser ar úmido. E quando se desejar seco, com fogo e fumos de coisas aromáticas secas se poderá preparar, como salva, alecrim, manjerona, pau-de-águila, canela e outras desta classe, tendo entendido que, assim para os que logram boa saúde, como para os que são valetudinários e doentios, deve-se fazer toda a diligência para que respirem bons ares, principalmente se padecerem queixas da cabeça e peito, porque a estas partes chega mais prontamente o ar que se inspira e nelas imprime com maior força as suas qualidades, como afirma Hipócrates dizendo:

Aer ubi primum inspiratur, omnem vim suam in cerebro relinquit[2].
O ar, quando primeiramente inspirado, deixa todo o seu vigor no cérebro.

2. *Lib de sacr. morb.*

E conselho foi de Alsário que, nos males do cérebro e dos pulmões, se pusesse maior cuidado na bondade do ar que os doentes respirassem, que nos alimentos convenientes de que se nutrissem e em quaisquer outras coisas de que necessitassem. Estas são as suas palavras:

In morbis pulmonum et cerebri de optimo aere, sub quo degamus curam habere debemus maiorem, quam de cibo et potu vel de quacumque re alia[3].
Nas doenças dos pulmões e do cérebro, devemos ter mais preocupação com o excelente ar sob o qual vivemos, do que com a comida e a bebida ou do que com qualquer outra coisa.

3. *Cent. 2, fol. 29.*

6. Isto que este autor aconselha nos males do peito e cabeça se deve observar na cura de todos os males, que, sendo o ar coisa tão principal neles, parece que se há de pôr todo o cuidado em que o respirem conveniente às queixas que padecerem. E por isto os Práticos, entrando a descrever a cura dos males, antes de insinuarem os alimentos com que devem tratar-se, dizem que se cuide primeiro do ar, preparando-o como se julgar conveniente, que, contra o ar, nada aproveita, por mais que a arte se empenhe e por mais remédios que se apliquem. Por isso Galeno mandava os tísicos para as Tabias e Celso os manda-

va navegar para o Egito, Plínio queria que respirassem ar em que se fabricasse pez e resina e nós os mandamos de Lisboa para o Alentejo, onde acham muitas vezes remédio, por benefício dos ares quentes e secos, os estilicidiosos, que, no clima de Lisboa, pela sua muita umidade, não se puderam remediar com as mais cuidadosas diligências. E assim sucede muitas vezes que alguns males tratados com erudição se façam cervicosos e rebeldes pelas qualidades do ar, que, tomando parte dos achaques, iludem as aplicações e triunfam da eficácia dos remédios, em cujos termos se faz preciso mudar de ares para outros que se julgarem contrários à natureza dos achaques que se padecerem. E neste sentido se deve entender Hipócrates, quando disse que, nos males crônicos e de difícil erradicação, se mudassem os doentes para outras terras:

4. *Epidem. sect. 5. text 19.*

Terram mutare convenit in morbis longis[4].
Convém mudar de região nas doenças prolongadas.

O que há de ser para terra de ares convenientes, que, de outra maneira, poderão achar maior dano nos ares que buscarem para remédio.

7. E ainda nos ares que primeiro se respiraram, se deve praticar esta doutrina, porque podem ser úteis ou nocivos aos naturais, segundo as qualidades dos ares e a natureza dos seus achaques, como brilhantemente disse Valésio, expondo o lugar de Hipócrates por estas palavras:

Ego vero censeo patrium habitare solum, quibusdam esse utile, quibusdam noxium; atqui ita ut quibusdam utile est, cum aegrotant, in patriam reduci, ita aliis in alienum solum a patria deportari.

Eu, em verdade, penso que habitar a pátria para alguns é proveitoso e para outros é nocivo; mas, assim como para alguns é proveitoso, quando estão doentes, serem reconduzidos à pátria, assim também a outros é proveitoso serem transportados da pátria ao estrangeiro.

Não se hão de buscar tanto os ares pátrios por serem os que primeiro se conheceram e respiraram, quanto por terem qualidades contrárias aos achaques que se padecem, que, desta sorte, servirão de remédio que os vença e, se forem de natureza semelhante às dos males, servirão de causa que os aumente e perpetue. Belamente Galeno:

5. 9. *Meth. 14.*

Sane ambiens, si contrariam morbo temperiem habet, e praesidiorum numero unus est; sin similem, aegritudinalium causarum est unus[5].

Sem dúvida, se o ambiente possui a combinação contrária à doença, é o primeiro dos remédios; se, pelo contrário, possui a combinação semelhante, é a primeira das causas das indisposições.

Veja-se o que da eleição do ar escreveu Galeno no livro primeiro de *Sanitate tuenda*, cap. 16.

SEÇÃO II

DOS ALIMENTOS EM COMUM

Capítulo I
O que Seja Alimento, como se Coza no Estômago e Quais Sejam os Melhores Alimentos para as Pessoas que Têm Saúde

1. Assim como não se pode viver sem ar, também não se pode conservar a vida sem alimento. Está o corpo em contínuo dispêndio de sangue, que no seu sustento se gasta, e de espíritos, que nas suas operações se dissipam, e por isto tem carência de cotidiano alimento, com que a perda do sangue e dos espíritos se recobre, a fim de que a sua nutrição se perenize, sem a qual a saúde logo se arruína e a vida brevemente caduca. É pois alimento tudo aquilo que nutre o corpo, e o que melhor o nutre, esse é para ele o melhor alimento. E porque este negócio da nutrição depende da boa quilificação do estômago, é necessário que entre ele e os alimentos haja alguma analogia ou familiaridade, para que mais facilmente os possa dissolver, assimilar ou cozer, como vulgarmente se diz. Porque, não se dissolvendo bem o que se come, não se fermentando bem no estômago e não se depurando exatamente das suas partes excrementosas e inúteis, não só não se nutre bem o corpo, mas também resultam vários danos assim no estômago como nos ductos do quilo e em outras partes que o sangue mal volatilizado pode ofender na sua circulação.

2. E para que isto se perceba inteiramente, devem saber os que não forem médicos (que nestes não supomos tanto defeito que o ignorem) que os alimentos no estômago não se cozem só em virtude do seu calor, como cá fora

se cozem, que em nada têm semelhança estes cozimentos. O do estômago consiste em fermentar bem, dissolver ou fazer líqüido o alimento, ainda que seja sólido e duro. E quando fica bem dissolvido, bem desfeito e bem líqüido, então é que está bem cozido. Porém esta dissolução é efeito da fermentação do estômago e o calor nunca pode fazê-la. Poderá o calor dissolver e derreter as coisas pingues e oleosas como a manteiga e a cera, mas dissolver as coisas sólidas e duras, isto nenhum calor do estômago pode fazer, e muito menos o transformá-las em uma substância branca em que os alimentos, de qualquer cor que sejam, se transformam no estômago, o que se faz por obra do seu ácido fermentativo, que é um licor azedo que de si lançam as glândulas da parede interior do estômago, o qual é o ácido esurino, que excita a fome, o mênstruo que dissolve os alimentos e o fermento que os transforma em uma substância branca e pultácea a que chamam quilo, o que se faz da maneira seguinte.

3. Logo que os alimentos são recebidos no estômago, entra este a dissolvê-los, incindindo-os e penetrando-os com o seu ácido fermentativo, até os atenuar e fazer líqüidos. E porque nos alimentos há sais voláteis e alcalinos, excitados estes com as partes ácidas do fermento, nasce entre eles um movimento, ou fermentação intestinal, com que o alimento, já feito quilo, se volatiliza e se vai aperfeiçoando, o que se acaba de fazer quando passa do estômago ao intestino duodeno, onde, com a presença do suco pancreático, azedo, e do humor bilioso, alcalino, se excita uma nova fermentação em que o quilo se depura, precipitando-se aos intestinos as partes crassas e impuras, para se expelirem pelo ventre, ficando o quilo tão líqüido e tão tênue que possa permear pelas angustíssimas veias lácteas a confundir-se com o sangue nas veias até tomar a sua forma e natureza, levando consigo, do intestino duodeno, alguma porção de cólera, que conduz muito para mais facilmente receber a tintura do sangue. Donde se vê que a quilificação, ou cozimento do estômago, não se faz por obra de seu calor, senão por virtude do seu fermento, ainda que sempre seja necessário que esteja vigoroso o calor natural do estômago, para que se façam bem as operações do seu ácido. E nesta, da assimilação do alimento, tem grande parte a saliva, que com ele se mistura quando se come, por haver nela virtude fermentativa; e por isto é conveniente, para melhor fermentação dos alimentos, mastigá-los corretamente, para que a saliva entre bem por eles e os possa penetrar e incindir com as suas partes ácidas e voláteis, como já dissemos na *Dissertação dos Humores Naturais do Corpo Humano*, que ajuntamos no fim de *Madeira Ilustrado*.

4. Para se fazer bem este cozimento de estômago e para, por conseqüência, haver boa nutrição do corpo, é necessário usar de bons alimentos, comê-los com moderação e tomá-los com ordem. Quais sejam os bons alimentos diremos

adiante, falando em particular de cada um deles. Em comum, dizemos que os bons alimentos são aqueles que, sendo temperados nas primeiras qualidades, se assimilam facilmente no estômago e nutrem muito bem o corpo. E, pelo contrário, os maus alimentos são os que, excedendo nas primeiras qualidades, se cozem com dificuldade ou, ainda que se cozam bem, nutrem mal o corpo. Advertindo porém que aos alimentos o que os faz ser bons ou maus é a diversidade das naturezas e dos estômagos. Muitas vezes os alimentos que, pelas suas boas qualidades, julgamos melhores são os que alguns estômagos recebem mal e os assimilam pior, de que nascem indigestões, flatulências e outros danos que são consectários destes. E, outras vezes, muitos alimentos que, pelas suas pravas qualidades reprovamos por inconvenientes, são os que alguns estômagos melhor abraçam, cozendo-os com facilidade e assimilando-os perfeitamente, de que se segue uma boa alimentação do corpo, o que procede da analogia e proporção que os fermentos estomacais têm com uns alimentos e da aversão e antipatia que têm com outros. Se os estômagos têm analogia com os bons alimentos, recebem-nos bem e assimilam-nos ou cozem-nos melhor. Se entre si têm desproporção ou contrariedade, ofendem-se com eles como se fossem veneno. E se os estômagos têm analogia com os alimentos que julgamos maus, estes, para eles, são os melhores e, como tais, os admitem sem náusea e os assimilam sem enfado. E se com eles há uma boa nutrição, estes são para semelhantes naturezas os alimentos melhores. Nós conhecemos algumas pessoas que cozem com mais facilidade a vaca dura que a galinha tenra, e outras que acham maior refeição em ervas e mariscos que em pombos e perdizes, o que, como temos dito, nasce da proporção e analogia que há entre os estômagos e certos alimentos, por razão da qual preferem, na doutrina de Hipócrates, os alimentos que, por suas qualidades, reputamos por menos bons, quando a natureza os apetece com ânsia e os recebe com gosto:

> *Paulo deterior cibus* [diz ele] *suavior tamen, melioribus, sed minus suavibus, est praeferendus*[1].
> Dever-se-á preferir alimento um pouco pior, contudo mais agradável, aos melhores, mas menos agradáveis.

1. 2. *Aphor.* 38.

A razão desta preferência achou Galeno na voluptuosidade e deleitação com que a natureza aceita estes alimentos, entendendo que se hão de cozer melhor no estômago, visto que ele os apetece, do que aqueles com que tem aversão, ainda que sejam dos mais louváveis alimentos; estas as suas palavras:

> *Nam quae cum voluptate assumuntur, ista ventriculus amplexatur et facilius concoquit; sicuti illa quae displicent, refugit*[2].
> Na verdade, o que é comido com prazer, estes o estômago acolhe e facilmente digere, assim como recusa o que desagrada.

2. *In Coment. loc. cit.*

A familiaridade ou aversão que os estômagos têm com os alimentos faz com que sejam bons ou maus e não as qualidades e modo de substância de que são dotados; e por isso não há alimento tão bom que para algumas naturezas não possa ser mau, nem alimento tão mau que para outras não possa ser bom. Os que se apetecem com ânsia e se recebem com suavidade e deleitação ordinariamente são os que melhor se cozem e por isto são, para estas naturezas, os melhores alimentos, ainda que pelas suas qualidades devam reprovar-se, assim como são os piores alimentos aqueles que os estômagos repugnam e os recebem com náusea, ainda que pelas suas qualidades se julguem os melhores. E por isto deve cada pessoa usar daqueles que melhor se acomodarem a sua natureza, sejam eles da classe que forem.

> *Qualitas cibi* [diz elegantemente Plêmpio] *non est magnopere curanda, si sano sis corpore et tale genus cibi naturam non offendat*[3].
>
> Não se deverá cuidar muito da qualidade do alimento, se estás com o corpo são e tal gênero de alimento não ofenda a tua natureza.

3. *Lib. 3 Fundament. Medicin. cap. 4 fol. mih. 218.*

5. Para os sãos, com quem agora falamos, é grande conselho aquele de Celso, quando disse que os homens de boa saúde não deviam reprovar nenhum gênero de alimento e que podiam usar indiscriminadamente dos que quisessem:

> *Sanus homo* [diz Celso] *qui et bene valet et suae spontis est nullum cibi genus fugere debet, quo populus utatur: interdum convivio esse, interdum ab eo se se retrahere, modo plus justo, modo non amplius assumere, etc.*[4].
>
> O homem são que está bem e come segundo a sua vontade não deve evitar nenhum gênero de alimento de que as pessoas se servem; ora comer em banquete, ora recusar; ora comer além do que é devido, ora não comer demais etc.

4. *Lib. 5 c. 1.*

E, na verdade, que alguma diferença há de haver entre a saúde e as queixas. Quem tiver boa saúde coma o que quiser, não fazendo na quantidade tal excesso que não possa com ele a natureza; e repare nos alimentos com que melhor se dá o seu estômago, para usar deles com mais freqüência e para fugir daqueles em que achar menos utilidade, ainda que pelas suas qualidades sejam os melhores; porque, como temos dito, os melhores alimentos para cada indivíduo são aqueles que o seu estômago melhor abraça e melhor assimila, se o corpo se nutre bem com eles.

6. E por esta regra saberá cada um governar-se facilmente na eleição dos alimentos, muito melhor que por conselho de médicos, porque estes poderão saber quais, pelas suas qualidades, sejam os melhores alimentos para os louvar em comum, mas não poderão perceber quais sejam os mais familiares e mais idôneos para cada pessoa, para particularmente lhos aconselhar. No tempo da saúde, ninguém deve governar-se por outro ditame, senão que há de comer com moderação daqueles alimentos de que gostar, se não lhe fizerem dano, ainda que eles sejam reprovados pelas suas qualidades, e fugir daqueles em que

achar alguma ofensa, ainda que pelas suas qualidades se julguem os melhores. Em havendo doença ou achaque, isto então tem outras regras muito diferentes, porque têm preferência os alimentos que se julgam mais próprios para o mal que se padece. Mas na saúde o alimento que deve ter preferência é o com que o estômago melhor se dá, se o corpo se nutre bem com ele, o que só cada pessoa pode saber, para mais corretamente se governar. Quem não vê muitos homens de ótima compleição perguntando aos médicos o que hão de comer e procurando saber se estes ou aqueles alimentos são quentes ou frios (como se não houvesse no mundo mais que frio e quente), alistando-se, espontânea e indevidamente, debaixo das bandeiras da medicina, quando, pela boa saúde que logram, estavam isentos desta infelicidade. A quem Deus fez mercê de dar boa saúde, coma os alimentos que mais gostar, fugindo daqueles com que se ofender. E se porventura achar médico que lhe dê outra regra, agradeça-lhe o conselho, mas não lho tome, que esta é a verdadeira regra para se governarem na saúde, em que não se necessita dos auxílios da Arte:

Non est opus valentibus medico, sed male habentibus.
Não é necessário médico para os sãos, mas para os doentes.

7. Pareceria demência reprovar os alimentos de que se nutre bem o corpo e que o estômago recebe com agrado só porque pelas suas qualidades não têm para a maioria a melhor aprovação, sendo certo que, para semelhantes naturezas, são estes os alimentos mais bem qualificados e por isso os não devem deixar por outros de melhor reputação, principalmente se forem alimentos da sua criação e do seu uso, porque, ainda que não sejam dos melhores, já o costume os tem feito familiares e se eles nutrem bem o corpo, que utilidade se podia esperar de outros, para se reprovarem estes, quando não é outro o fim para que se tomam, mais que o da nutrição e aumento do indivíduo, que com eles inteiramente se consegue?

Quae longo tempore consueta sunt [diz Hipócrates], *etsi deteriorae sint, insuetis minus molesta esse solent*[5].
O que por longo tempo é usual, ainda que seja pior, costuma ser menos nocivo do que o que é desusado.

5. 1. *Aphor.* 50.

Tem grandes poderes o costume, tanto que tem forças de natureza, e os alimentos de longo tempo costumados mudam a natureza ou temperamento de quem os usa, ficando entre si tão familiares que nunca se ofendem com eles. Assim sucedeu a Mitridates, que usou do veneno sem prejuízo, e à velha de que faz menção Galeno[6], que sustentava a vida com cicuta, erva venenosa. Por isto os alimentos do uso e criação de cada um nunca se devem deixar por outros, ainda que melhores, porque a eficácia do costume os faz preferir e utilizar:

6. 3. *Simplic.*

7. 2. *Acut.* 24.

Atqui quod vitiosus tum cibus, tum potus [diz Hipócrates] *semper sibi similis ad sanitatem tutior sit, quam siquis subito ad alterum, licet meliorem, magnam mutationem faciat, cognitu est facile*[7].

E contudo é fácil saber que o que é vicioso, tanto comida como bebida, sempre semelhante a si mesmo, é mais seguro para a saúde, do que se alguém faz subitamente grande mudança, embora para o que é melhor.

8. *Sect.* 5. *Com. sil. Medicin. cons.* 15.

9. *Prox. mir. lib.* 3. *obs.* 103.

Só se houver doença, então é preciso alimento medicinal. E ainda nas doenças se há de atender muito ao costume, de que sempre se lembra a natureza. Assim, vemos muitos enfermos que não puderam vencer as suas queixas enquanto não lhes deram alimentos do seu uso e criação, do que há inumeráveis histórias entre os autores. De um homem, refere Solenandro[8] que, estando enfermo em um hospital e já bem próximo da morte, lhe perguntou o médico que o curava com que alimentos vivia e como se tratava no tempo da saúde; e respondendo que nunca dormia em cama macia, nem se despia de noite e que costumava comer alimentos rústicos e grosseiros, o médico lhe mandou que dormisse uma noite sobre um estrado e fez com que comesse cebola com sal e água fria, e, desta sorte, livrou-se do perigo da enfermidade e brevemente se restituiu a saúde. Célebre é aquele caso que refere Zacuto[9], de um homem do mar que, exânime entre aromas, não voltou a si em três dias, até que o grande médico Tomás Rodrigues da Veiga o mandou pôr na praia, com cujo ar conhecido dentro de poucas horas saiu do acidente, satisfeito com o fedor da maresia.

8. Atendendo pois às forças e poderes do costume, aconselhamos que ninguém deixe os alimentos a que com utilidade está costumado, para usar de outros. E quando, por alguma causa, seja preciso mudar de alimento para outros diferentes, esta mudança se fará paulatinamente, introduzindo pouco a pouco outro costume, porque se se fizer de repente, poderá estranhá-lo muito a natureza, que ordinariamente se ofende com as mudanças precipitadas e repentinas, como notou Hipócrates:

10. *Aph.* 51.

Plurimum atque repente evacuare [diz ele] *vel replere, vel calefacere, vel refrigerare, sive quovis alio modo corpus movere, periculosum; omne enim nimium, naturae inimicum, sed quod paulatim fit, tutum est, cum alias tum cum ab altero ad alterum transitus fit*[10].

É perigoso, de modo excessivo e súbito, esvaziar ou encher o corpo, aquecê-lo ou resfriá-lo, ou provocá-lo de outro modo; na verdade, todo excesso é inimigo da natureza, mas o que acontece paulatinamente é seguro, especialmente quando se faz transição de uma para outra coisa.

Capítulo II
Da Quantidade de Alimento

I. Ainda que sejam bons os alimentos, hão de usar-se em moderada quantidade, de sorte que a natureza não se oprima com eles e que bastem para nutrir o corpo. Nisto pecam ordinariamente os homens com gravíssimo dano seu. Há alguns glutões e comilões que, levados pela sua voracidade e mesclados com o agradável condimento de iguarias e manjares de bom gosto, soltam as rédeas ao apetite e transcendem os lindes da moderação, até chegarem a experimentar os estragos da gula. Quantos, depois de uma mesa lauta, ficaram com queixas que lhe duraram toda a vida? Quantos foram do banquete para o túmulo? Quantos se encheram de alimento de maneira que, não podendo regulá-lo a natureza, acabaram a vida com uma apressada estrangulação? Quantos, por fartos, morreram apopléticos? Destes acontecimentos estão os livros cheios, cujos casos não referimos, por comuns. Em tudo há de haver meio e moderação:

Tene medium [dizia São Bernardo] *si non vis perdere modum; locus medius tutus est, medium, sedes modi et modus virtus*[1].

Conserva-te no meio, se não queres perder a moderação; a posição central é segura, o meio é sede da moderação e a moderação é virtude.

1. *Lib. 3 de consider.*

E com elegância, o Sulmonense:

Altius egressus, caelestia tecta cremabis;
Inferius, terras; medio tutissimus ibis[2].
Ultrapassado local mais alto, queimarás o teto celeste;
Ultrapassado local mais baixo, a terra; caminharás o mais seguro possível no meio.

2. *Lib.2. metham.*

2. O melhor meio para durar pouco é comer muito. Os mesmos alimentos que, tomados com moderação, conservam a vida com saúde, comidos com excesso a arruínam. A água, que com módica afluência fertiliza os campos, causa esterilidade quando os inunda. O fogo, que com moderado alimento se sustenta, sobrecarregado com muita matéria combustível, se sufoca. E é lástima que, tendo os homens este conhecimento, possam com eles mais as veementes ilécebras do apetite, para se soltarem na mesa com excesso, que os poderosos ditames da razão, para se conterem nos limites da frugalidade com prudência, sendo certo que, para saciar o apetite com que se deseja o alimento, não é necessário chegar a uma demasiada saturação, que sempre ofende e, muitas vezes de sorte que mata, donde veio a vulgar parêmia, de que são mais os que morrem com os excessos da gula que com os golpes da espada. Mais pode a gula com a doce suavidade de seus manjares na mesa do que Belona com a cruel valentia de suas armas na campanha. Por isto dizia o Eclesiastes:

Noli avidus esse in omni epulatione et non te effundas super escam; in multis enim cibis erit infirmitas et aviditas appropinquabit usque ad choleram; propter crapulam multi obierunt, qui autem abstinens est, adjicit vitam[3].

Não sejas ávido em toda refeição e não te entregues ao alimento; em muitos alimentos estará a enfermidade e a avidez aproximar-se-á da cólera; por causa do excesso de comida muitos morreram, mas quem é moderado aumenta a vida.

3. *Cap. 37.*

3. Todo negócio de alimentar bem no tempo da saúde consiste na quantidade que se come, não na qualidade dos alimentos, que, sejam eles quais forem, comidos com parcimônia, não ofendem e, ainda que sejam os melhores, tomados com insaciável voracidade, sempre causam dano:

Ex optimis [diz Hipócrates] *tum cibis, tum potibus, corpori pro sanitate tuenda destinatis, et morbos et ex morbis mortes suscitari, si vel intempestive, vel pleniori, quam par sit, manu ingerantur*[4].

De ótimos alimentos e bebidas, destinados a sustentar a saúde do corpo, são suscitadas tanto doenças como morte originada das doenças, se são oferecidos ou inoportunamente ou, o quanto seja conveniente, às mancheias.

4. *Lib. de affection.*

Porque os alimentos, ainda que bons, comidos com excesso, subvertem o estômago, que não os pode assimilar bem, por demasiados, de que resultam indigestões, cólicas, cardialgias e uma síndrome de males, todos graves pela causa e pelas conseqüências gravíssimos, porque de alimentos mal assimilados ou mal cozidos não se pode esperar boa sangüificação; e haverá um sangue insípido, crasso e feculento, que, circulando morosamente, seja causa de letalíssimos incômodos, como apoplexias, paralisias, vertigens, asmas, sufocações e outros danos que de sangue de tão prava textura se podem originar. Além de que uma excessiva ingurgitação de alimentos nas horas em que se deviam cozer pode acabar a vida, ou comprimindo o pulmão e o diafragma, provocando uma sufocação, ou apertando as veias e artérias maiores, impedindo assim o movimento da circulação, de que pode proceder uma apoplexia. Porque é certo que os alimentos no estômago se fermentam e levedam, crescendo muito, assim como na panificadora cresce a massa depois de fermentada; e, comendo-se vorazmente, quando os alimentos vão crescendo na sua fermentação, não cabem no estômago e alargam-no e distendem-no de maneira que comprime os vasos maiores e os instrumentos da respiração que lhe ficam vizinhos, de que necessariamente se hão de seguir males túrgidos, agudos e fulminantes. E ainda que algumas pessoas, por particular privilégio da sua natureza, não se ofendam logo com o muito que comem e andem bem nutridos e com boa saúde, necessariamente hão de vir a padecer achaques como gota, reumatismos, defluxões ou febres agudas e outros vários danos nascidos das superfluidades excrementícias, que em grande cópia hão de resultar dos seus cozimentos, principalmente se não fizerem grande exercício, com que parte delas se consumam.

4. Por todas estas razões entendeu Hipócrates que os principais fundamentos para ter boa saúde consistiam em comer com moderação e trabalhar com cuidado:

Prima bonae valetudinis fundamenta esse non satiari cibis et impigrum esse ad labores[5].

São os principais fundamentos da boa saúde não saturar-se de alimento e ser diligente no trabalho.

5. 6. *Epid.*

O que advertiu também Aristóteles[6] quando disse que era coisa muito conducente para viver sem queixas o comer pouco e trabalhar muito. E foi o mesmo que dizer que, comendo-se o que bastar para nutrir o corpo, se faça exercício de maneira que com ele se gastem as superfluidades que resultam dos cozimentos e nutrição. Não se há de comer de modo que se chegue a satisfazer todo o apetite, senão que ainda com alguma apetência se há de largar a mesa, como aconselha Avicena:

6. *In problem.*

Omnis qui rationem habet valetudinis suae, non edat usque ad saturitatem integram, sed reliquiis famis nondum cessantibus surgat a mensa[7].

Todo aquele que tem interesse em sua saúde não coma até a saciedade completa, mas levante-se da mesa quando a fome restante ainda não tiver cessado.

7. *Lib.* 1. *fen.* 3. *doct.* 2. *cap.* 7.

Nos primeiros séculos, viviam os homens muito, porque comiam pouco. Não excediam os limites da sobriedade, por isso morriam de velhos e não de enfermos. De Galeno escreve Rodigínio que pela moderação com que sempre se tratara no comer e beber tivera boa saúde até morrer, com cento e quarenta anos:

Proditum est [diz Rodigínio] *Galenum, Philosophum et Medicum singularem, centum quadraginta annos vixisse, tantaque in cibo et potu abstinentia usum, ut ad satietatem nunquam comederit, aut biberit; sicque, citra ullam affectionem, sola defecit senectute*[8].

8. *Lib. 3. cap. 12.*

Diz-se que Galeno, filósofo e médico singular, viveu cento e quarenta anos e guardou tanta abstinência de alimento e de bebida que nunca teria comido ou bebido até a saciedade; e assim, aquém de qualquer paixão, acabou a solidão da velhice.

O certo é que, para viver, pouco alimento é necessário. De São Paulo refere São Jerônimo[9] que morreu com cento e quinze anos, e passara cem no ermo, dos quais se sustentara quarenta comendo poucas tâmaras e bebendo água, e sessenta anos vivera com meio pão que um corvo cada dia lhe levava. Santo Antão, que viveu cento e cinco anos, foi eremita noventa, em que se sustentou só com pão e água, e, já na velhice, com algumas ervas. E séculos houve em que não passavam os homens comendo mais que os frutos das árvores e das plantas, com que viviam idades muito largas, livres dos achaques e doenças que hoje experimentam os que desordenada e vorazmente se enchem de alimentos mais crassos e mais nutritivos. Àqueles séculos chamou Ovídio bem afortunados séculos de ouro, em que os mortais se contentavam com aquela frugalidade:

9. *In ejus vit.*

At vetus illa aetas, cui fecimus aurea nomen
Faetibus arboreis et quas humus educat herbis,
Fortunata fuit, nec polluit ora cruore
Tunc et aves tutae movere per aera pennas;
Et lepus impavidus mediis erravit in arvis.
Nec sua credulitas piscem suspenderat hamo.
Mas aquela época antiga, a que chamamos dourada,
Pelos produtos arbóreos e pelas plantas que o solo produz,
Foi afortunada e não sujou as bocas de sangue;
Naquele tempo, tanto as aves seguras moveram as penas pelos ares,
Como a lebre sem medo errou no meio das planícies,
Nem a credulidade havia suspendido o peixe pelo anzol.

5. Pitágoras foi um dos que viveram só com os frutos da terra, comendo-os com parcimônia, de sorte que chamam alimento pitagórico a este modo de alimentar, e detesta muito o uso comum de comer animais vivos, cujo preceito da sua parênese verteu Citésio nas seguintes palavras:

Parcite mortales dapibus temerare nefandis
Corpora; sunt fruges, sunt deducentia ramos
Pondere poma suo, tumidaeque in vitibus uvae.
Sunt herbae dulces, sunt qui mitescere flamma

Mollirique queant; nec vobis lacteus humor
Eripitur; nec mella thymi redolentia flore.
Prodiga divitias, alimentaque mitia tellus
Suggerit, atque epulas sine caede; et sanguine praebet.
Cessai, ó mortais, de envenenar com banquetes nefandos
Os vossos corpos; existem os produtos da terra, os frutos que vergam
Os ramos com o seu peso e as uvas intumescidas nas videiras.
Existem plantas agradáveis, existem os que podem tornar-se tenros
E serem amolecidos pela chama; e não é tirado de vós o leite,
Nem o hidromel do tomilho, com a flor de melhor perfume.
Riquezas e alimento tenro fornece a terra pródiga,
E oferece uma refeição sem abate e sem sangue.

Porém, se nos primeiros séculos podiam viver os homens só com estes alimentos tão tênues, era pelo vigor e valentia da natureza; e hoje, que pela sua afetação e debilidade necessita de mais pronta reparação, é preciso comer carne e alimentos de boa substância, usando-os com tal moderação que não agravem a natureza e não excitem algum dano. Aqui nos lembra o que dizia Diógenes Cínico, quando estranhava que os homens pedissem saúde aos seus falsos deuses, porque na moderação com que se alimentassem tinham na sua mão quanto eles lhes podiam conceder. Não dizemos que este modo de alimentar prolonga a vida, mas entendemos que quem usar de bons alimentos e os comer com regra e moderação há de viver com saúde; e quando adoeça será com menos aparato morboso e vencerá as doenças com mais facilidade.

6. Assim como reprovamos o comer com tal excesso que chegue a uma nímia saturação, condenamos também o comer tão pouco que não chegue para ressarcir a perda do sangue e dos espíritos que perenemente se dispendem. Nisto pecam também muitas pessoas que, desejando viver muito e não padecer achaques, usam tão pouco alimento que não passam de um sustento tênue, entendendo que por este meio se imortalizam, sendo assim que em naturezas quentes, biliosas e secas será muito mais prejudicial a falta de alimento que o excesso dele. Os homens de temperamento frio e úmido que forem valetudinários e abundarem com muitas umidades poderão tolerar esta tênue dieta sem tanto dano, principalmente se passarem uma vida sedentária e não fizerem exercício com que gastem parte das superfluidades excrementícias de que necessariamente há de haver grande provento neles. Porém nos homens sãos, que é para quem fazemos esta obra, será nocentíssimo o comer tão pouco que lhe faltem espíritos e sangue com que o corpo se haja de alentar e nutrir. E dos dois extremos, de comer com excesso e alimentar-se com penúria, é este, na doutrina de Hipócrates, o mais perigoso, porque é mais fácil depor o que sobeja que refazer-se do que falta. Três são, na doutrina de Hipócrates[10] e Galeno os modos de alimentar-se, porque há alimento tênue,

10. *Aph. 4.*

medíocre e pleno. O primeiro diminui as forças, o segundo conserva-as e o terceiro aumenta-as. O primeiro, que é o alimento tênue, é próprio para os doentes, a quem se subtrai o alimento, porque os corpos impuros, nutri-los é o mesmo que ofendê-los; e nunca se deve usar nos sãos, que necessitam de alimento com que se nutram, o que não podem fazer comendo tão pouco, porque se ofenderão com a parcimônia muito mais que com a saturação. Tudo isto proferiu Hipócrates nas seguintes palavras:

11. *Aph.* 5.

Etiam in sanis periculosus est valde tenuis et constitutus et exactus victus, quoniam delicat gravius ferunt. Ob hoc igitur tenuis et exactus victus, periculosus est, magis quam paulo plenior[11].

Mesmo para os sãos é muito perigosa uma alimentação tênue, regulada e restrita, porque suportam transgressões com maior dificuldade. Por isto, portanto, a alimentação tênue e restrita é mais perigosa do que aquela um pouco mais abundante.

Outro dano faz o comer e beber sempre pouco, e vem a ser contrair-se e apertar-se o estômago de modo que, se em alguma ocasião se excedeu esta quantidade, sente grande ofensa, porque se distende e alarga contra o costume, de que resultam ânsias e aflições, dores, náuseas e vômitos. Por isto não se deve costumar o estômago a tanta miséria de alimento certo e regulado, como lhe chamou Hipócrates, senão que, ainda que queiram comer e beber pouco, nunca seja igual a quantidade do que comerem e beberem. O alimento medíocre é o que conserva a natureza e as forças, e o pleno é o que as aumenta. Aquele é o que basta para pessoas adultas e este é o de que necessitam os meninos, em cuja idade se aumentam as partes e por isto têm indigência de mais alimento, que Hipócrates concedeu, quando disse:

12. *Aph.* 14.

Qui crescunt plurimum habent calidi innati et ideo plurimo egent alimento, etc.[12].

Os que crescem têm mais calor inato e, por isto, necessitam de mais alimento, etc.

Capítulo III

Qual Seja mais Saudável, a Mesa que Consta de um só Alimento ou a que se Compõe de Muitos

I. Grande cuidado pôs a onipotência divina no regalo dos homens quando, para seu uso, povoou a terra de vários animais quadrúpedes e voadores, e encheu os mares de diferentes peixes:

Omne quod movetur et vivit erit vobis in cibum[1].
Tudo o que se move e vive vos servirá de alimento.

1. *Genes. 9.*

Deixando-lhes juntamente nos aromas e outras produções da terra tudo quanto era necessário para bom condimento e tempero dos muitos manjares e iguarias de que se compõe a mesa opípara dos magnatas, com grande dano de sua saúde, sendo certo que a variedade de manjares de bom gosto puxa por uma intemperança e nímia saturação de todos eles, de que se seguem inumeráveis males, com que se perde a saúde e se acaba a vida; porque o estômago não pode assimilar bem tão grande quantidade de diversos alimentos e necessariamente se há de alterar a quilificação, de que sem dúvida se há de seguir uma viciosa sangüificação de que nasçam danos gravíssimos, o que advertiu já Sêneca, quando disse que as muitas iguarias eram causa de muitas enfermidades:

Multos morbos multa fercula faciunt[2].
Muitas iguarias causam muitas doenças.

2. *Lib. Epist. 16.*

Assim se observa que os que usam de mesas lautas e esplêndidas ordinariamente têm mais achaques e vivem menos anos que os rústicos, que passam com um alimento simples, sendo tão robustos que a maior parte deles se sustenta com o seu trabalho. E já Josefo, no livro que escreveu, *De bello judaico* (*Sobre a Guerra Judaica*), disse que os essênios viviam idades larguíssimas pela parcimônia e simplicidade do alimento de que usavam:

3. *Lib.* 2. *cap.* 7.

Vivunt autem quam longissime, ita ut plurimi eorum, usque ad centenariam proferantur aetatem, propter simplicitatem victus et institutionem bene in omnibus moderatam[3].

Além disso, vivem o mais longamente possível, de tal modo que muitos deles avançam até idade centenária, por causa da simplicidade da alimentação e da organização bem moderada em tudo.

2. Hoje não há mesa tão simples que conste de um só alimento, nem ainda a dos rústicos, em que sempre há de haver pão, vinho, queijo, leite, legumes e, nos que se regalam, couves com toucinho. Os que vivem com melhor fortuna e se tratam modestamente compõem a sua mesa de umas sopas, um assado, e olha de vaca, presunto e arroz. E a esta proporção, nos dias em que a Igreja proíbe a carne, fazem a sua mesa de peixe. Os ricos e grandes senhores, ou por crédito da magnificência, ou por lisonja do palato, compõem a sua mesa de toda a variedade de alimentos, de que fazem massas, guisados, fricassês e várias iguarias com que estragam os estômagos e perdem a saúde, podendo conservá-la com o pouco alimento que pede a natureza, como dizia Lucano declamando contra as voluptuosidades da gula:

4. *Lib.* 4.

Ó prodiga rerum
Luxuries, nunquam parvo contenta paratu,
Et quaesitorum terra pelagoque ciborum.
Ambitiosa fames, ó lautae gloria mensae!
Discite quam parvo liceat producere vitam,
Et quantum natura petat[4].
Ó luxo dissipador
De bens, nunca satisfeito com poucos preparativos,
Nem com uma terra de requintes e nem com um mar de alimentos.
Ó fome ambiciosa, ó glória da mesa opulenta!
Aprendei com quão pouco é possível prolongar a vida
E quanto a natureza pede.

Bem reconheceu Avicena os danos que se seguiam de comer a uma mesa vários alimentos, quando disse que não havia coisa mais prejudicial à saúde:

5. 31. *Doct.* 2.7.

Et nihil quidem deterius est quam diversa nutrientia simul adjungere[5].
E nada certamente é pior do que ajuntar ao mesmo tempo nutrientes diversos.

A razão é porque não pode o estômago cozer todos ao mesmo tempo; uns se hão de cozer mais cedo, outros mais tarde. Os cozidos, se se dilatam no estômago, corrompem-se ou esturram-se. Se descem do estômago logo que se cozem, levam consigo os que ainda não têm boa dissolução ou cozimento, de que resultam obstruções e outros muitos danos, como experimentam os que assim se tratam. Está é a comuníssima razão por que se reprova o uso de vários alimentos, no que entendemos que há de haver alguma limitação, sobre o que falaremos no capítulo seguinte.

3. Primeiramente, louvamos e preferimos a mesa frugal, que é a que consta de poucos alimentos cozidos e assados, sem o condimento dos temperos e guisados de manteigas, que botam a perder os estômagos, relaxando-os e enfraquecendo-os: *Convictus facilis et sine arte mensa* [Banquete abundante e mesa sem arte], dizia Horácio. E no que toca à mesa que se compõe de multiplicidade de alimentos, de que fazem várias iguarias de bom gosto, dizemos que os príncipes e cavalheiros, que foram criados com eles e estão acostumados a comer estes alimentos, bem podem continuar no seu uso, porque a criação e o costume os têm feito familiares; mas não há de ser comendo com tal excesso que pela quantidade se façam insuperáveis, indigestos e irregulares. E se entre estes manjares acharem algum que os ofenda, livrem-se dele como de inimigo, que não faltam outros com que possam recrear e satisfazer o apetite. Já se os alimentos forem todos da mesma graduação ou de qualidades quase semelhantes como são pombos, perdizes, rolas, coelho, leitão e ainda vaca, vitela, carneiro e cabrito, que, ainda que difiram nas qualidades, todos cozerá o estômago do mesmo modo, estes bem se podem comer a uma mesa usando moderadamente de cada um deles, porque, como muitas vezes temos dito, no tempo da saúde, a quantidade dos alimentos é que ofende, não as suas qualidades, como sucede nas doenças e nos achaques, em que qualquer pequena porção de alimento inconveniente os agrava e acrescenta. Porém, se forem alimentos diferentes nas qualidades e natureza, como é a vaca e o leite, o presunto e o peixe, e outros assim, podem ser causa de grandes danos se se comerem juntos, porque alterarão o cozimento ou fermentação do estômago, de que resultarão cruezas, corrupções, flatulências, cólicas e outros males, que só se poderão evitar pela boa natureza do estômago e pela parcimônia com que se usarem.

> *Dissimilia* [diz Hipócrates] *seditionem movent*[6].
> Coisas dessemelhantes provocam desavença.

6. *Lib. de flectib.*

E elegantemente, Sêneca:

> *Diversa cibaria inquinant et non alunt.*
> Alimentos diferentes corrompem e não nutrem.

O que se há de entender de alimentos totalmente dessemelhantes, de que se há de gerar um quilo de partes diversas e contrárias, de que ordinariamente se originam os referidos incômodos.

Capítulo IV

Da Ordem com que se Hão de Usar os Alimentos

I. Como não há mesa tão simples que conste de um só alimento, e na variedade deles uns hão de ser líqüidos, e outros sólidos; uns tênues, outros crassos; uns de fácil, outros de difícil cozimento, é necessário saber que ordem se há de observar no uso deles, se se hão de comer primeiro os líqüidos que os sólidos; primeiro os tênues que os crassos. Nesta mistura de alimentos considerou Avicena[1] tais inconvenientes, que a proibiu expressamente, dizendo que se se comerem primeiro os alimentos crassos, de difícil digestão, ficam depois os tênues, que se cozem primeiro, nadando sobre eles; e não podendo sair do estômago por não estarem todos cozidos, corrompem-se na demora e, por conseqüência, corrompem os mais com que estão misturados. E precedendo os alimentos tênues aos crassos, como se cozem primeiro, estão no fundo do estômago e vão saindo dele, levando consigo os crassos, sem estarem perfeitamente cozidos, de que resultam obstruções e outros danos gravíssimos. As suas palavras são estas:

1. 3. 1. *Doct. 2, cap. 7.*

Sollicitus esse debet sanitatis conservator, ne illud, quod subtile est, et cito digeritur, post forte nutriens, quod sit eo durius in cibo sumat; quia prius digerit, quam ipsum, et super illud natat, non habens viam, quam penetret; putrescit ergo, et corrumpetur, et corrumpet illud, quod ei admiscetur; nec primo comedere debet cibum labilem, ita ut postipsum cibum fortem, et durum sumat, quoniam cum ipso labetur, cum ad intestina penetrabit, eo nondum in tempore digesto, quantum debeat.

O conservador da saúde deve ser cuidadoso em não consumir aquilo que é sutil e que logo se digere após o alimento muito nutritivo, que seja mais duro do que aquele que consome, porque aquele digere primeiro e esse nada sobre ele; não tendo caminho por onde penetre, apodrece então, corrompe-se e corrompe o outro que a ele se mistura; e não deve comer primeiramente o alimento lábil, assim, depois desse, consuma alimento forte e duro, pois com ele escorre, ao penetrar no intestino, ainda sem o tempo conveniente de digestão.

E certo que seria melhor que a mesa se compusesse de alimentos tão semelhantes que igualmente se cozessem, mas, quando isto não possa ser, que nunca pode, porque o luxo da gula busca mais o regalo que a conveniência, resta insinuar com que ordem se hão de tomar estes alimentos.

2. *3. Accet. com. 22.*

2. A esta dúvida responde Galeno[2], dizendo que se hão de comer primeiro os alimentos tênues, que têm mais fácil assimilação, e em segundo lugar os crassos e sólidos, que se cozem com maior dificuldade, o que diz por doutrina de Hipócrates, que reprovou o mulso, ou aguamel, depois da tisana, por ser aquele de mais tarda digestão:

3. *3. Accet. cit.*

Verum [diz Galeno] *uno mulsae, ptisanaeque exemplo edoctus, universalem hunc accipe sermonem; nam perpetuo ingerenda sunt prius, etc.*[3]
Na verdade, instruído pelo mesmo exemplo do mulso e do chá, recebe este ensinamento universal: para serem sempre ingeridos antes, etc.

E a razão é porque os alimentos tênues são os que o estômago primeiro coze, e parece justo que sejam os que primeiro se comam, porque, estando no fundo do estômago, vão saindo dele logo em estando cozidos e, comendo-se depois dos crassos, como estes levam mais tempo de cozimento, ficam aqueles nadando sobre eles e, antes que se distribuam, corrompem-se, porque não podem passar do estômago sem que primeiro os alimentos crassos se cozam e desçam ao intestino duodeno.

3. Mas quem souber, como soube Hipócrates, e quem não ignorar, como ignorou Galeno, o como se cozem os alimentos no estômago achará que nada importa esta ordem e preferência de uns alimentos a outros e que tanto monta comer primeiro os tênues como os crassos; e os líqüidos como os sólidos. Os alimentos no estômago assimilam-se com a virtude do seu ácido, por meio de uma fermentação na qual se confundem, de maneira que os que estão no fundo vêm para cima e os que estão em cima vão para baixo, e por isto importa pouco que se tomem primeiro uns que outros, visto que na sua fermentação todos se confundem e se misturam. Ouçamos Etmulero[4], que entre os modernos tem no nosso conceito e estimação o lugar primeiro:

4. *Instit. medic. cap. de chylicat. fol. mili. 94.*

Omnia interim per fermentationem inter se agitantur, et confunduntur: non ergo scrupulose adeo certus ciborum assumendorum observandus est ordo, etc.

Tudo a um tempo se agita pela fermentação e se confunde: portanto, rigorosamente, não considero que se deva observar ordem certa de comer os alimentos, etc.

E se isto assim é, que mais monta comer primeiro uns alimentos que outros, no que vemos muitas pessoas tão observantes desta ordem que por nenhum caso hão de alterá-la. O que importa é usar dos alimentos com tal prudência que não excedam o modo ou moderação com que se devem tomar, que tanto comer primeiro a fruta que a carne e primeiro o assado que o cozido, isto é circunstância de nenhuma importância:

Putarim ego [diz Plêmpio[5]] *nihil interesse hi ne, an illi ante devorentur; etenim omnes confunduntur, et commiscentur inter se in ventriculo, dum fit concoctio, et conficitur ex iis chylus.*

Pensaria se, porventura, nada entre eles, nem antes deles seja devorado, pois todos se confundem e se misturam no ventre, enquanto se digere e se faz o quilo deles.

5. *Fiendam. Medicin. lib. 3. fol. mihi. 217.*

4. E ainda estando na doutrina dos antigos, que cuidavam que os alimentos se coziam por elixação, também era impertinente a ordem de tomar primeiro uns alimentos que outros, preferindo os que mais facilmente se coziam, por entenderem que nenhum alimento, depois de cozido, saía do estômago sem se cozerem todos, e que assim vinham a corromper-se os que primeiro se tinham cozido, antes que os de mais difícil assimilação chegassem a receber perfeito cozimento. Porque isto é falso, que os estômagos, em tendo alimento, estão sempre na ação de quilificar, e logo que alguma porção dele está cozida, desce do estômago, sem levar consigo o que está cru, o qual se retém até receber perfeito cozimento. Vê-se isto nos meninos, que todo o dia andam comendo, e em muitas pessoas que fazem o desjejum, almoçam, merendam e jantam e sempre até mais não querer, e logram boa saúde, o que não sucederia se o alimento que estivesse cozido não saísse do estômago até se cozer todo o mais; nem caberia no estômago tanta quantidade e, ainda que coubesse, sempre causaria alguns danos, porque se corromperia o que estivesse cozido, se não se distribuísse antes que o mais se cozesse.

5. Nem faça dúvida que se retenha o alimento cru, quando se distribui o cozido, porque nas obras da natureza estamos vendo cada dia semelhantes coisas. Depois de comer, muitas vezes dão os estômagos em copiosíssimos vômitos de humores viciosos, retendo o alimento até o assimilar e se distribuir. Nas mulheres grávidas, move muitas vezes a natureza profusíssimos fluxos de sangue, rompe em purgações pelas vias do útero e lança fetos informes, sem excluir a prole, que se retém até o tempo de sair à luz com vitalidade. E nas superfetações, que são umas gravidezas sobre outras, sai o feto de nove meses, retendo-se o outro, até ter outros tantos em que naturalmente deve nascer. Com que por todas estas razões dizemos que é escusada a preferência de uns

alimentos a outros na mesma mesa e que se comam com tal parcimônia que não ofendam, que é só no que se deve pôr cuidado. Muitas vezes vimos que algumas pessoas amantes da saúde, evitando beber água sobre ovos, bebiam primeiro a água e logo sobre ela comiam os ovos, e assim, outras coisas mais, tão ridículas como esta. Porque, se aqueles alimentos se ajuntam e se misturam logo no estômago, que importa que mais uns que outros se comam primeiro? O que importa é comê-los em tal quantidade que não subvertam o estômago, para que ele os possa facilmente assimilar, ou cozer.

Capítulo V
Quantas Vezes e em que Horas se Há de Comer Cada Dia

1. Ainda que o corpo humano esteja em contínuo dispêndio de sangue e de espíritos, de que se há de ressarcir por meio do alimento, nem por isto hão de tomá-lo sempre os homens, senão a certas horas, em diferença dos brutos, que de dia e de noite estão comendo; se bem que há gente multívora, que todo quanto alimento se lhe oferece, de noite e de dia, devoram-no como irracionais. A maior parte dos homens come ao almoço e ao jantar, e é o que basta para conservação da natureza e nutrição do corpo. Outros também comem o desjejum e merendam. A hora de almoçar deve ser das onze até o meio-dia e a do jantar, das nove até as dez da noite. E no estio, sempre é conveniente almoçar mais cedo, principalmente em regiões quentes, porque o grande calor destrói o apetite e não ajuda os cozimentos. Por isto dizia Avicena: *Et in aestate melior comedendi hora est, quae est frigidior*[1] [E no verão, a hora melhor para comer é a mais fria]. Os cavalheiros, a quem sempre amanhece mais tarde, comem o desjejum pelas onze horas, almoçam pelas duas da tarde, merendam quando a outra gente almoça e vêm a jantar pela meia-noite. Mas assim com esta ordenada desordem com que foram nutridos e criados, acham-se muito bem, que são grandes os privilégios da criação e os poderes do costume. Os rústicos, que trabalham e se exercitam muito, comem e bebem largamente quatro vezes no dia, sem ofensa; nem poderiam trabalhar muito, se não comes-

1. 3. 1. *Noct.* 2. *cap.* 7.

sem tanto. Os meninos sempre andam comendo, porque o seu grande calor inato e a atividade do seu ácido estomacal tudo quanto comem, lhes cozem e digerem facilmente.

2. Isto é o que comumente vemos. E, verdadeiramente, não se pode estabelecer para todos, sobre este negócio, uma regra certa, porque uns necessitam de comer mais, outros menos vezes, uns a umas e outros a outras horas; uns hão mister desjejum e merenda, outros escusam-nos. No que aconselhamos que observe cada qual o uso e costume em que está posto com sua utilidade. Quem for acostumado a comer quatro vezes no dia, quem comer o desjejum e merendar, sem que por isto perca o almoço ou o jantar, coma o desjejum, muito embora, e merende, segundo o seu uso, e com esta regra vá vivendo, enquanto dela não lhe resultar algum dano, que aquilo em que está posta a natureza é o que a recreia e ela o apetece de sorte que, àquelas horas em que costumamos comer, se o alimento se retarda, ela se lembra dele, porque logo sentimos algumas sucções no estômago, com que parece que o está pedindo.

3. Duas coisas advertimos nesta matéria. Uma é que, aos desjejuns e merendas, tome-se tão pouco alimento que não sirva de embaraço para almoçar e jantar nas horas costumadas. A outra é que ninguém coma enquanto sentir que o estômago não tem cozido o alimento antecedente, porque, sobre não ter necessidade de alimento enquanto está ocupado com ele, será causa de perverter-se o cozimento e de haver indigestões, cólicas, flatulências e outros mais danos que de semelhante desordem podem resultar. E por isto não se pode determinar hora certa e invariável para comer; senão que isto se há de governar pelo cozimento do estômago, que ordinariamente se faz em sete ou oito horas, ainda que em algumas pessoas se fará mais cedo, em outras mais tarde, segundo a atividade do seu ácido e a qualidade do alimento que tiverem comido. Quem almoçou pelas onze horas e, segundo o seu costume, há de jantar pelas dez, se a esta hora não estiver assimilado nem digerido o alimento do almoço, não deve jantar nesta hora, senão esperar que isto se faça, ainda que seja muito mais adiante, ou ficar sem jantar, tomando qualquer coisa leve ou não tomando nada, que não será pior, para que o cozimento do almoço melhor se faça. Advertindo mais que, assim como é nocivo comer antes de haver o estômago cozido o alimento, também é prejudicial deixar de comer estando inanido, porque os estômagos, quando não têm alimento, fazem umas sucções com que atraem das partes vizinhas os humores viciosos, de que se ofendem muito; e por esta causa, há muitas vezes vertigens, vômitos e dores de estômago, que se evitam comendo pelas manhãs. Por isto aquelas pessoas cujos estômagos cozerem em poucas horas o alimento necessitam de comer o desjejum e merendar para os ocupar com alguma coisa até que hajam de

almoçar e jantar. Finalmente, o comer e o beber na saúde há de ser quando houver fome e quando houver sede. Não se há de comer enquanto o estômago estiver ocupado de alimento, mas, tanto que estiver vazio, logo se deve ocupar com outro, e por aqui saberá cada qual a que horas há de comer. É doutrina de Avicena proferida nestas palavras:

Opportet pretterea ne aliquis comedat, nisi post desiderium; neque in hoc tardetur, cum desiderium fuerit excitatum[2].

2. 3. 1. *Doct.* 2, *cap.* 7.

É preciso por isso que ninguém coma senão depois do desejo; nem tarde nisso, quando o desejo se manifestar.

Algumas pessoas voluntariamente se põem no uso de não jantar e comem somente ao almoço o que não louvamos, porque, sendo bom jantar pouco, havendo almoçado muito, entendemos que será nocivo o pôr no hábito de não jantar, porque, como temos dito, o estômago, em não estando ocupado de alimento, atrai os humores viciosos das partes vizinhas, de que nascem muitos incômodos que, jantando levemente, se podem impedir. E se houver quem diga que, passando sem jantar, se acha muito bem, observe o seu costume, mas os que o não tiverem não se ponham nele.

Capítulo VI
Se o Almoço Há de Ser Maior que o Jantar, se o Jantar Maior que o Almoço

1. Esta é a questão mais contenciosa que há entre os dietários; uns resolvem a favor do almoço, outros a favor do jantar, e por ambas as partes militam razões fortes. Os que dizem que o jantar deve ser mais liberal que o almoço, parece que têm por si a sentença de Hipócrates que aconselha maior alimento às noites que de dia: *Mane sorbitionem dabis, sero autem ad cibaria te conferes*[1] [Pela manhã tomarás um caldo, à tarde, porém, recorrerás aos alimentos]. O mesmo ensina Galeno[2] e afirma que ele o fizera, como nas suas obras poderão ver os curiosos[3]. As razões em que se funda esta opinião vêm a ser: porque este era o costume dos antigos que comiam parcamente no almoço e à noite jantavam com largueza e, assim, viviam séculos com saúde. Além de que de noite, com o sono e com a quietação do corpo, coze-se muito melhor o alimento do que de dia, com o trabalho e com a vigília, porque no sono recorre o calor ao estômago e recorrem os espíritos que, na vigília, se expandem às partes extremas e externas. Mais: porque do jantar até o almoço vai muito mais tempo que do almoço ao jantar, e por isso se cozerá melhor o alimento que se comer à noite, ainda que seja copioso, do que ao almoço, pelas poucas horas que ficam entre ele e o jantar.

1. 1. *Accet.* 25.
2. 7. *Meth.* 6.
3. 6. *De sanit.* 7.

2. Os que dizem que o almoço deve ser maior do que o jantar fundam-se em que de dia se faz muito melhor o cozimento do estômago do que de noite, o que mostram, porque, havendo menos horas do almoço ao jantar do que do jantar até o almoço, temos mais fome à noite, antes do jantar, do que pela manhã, quando acordamos. E, se o alimento do jantar se cozera melhor que o do almoço, não só haveria fome de manhã, senão pela meia-noite, e em qualquer outra hora em que ninguém a sente. Confirma-se: porque os que de noite estão vigilantes têm mais fome que os que dormem, quando os acordam; o que sucede porque na vigília se faz melhor o cozimento de estômago e por isso Hipócrates disse que a vigília era voraz: *Vigilia vorax*[4]. E, se no sono se cozera melhor o alimento no estômago, seria útil dormir logo depois de comer, tempo em que o sono é proibido. Ultimamente favorece essa opinião a experiência de que os homens que jantam pouco passam muito melhor as noites que os que jantam muito. E, por nenhuma outra causa é, senão porque como de noite não se faz tão bem o cozimento do estômago, os que comem muito passam mal, pelo enfado com que o estômago coze ou não pode cozer tanto alimento. Por isso na Escola de Salerno se diz que o jantar muito ofende o estômago e se recomenda parcimônia de alimento nos jantares, para passar as noites com sossego:

4. 6. *Epid. sect. 4, aphor. 20.*

Ex magna coena stomacho fit maxima poena.
Ut sis nocte levis, sit tibi coena brevis.
De grande jantar se faz grande pena ao estômago.
Para que sejas leve à noite, seja breve o teu jantar.

Assim fazia aquele gramático Telefo, de quem conta Galeno que vivera perto de cem anos, não comendo às noites mais do que um pedaço de pão com vinho[5]. E afirma Cardano que vira muitos homens de cem anos de idade, os quais lhe disseram que sempre jantaram pouco e entende que por isso viveram muito.

5. 5. *De sanit. tuend.*

3. Nós, sem embargo de razões tão válidas, nem dizemos que o almoço haja de ser maior que o jantar, nem que o jantar haja de ser maior que o almoço, o que julgamos é que, não excedendo os limites da moderação, não importa que o jantar seja maior que o almoço, nem que este seja mais largo que o jantar. De sorte que havemos de comer com tal moderação que não demos em uma saturação que nos ofenda, senão que havemos de comer até rebater as forças do apetite e não até o enjoar, e isto há de ser tanto no almoço quanto no jantar. Quem tiver almoçado bem, se, ao jantar, tiver mais fome e quiser comer maior quantidade do que no almoço, faça muito embora maior o jantar, como não passe as raias de moderado, de maneira que chegue a uma nímia fartura, que é o que sempre reprovamos, sobre o que se veja o que dissemos no capítulo segundo desta seção. Quem a horas de jantar tiver menos apetite de comer do que no almoço, coma menos e faça o jantar menor que o almoço. E desta sorte se governe na saúde, sem ficar obrigado às leis do almoço nem do jantar maior

ou menor, observando sempre os preceitos de moderado, por não vir a dar na infelicidade de queixoso. E por este modo se evita a contenda de ser o almoço ou o jantar um maior do que o outro.

4. Os antigos faziam grandes os jantares, mas é porque almoçavam muito menos do que hoje se come ao desjejum; que, se o almoço fora grande, sem dúvida, que fariam os jantares menores. Se houver quem queira observar esse costume, nem por isso viverá tanto como eles, que, se chegaram a viver séculos, era pelo vigor da natureza, que no tempo presente está mais debilitada, e por isso não pode durar tanto. Nem é certo que de noite, com o descanso do sono se coza melhor o alimento que com o trabalho do dia, porque vemos muitos rústicos que, comendo quatro vezes no dia e sempre muito, logo que acabam de comer, trabalham com grande violência e cozem muito bem o que comem. Assim como também vemos outros que, jantando moderadamente e passando com sossego toda a noite, têm, pela manhã, perdido o estômago, porque não fez bom cozimento, sem embargo de jantarem pouco e de dormirem muito. E nem porque os antigos tivessem o costume de fazer os jantares maiores do que o almoço, devemos imitá-los no século presente em que estão reprovadas muitas coisas que eles observavam. E já os não imitamos na hora de jantar, porque os romanos, comendo pouco no almoço, jantavam com três horas de sol, de sorte que, quando se recolhiam para dormir, já levavam o cozimento quase feito.

5. Havendo de fazer os jantares diferentes dos almoços, não temos dúvida que, sendo o almoço largo, é melhor que seja o jantar parco, porque, não tendo ainda saído bem o estômago do trabalho de cozer o muito alimento do almoço, não parece conforme às leis da boa dieta onerá-lo e oprimi-lo com um grande jantar, com que passará a noite inquieto e aflito, o que não sucederá jantando pouco, que ordinariamente é bom jantar menos para descansar mais, tendo sido o almoço largo, ao que parece que aludiu Salomão, quando disse: *Somnus sanitatis in homine parco, dormiet usque mane, et anima illius cum ipso delectabitur*[6] [O sono salutar estará com o homem sóbrio, dormirá até de amanhã e sua alma se deleitará com ele]. Quem almoçar com Celso deve jantar com Platão. Celso fazia os almoços muito largos. Platão fazia os jantares muito leves, e a essa parcimônia se atribuiu a larga idade que viveu. O certo é que de jantar muito, depois do almoço com excesso, se granjeiam achaques e muitas vezes mortes repentinas do que já falou Juvenal, quando disse:

6. *Ecles.*, 31, 24.

Hinc subitae mortes, atque intestata senectus
Et nova, nec tristis per cunctas fabula caenas[7].
Daí mortes súbitas e velhice não atestada
E conversas novas e não tristes por todos os jantares.

7. *Satyr.*, 1.

Capítulo VII
Se os Alimentos do Jantar Devem Ser Diferentes dos do Almoço?

1. Deu ocasião a esta dúvida vermos que muitas pessoas fogem de comer certos alimentos à noite, de que usam ao almoço sem reparo, entendendo que de noite lhos não receberá tão bem o estômago, como se ele soubesse quando é dia ou quando é noite, ou que lhe farão dano no jantar, os que julgam convenientes ao almoço. Assim vemos que a maior parte da gente em Lisboa come peixe à noite, cuidando que os que não puderem comer uma galinha, ou uma perdiz, se ofenderão com a vaca e com o carneiro de que compõem a mesa ao almoço. Sendo esta, a meu ver, uma das causas de haver tantos estilicídios e defluxões, tantas tosses e tantas tísicas, como experimentamos, que isto dá de si o nímio uso de peixe, que se pudera evitar jantando carne. Assim vemos também outros que, não duvidando de comer com largueza laranjas-da-china ao almoço, aos jantares por nenhum caso comerão uma. E deste modo fazem com muitas outras coisas que reprovam à noite e de que usam de dia. No que nos pareceu dizer que o alimento que não se pode comer ao jantar, também no almoço não se deve comer, porque do ser dia ou do ser noite, não se há de tomar fundamento para aprovar ou reprovar os alimentos, quando não há outra causa particular, que se se achar em alguma pessoa, não se pode achar em todas.

2. No que toca ao comer peixe à noite, dirão que os jantares se devem fazer

leves, como aconselhamos no capítulo antecedente, e que assim são as que constam de peixe e salada, como ordinariamente se faz nesta terra. E se fossem de carne, dariam maior enfado ao estômago e perturbariam o sono e a quietação, que se deve desejar muito de noite, para descansar do trabalho do dia. A isto respondemos que é verdade, que os jantares leves sempre são melhores. Mas que o serem leves, não consiste só em serem de peixe, que ainda que se coza com facilidade e dê pouco trabalho ao estômago, também de peixe se podem fazer os jantares largos, e assim se fazem comumente. Quem aos jantares se fartar de peixe e de salada, é certo que, pelo excesso com que comer, dará trabalho ao estômago e poderá causar cólicas do estômago e ventre; e muito mais se usar de várias iguarias que fazem de peixe, de que ordinariamente nascem defluxões de estilicídios, esquinências, tosses, dores de ouvidos, reumatismos e outros danos, que costuma causar o muito peixe e saladas. De carne se podem fazer parcos os jantares, que na quantidade está todo o peso deste negócio. Quem ao almoço comer com excesso, é justo que se haja com parcimônia no jantar. E assim o pode fazer comendo carne e daqueles alimentos de que usa ao almoço, deixando o peixe, que a Igreja deu para penitência, para os dias em que ela proíbe a carne. E por último, os que têm boa saúde comam com moderação quaisquer alimentos que quiserem, tanto ao almoço, como ao jantar, tendo entendido que os que se podem comer de dia, não há razão para os reprovar de noite.

Capítulo VIII

Se é Melhor Comer Assado ou Cozido?

I. Escrevendo nós esta obra para os sãos, escusado parece tratar o ponto presente: porque muitas vezes temos dito, nos capítulos antecedentes, que as pessoas que têm saúde podem comer os alimentos de que gostarem, da maneira que quiserem, não excedendo à moderação, que sempre recomendamos. Porém não será desacerto dizer se é melhor usar dos alimentos assados, se dos cozidos. E já se vê que, de serem os alimentos cozidos, ou assados, não se lhes muda a natureza. Mas há entre eles esta diferença: que os cozidos têm mais fácil transmutação, ou cozimento no estômago, e nutrem menos do que os assados. Estes, como ficam mais duros, cozem-se com mais dificuldade, mas nutrem melhor do que os cozidos. Por cujas causas, louvamos e preferimos os assados, como mais nutrientes, que é o fim para que se tomam os alimentos, dos quais, o que mais nutre é o que melhor utiliza; e, ainda que se cozam em mais algum tempo do que os cozidos, que importa mais uma hora de dilação no cozimento do estômago, quando se lucra melhor nutrimento no corpo? Mostra-se que nutrem mais os alimentos assados que os cozidos, porque estes largam no cozimento a maior parte da umidade substancial e alimentícia com que haviam de nutrir, e ficam mais secos que os assados, nos quais, quando se assam, se faz uma côdea por fora, e dentro se conserva toda a umidade nutriente com que engordam e nutrem muito melhor que os cozidos. Por isto alguns Práticos de boa nota dizem que os hécticos, que necessitam de se umedecerem e nutrirem, comam os alimentos assados, por haver neles mais umidade que nos cozidos, sobre o que se veja o que dissemos na nossa *Medicina Lusitana*, propondo a dieta devida aos que padecem a febre héctica. E dos alimentos assados querem que se entenda aquele aforismo de Hipócrates[1], em que diz que o alimento úmido é conveniente para os que têm febre: *Victus humidus febricitantibus omnibus convenit* [Por haver nos alimentos assados a umidade que falta nos cozidos].

1. *Aphor. 16.*

2. Se nos disserem que, se os alimentos cozidos ficam mais secos e menos nutrientes, por largarem no caldo a sua umidade substantífica, com que haviam de nutrir, e que quem beber o caldo e comer a carne cozida, aí tem toda a umidade, com que se nutrirá muito melhor que com o assado, responderemos que é verdade que os caldos das carnes nutrem muito bem os corpos, mas, ainda com eles e com a carne cozida, não se nutrirão tão bem como com os assados, porque ainda que pareça, que no caldo e na carne que nele se cozeu vão todas as partes que se conservam nos alimentos assados, isto é engano, porque no tempo do cozimento se perdem as partes tênues, voláteis e espirituosas que o fogo dissipa. E ainda que estas partes não sejam as que mais nutrem, são muitos conducentes para a boa nutrição, porque servem para se digerir e distribuir bem o quilo. E depois dão de si um sangue mais espirituoso, que o faz circular com facilidade, circunstância muito principal para nutrir bem. E por isto nos parece que devem preferir os assados aos cozidos. Quem estiver falto de nutrição pode beber os caldos dos alimentos cozidos e comer os assados, que desta sorte se nutrirá melhor.

Capítulo IX
Do Alimento Próprio para Cada Idade e Temperamento

1. Chamam-se idades aqueles espaços de tempo que há entre as mudanças que no decurso dos anos se experimentam na constituição do corpo humano, de que são quatro as principais diferenças. A puerícia, que se conta desde o princípio da vida até o ano vigésimo quinto; e inclui em si a infância, que uns contam até o quinto, outros até o sétimo ano, sendo a puerícia até os catorze; a puberdade, que se estende até os dezoito; e a adolescência, que chega dos dezoito até os vinte e cinco. A segunda idade é a juvenil, que se conta desde vinte e cinco anos até os trinta e cinco ou quarenta anos. A terceira é a consistência, que chega desde estes anos até os quarenta e cinco ou cinqüenta. A quarta é a senilidade, que se conta desde os cinqüenta anos até o fim da vida. Todas estas idades devem ter alimento diferente e particular.

2. A puerícia, que é uma idade em que há grande calor, quer por esta razão de alimentos refrigerantes; e por ser a idade em que cresce e se aumenta o corpo, necessita também de alimentos úmidos, com que há de ser a dieta dos meninos fria e úmida. O que conheceu Platão[1] quando advertiu que nesta idade não se bebesse vinho, porque seria escandecer o calor do corpo com o calor do vinho: *Quia ignem igni addere non oportet* [Porque não é preciso acrescentar fogo ao fogo].

1. *De legib.*

2. 1. *De sanit. tuend.* 9.

De que se seguem vários danos, em consideração dos quais fez Galeno[2] a mesma proibição. O que quiséramos que advertissem aqueles pais que criam seus filhos com vinho, com chocolate, com chá, com café e outras bebidas quentes e dessecantes, com que não só se aumenta o calor, mas também se pode inibir o aumento das partes do corpo, para o que necessita de umidade, por cuja causa entendeu Hipócrates[3] que os alimentos úmidos eram mais necessários aos meninos do que ainda aos febricitantes: *Victus humidus febricitantibus omnibus convenit, maxime vero pueris* [O alimento úmido convém aos febricitantes, possivelmente, porém aos meninos]. E não só hão de ser os alimentos nesta idade frios e úmidos, senão que se hão de tomar em maior cópia que em todas as mais idades, por razão do muito calor dela e do aumento do corpo, porque este com pouco alimento não se pode aumentar, mas antes se extenuará se o alimento não for tanto, que com ele não se possa prontamente reparar a substância, que o grande calor gasta em um corpo tão delicado e tenro, como é o dos meninos. Tudo isto é conforme a doutrina de Hipócrates[4], quando disse:

3. 1. *Aphor.* 16.

4. 5. *Aphor.* 14.

Qui crescunt plurimum habent calidi innati, plurimo igitur egent alimento, alioqui corpus absumitur.
Os que crescem têm muito de cálidos por natureza, portanto necessitam de muitíssimo alimento, caso contrário o corpo será consumido.

Na puberdade e na adolescência, em que é mais temperado o calor, deve ser o alimento mais moderado, assim nas qualidades como na quantidade. Menos em tudo que na puerícia, porém mais que em todas as outras idades.

3. Na idade juvenil, em que há grande calor e secura, também devem ser os alimentos frios e úmidos, como na puerícia, mas com esta diferença: que na puerícia é preciso que os alimentos sejam líqüidos, moles e de mais fácil cozimento e na juvenilidade, mais sólidos, ainda que de cozimento mais difícil, porque o estômago, nesta idade mais robusto, os poderá melhor cozer. Hão logo de proibir-se nestes anos os alimentos quentes e secos, particularmente o vinho, com o qual entendeu Galeno[5] que se fariam os mancebos que o bebessem irados e libidinosos.

5. *Loc. cit.*

4. A consistência e a senilidade, que são idades frias e secas, querem alimentos quentes e úmidos, entre os quais tem o primeiro lugar o vinho, que comumente se chama o leite dos velhos, porque vigora o seu calor, ajuda a cozer o estômago, dissipa os flatos que resultam das suas cruezas, refaz as forças, regenera os espíritos em que elas consistem, alegra o coração e rebate as forças da melancolia. Razões todas por que entendeu Platão[6] que Deus, Senhor Nosso, dera aos homens o vinho para auxílio da senilidade:

6. 2. *De legib.*

Deus vinum hominibus, quasi auxiliare adversus senectutis austeritatem pharmacum, largitus est, ut rejuvenescere videantur, et maestitiae nos oblivio capiat, atque ipse hominis habitus mollis, e duro factus, ut ferrum igni impositum, tractabilior fiat.

Deus deu o vinho aos homens como medicina auxiliar contra a austeridade da velhice, para que pareçam que estejam rejuvenescendo e para que o esquecimento da tristeza nos domine e o próprio hábito mole do homem, surgido do duro, como o ferro posto no fogo, torne-se mais tratável.

A quantidade do alimento nesta idade deve ser menos que nas outras, porque o pouco calor natural do estômago nos velhos e a debilidade do seu ácido não pedem muita cópia de alimento, como disse Hipócrates[7] por estas palavras:

7. 1. *Aphor.* 14.

Senibus parum innati calidi inest, paucis propterea fomitibus eget, quia a multis extinguitur.

Nos velhos existe pouco do calor inato, por esta razão necessitam de poucos alimentos, porque por muitos alimentos o seu calor se extingue.

Do que fica dito das idades, consta qual haja de ser o alimento dos temperamentos. Os quentes e secos querem alimentos frios e úmidos e assim os mais pedem dieta de qualidades contrárias.

Capítulo X
Do Alimento Próprio de Cada Tempo do Ano

1. Assim como nas idades, também nas quadras do ano se hão de usar diferentes alimentos. No inverno, que é frio e úmido, hão de ser os alimentos quentes e secos, não só por se contrariarem às qualidades hiemais, mas para gastar ou temperar as muitas serosidades e fleumas, de que os corpos abundam. E como nessa estação, têm os estômagos maior calor, por isso se há de comer mais do que em qualquer outro tempo, como expressamente advertiu Hipócrates, dizendo:

Ventres hyeme et vere natura calidissimi sunt, et somni longissimi; quare per ea tempora alimenta copiosiora sunt exhibenda. Etenim tunc calor nativus plurimus est, unde et pluribus egent alimentis[1].

1. 1. *Aph*. 15.

No inverno e na primavera naturalmente, o ventre é quentíssimo e o sono longíssimo, razão pela qual, por esse tempo, os alimentos são mais copiosos. Pois então, sendo maior o calor natural, há maior necessidade de mais alimento.

Há de tomar-se maior porção de alimento no inverno, mas há de beber-se menos pelas muitas umidades com que nesta quadra estão repletos os corpos. Nesse tempo, é conveniente o vinho, o chocolate, o café, o chá, aguardente, *rosa solis* e outras bebidas, de que em todos os tempos do ano se usa ou abusa a maior parte da gente.

2. Na primavera, que se segue ao inverno, na qual é o ar temperado, sem

excesso de calor, nem de frio, também devem ser temperados nas qualidades os alimentos. E como os estômagos, nesta quadra têm maior calor, como disse Hipócrates no aforismo acima exposto, há de tomar-se alimento mais copioso que em qualquer outro tempo, excetuando o inverno.

3. No estio, que é quente e seco, hão de ser os alimentos frios e úmidos, para temperar o excessivo calor e a secura do ar, a que parece que atendeu o autor da natureza, concedendo as muitas frutas, que nesta quadra temos, para que os corpos se pudessem reforçar e umedecer com elas. Nesse tempo, são de grande utilidade os sorvetes, as limonadas nevadas, água de neve, abstendo de chocolate, chá e café, de que se usará no inverno, como temos dito. O alimento será moderado, porque, como o calor do estômago neste tempo está menos vigoroso, não poderá cozer bem, se o alimento for muito. Por esta razão cuidam alguns que no estio é mais necessário beber vinho que no inverno, por haver neste tempo mais calor nas entranhas do que no estio. Porém enganam-se, porque quando o ar está tão frio e úmido, como no inverno, os corpos necessitam de alimentos com que resistam à nímia frialdade e umidade que os pode ofender. E no estio têm indigência de alimentos frios e umectantes, com que resistam ao grande calor e secura do ar, que com o uso do vinho se aumentaria, de sorte que causasse alguns incômodos, como experimentam os bíbulos, que no tempo quente buscam refresco no vinho, que os esquenta e abrasa. E havendo de ajudar a cozer o alimento, antes o esturra e queima, de que se segue haver maior porção de cólera na massa do sangue, que é causa de dores ictéricas, de cólicas quentes, de diarréias, disenterias e outros danos mais, que remedeiam os leites, os soros, as limonadas de neve, as emulsões e os banhos de água tépida, com que os humores se enfreiam e o corpo se contempera. E como o cozimento de estômago não depende tanto do seu calor como da valentia do ácido fermentativo, que é o que dissolve e transmuta os alimentos, como dissemos no capítulo primeiro desta seção, não se faz tão preciso o vinho, ainda que o calor seja pouco vigoroso, e mais utilidade se reconhece às vezes em um pequeno de vinagre forte ou em qualquer outro azedo, com que o ácido estomacal se vigora, do que nos remédios balsâmicos e quentes, com que o estômago se aquenta e se ofende.

4. No outono, que é frio e seco, há de ser o alimento quente e úmido, principalmente na parte que for mais chegada ao estio; que na parte que for mais vizinha ao inverno, será o alimento quente e seco.

SEÇÃO III

DOS ALIMENTOS EM PARTICULAR

Capítulo I
Do Pão de Trigo

1. O pão é o melhor e mais comum alimento de quantos os homens usam, porque, sobre ser como triaga e corretivo de todos aqueles com que se mistura, é o que mais substancialmente engorda e nutre o corpo. Por isso, resenhando o Salernitano[1], os alimentos mais nutrientes, pôs em primeiro lugar o trigo, de que se fabrica o pão de que falamos:

1. *Cap.9.*

Nutrit triticum et impinguat, lac, caseus infans.
Testiculi, porcina caro, cerebella, medulla,
Dulcia vina, cibus gustu jucundior, ova
Sorbilia et ficus maturae, uvaeque recentes.
Nutre o trigo e engorda o leite e o queijo fresco,
Testículos, carne de porco, miolos, medula,
Vinhos doces, alimento de sabor mais agradável, ovos
Que se podem engolir, figos maduros e uvas frescas.

E assim, como sem pão toda a mesa, ainda que esplêndida, é defeituosa, também sem ele não haverá nutrição sólida e perfeita. É o trigo e o pão, que se faz da sua farinha, moderado no calor e nas mais qualidades temperado. Há de se escolher o que for duro, denso, pesado, louro, claro, e leve, maduro, limpo, e criado em terra forte e pingue e colhido de três meses. O trigo tremês, que se chama assim porque em três meses se semeia e se colhe, como tem estado menos tempo na terra, é mais miúdo, mais brando e menos nutriente.

2. Da farinha de trigo bem limpa do farelo se faz o melhor pão a que chamam siligíneo, em diferença do pão de rala, que é feito das sêmeas e farelos. Aquele nutre muito, este move o ventre, em razão dos farelos, os quais, ainda que sejam quentes e secos, têm uma virtude abstersiva e detergente, com que facilita a evacuação dos excrementos. Por isto algumas pessoas, constipadas de ventre, comem pão menos limpo dos farelos para se laxarem com ele.

3. O pão, para ser bom, não basta só que seja feito da flor da farinha, senão que há de ser bem fermentado, bem cozido, leve, esponjoso, amassado com sal moderado e cozido de vinte e quatro horas. Há de ser bem fermentado, porque o fermento incinde e atenua a pasta víscida da farinha, introduzindo-lhe muitas partes aéreas, com que a massa se eleva a maior grandeza, ficando o pão esponjoso, leve, e oculado, como vulgarmente se diz. E sendo mal fermentado, o pão fica ázimo, pesado e mal cozido, gravando o estômago, que não o pode cozer bem, e causando obstruções. Há de ser bem cozido porque, não sendo assim, oprime o estômago e coze-se nele com dificuldade, dando de si flatulências e obstruções, como o pão mal fermentado. Há de amassar-se com módico sal, porque é preciso algum para que o pão não se corrompa, e para que a sua substância crassa e víscida se atenue com ele; e o sal for muito, fará o dano de secar, não só o pão, mas o corpo que dele se nutrir. O pão há de ser mole e cozido de vinte e quatro horas, porque, depois de duro e velho, coze-se mal, grava o estômago e constipa o ventre. E não se há de comer logo que sair do forno, porque tem uma lentura com que incha o estômago e obstrui as entranhas. E se se come quente, com o empireuma que traz do forno, ofende muito o calor natural e perturba os espíritos, o que se evita comendo-o frio. O para que serve o pão quente, é para com o seu cheiro roborar o coração, principalmente sendo borrifado com vinho, remédio com que se acode às síncopes e com que o filósofo Demócrito conservou três dias a vida, que acabou aos cento e nove anos, segundo escreve Diógenes Laércio, de quem se transcreveu e converteu em latim o seguinte epigrama:

Quisquis tam sapiens visus, qui tale patrarit
Unquam, quale sciens omnia Democritus?
Qui per tres tenuit praesentia fata dies, et
Illa recens cocti panis odore aluit.
Quem seria tão sábio, que alguma vez
Procedesse como Demócrito, que tudo sabe?
Quem, por três dias, manteve o destino propício,
E a ele alimentou com cheiro de pão recém-cozido?

4. A parte mais nutriente do pão é o miolo. As côdeas nutrem pouco, secam muito e geram humores melancólicos adustos, principalmente sendo queimadas, como ordinariamente é a côdea inferior, donde nasceu o versículo da Escola de Salerno:

Ne comedas crustam, choleram quia gignit adustam.
Não se deve comer a crosta queimada porque provoca a cólera.

No fim da mesa, dizem comumente os escritores que bem se pode comer uma côdea de pão que não seja queimada, principalmente os que forem úmidos do estômago, para constringir e apertar a sua boca e o ajudar a cozer. Porém isto é engano, porque a côdea de pão, que desseca e adstringe, como há de ajudar a cozer o alimento, quando isto se faz dissolvendo, liqüefazendo e transmutando? E o comer as côdeas para este fim ao fechar da mesa é outro erro, porque, por virtude da fermentação do alimento, tudo se confunde e se mistura, como já dissemos no capítulo quatro da seção antecedente. E tanto importa comê-las no fim, como no princípio.

5. Aqui advertem os dietários que, ainda que o pão seja tão bom alimento, que prefere a todos os mais na nutrição do corpo, que não se coma em tanta quantidade que ofenda, porque serão os seus danos gravíssimos, em razão de que o pão tem uma substância glutinosa, com que nutre muito, mas comendo-se em nímia quantidade, não se atenua, nem se rarefaz e, finalmente, não se coze bem no estômago, de que se seguem obstruções nos vasos quilíferos e opressões no estômago, donde nasceu aquela vulgar parêmia, ou axioma sem autor, de que sendo más todas as saturações de alimento, as de pão são piores: *Omnis saturatio mala, panis vero pessima* [Toda saturação é ruim, mas a do pão é péssima]. Sobre o que nos pareceu dizer que é verdade, que será muito nociva a saturação de pão, ainda que bem fermentado e bem cozido. Não só por ser glutinoso, mas porque o pão no estômago se leveda outra vez com o seu fermento e cresce muito mais, assim como na panificadora cresce a massa quando se fermenta. E comendo-se em nímia quantidade até saturar e encher o estômago, virá a crescer de maneira que não caiba nele e, por esta razão, o dilate, comprimindo a veia aorta descendente, que fica debaixo da parte esquerda do estômago, e as mais veias e artérias vizinhas, de sorte que, por apertadas, o sangue não possa circular livremente por elas e vá estagnando-se e detendo-se nos vasos de maneira que cause uma apoplexia, uma síncope e uma sufocação, como muitas vezes tem sucedido aos glutões, que, comendo com grande voracidade, exalaram a alma com a fartura que o estômago não lhes pode regular.

6. Porém isto que se teme da saturação de pão, igualmente se pode temer de qualquer outra saturação de alimentos, porque quaisquer deles comidos com tal excesso, que gravem o estômago de maneira que os não possa regular, nem cozer, farão uma saciedade, que cause gravíssimos danos, segundo a doutrina de Hipócrates[2], que proibiu igualmente toda a saturação de alimentos, ainda dos melhores, sem condenar com particularidade algum deles:

2. *4 Epid. 20.*

Ex optimis tum cibis tum potibus [diz Hipócrates], *corpori pro sanitate tuenda destinatis et morbos et ex morbis mortes suscitari, si vel intempestive, vel pleniori, quam par sit, manu ingerantur.*

Tanto com excelentes alimentos quanto com excelentes bebidas, destinados a manter a saúde do corpo, provocam-se tanto doenças como mortes por causa de doenças, se são oferecidos ou intempestivamente, ou com a mão mais cheia do que seja conveniente.

Com que sendo más todas as saturações de alimento, não há particular razão para dizer que a de pão é pior que todas. Mas antes entendemos nós o contrário, porque há alimentos que, não só pela quantidade, mas pelas pravas qualidades de que são dotados, podem ofender insignemente a natureza, o que não se achará no pão, que, sobre ser benigno nas qualidades, ofenderá menos que os outros pela quantidade, por ser alimento muito familiar à natureza e por isto se dá bem com ela; de maneira que, achando-se em várias pessoas aversão a alguns alimentos, ainda não nos consta que houvesse alguma que, exceto por doença, naturalmente aborrecesse o pão. Injustamente se condena logo por pior a saturação do pão, em cuja defesa escreveu largamente o célebre Gaspar dos Reis Franco na questão 75 do seu jucundíssimo *Campo Elísio*, onde se pode ver o princípio que teve esta proposição: *Omnis saturatio mala, panis vero pessima* [Toda saturação é ruim, mas a do pão é péssima] e as razões e fundamentos com que mostra o contrário.

Capítulo II

Do Pão de Centeio, de Milho, de Cevada e Aveia

1. O pão de centeio é o sustento da maior parte de Portugal e de Galiza. Chamaram-lhe centeio os castelhanos, dizendo que produzia tanto que cada grão de semeadura dava cento. O centeio é frio e seco e o pão que dele se faz é pesado, glutinoso e de difícil cozimento. É próprio para homens rústicos e trabalhadores, que usam dele sem ofensa, o que não sucederia a pessoas de vida sedentária e ociosa. Este pão não entra em mesas nobres, para as quais sempre se procura o trigo.

2. Do milho grosso se faz também pão, que sustenta quase toda a província de Entre Douro e Minho. É frio e seco como o centeio, coze-se com dificuldade e é menos nutriente, sendo que as pessoas que se criaram com milho, pela familiaridade que têm com a natureza, nutrem-se muito bem com ele.

3. Na falta destes pães, também se faz pão de cevada, de que só a pobreza usa, porque nem é pão de bom gosto, nem de boa nutrição. A cevada é fria, seca e tem virtude abstergente, assim no grão como na casca, ainda que esta seja mais abstersiva e mais seca. Da cevada pilada se fazem caldos muito nutrientes, com gemas de ovos e açúcar, que são bons para naturezas quentes, para pessoas secas e intemperadas por calor, para os quais também é útil o *hordeato*, que se faz cozendo em água a cevada sem casca, ajuntando-lhe algumas amêndoas doces pisadas e açúcar. Também serve nas tosses quentes e secas, nas convulsivas, nos hécticos e nos tísicos.

4. Assim como da cevada, faz-se também pão da farinha de aveia, mas de menos substância e nutrição que todos os outros pães. A aveia é moderadamente cálida e dela pilada fazem-se caldos como dissemos da cevada. E se faz o *avenato* que é como o *hordeato* e serve para os mesmos usos. Houve tempo em que prevaleceram os caldos de aveia, as tisanas e os *avenatos* sobre os caldos de cevada e as suas tisanas e *hordeatos*. Sendo assim, que para tosses, rouquidões, para os hécticos e tísicos, é muito melhor a cevada do que a aveia, assim por ser fria, como por ser abstergente, qualidades que não se acham na aveia, porque é quente e mais própria para os achaques de pedra e areias, por ter virtude diurética, a qual não tem a cevada.

CAPÍTULO III
Dos Animais Quadrúpedes em Comum

1. De três gêneros de animais se alimentam os homens: dos quadrúpedes, das aves e dos peixes. De todos havemos de falar, comecemos pelos primeiros. De quantos alimentos se compõem as mesas, a carne é o que mais nutre; e entre as carnes, a dos quadrúpedes, porque são mais sólidos, mais duros e de mais substância que os outros animais; e por isto as suas carnes são de mais difícil cozimento; que tudo o que nutre muito, coze-se mais devagar no estômago, assim como se coze depressa o que nutre pouco. As carnes de porco e de vaca, que são muito nutrientes, levam mais horas no cozimento que todas as outras. Depois delas, a de carneiro e assim das mais de que falaremos, tratando de cada uma em particular. Em todas as carnes há esta diferença: que ainda que sejam da mesma espécie, umas nutrem mais que outras, ou por razão da idade, ou das terras, ou dos pastos, ou do sexo, ou da contextura do corpo e do modo com que se preparam.

2. As carnes de animais novos são moles, mucosas, úmidas e excrementosas, cozem-se com facilidade e provocam o ventre; e pela sua mucosidade e partes excrementícias que têm, não se devem comer antes de um mês. As carnes dos animais velhos e decrépitos, pelo contrário, são duras, secas, nervosas, indigestas, ou ao menos cozem-se mal e nutrem pior, porque dão pouco ali-

mento, e esse crasso, melancólico e seco; e por isto causam indigestões, cólicas, obstruções e hipocondrias. E entendeu um escritor português[1] que neste Reino eram muito freqüentes os males melancólicos, porque ordinariamente se comiam as carnes decrépitas e velhas. As carnes dos animais que não são velhos, nem novos, são as que melhor nutrem.

1. *Castro de alim. facult.*

3. Pela diferença dos pastos diferem também as carnes dos animais da mesma espécie, de que procede serem de melhor gosto e nutrirem mais as de umas terras que as de outras. As carnes dos animais domésticos são úmidas, moles e excrementícias. As dos silvestres são mais secas e têm melhor gosto, de que se excetua a carne de porco, que tem melhor sabor a doméstica que a dos montes. O que se há de entender dos animais do mesmo gênero, comparando umas carnes com as outras, as silvestres com as domésticas. Assim também as carnes dos animais que se criam em lugares úmidos e paludosos são muito úmidas e abundam com muitas superfluidades excrementícias. E as carnes dos que se criam em lugares secos e montanhosos têm poucos excrementos, cozem-se com facilidade e são mais acomodadas para nutrir.

4. As carnes dos animais machos são melhores que as das fêmeas, porque os machos têm maior calor e agilidade, trabalham mais e por isto as suas carnes são menos excrementícias, cozem-se melhor e dão mais nutrimento ao corpo. As carnes magras, duras e secas são indigestas e pouco nutrientes, porque lhes falta a umidade substancial, com que hajam de nutrir. As carnes pingues e gordas são infensas ao estômago, porque a sua muita gordura o abranda e relaxa, dissolvendo o teor das suas fibras, cozem-se mal e causam fastio, náuseas e azias. As que não forem muito magras, nem muito gordas, são as que devem preferir a todas as outras, assim pela suavidade do sabor, como pela boa nutrição que fazem.

5. As carnes dos animais castrados são mais tenras que as dos inteiros, têm melhor gosto, cozem-se com mais facilidade e, por conseqüência, nutrem melhor. As dos animais negros são melhores que as dos brancos, porque, como aqueles têm maior calor, são as suas carnes de melhor gosto, mais limpas de partes excrementícias, cozem-se melhor no estômago e nutrem melhor o corpo.

6. As carnes assadas nutrem mais que as cozidas, como mostramos no capítulo 8 da seção antecedente. Cozem-se mais devagar e são úmidas interiormente. As cozidas, ao contrário, são interiormente secas por terem largado no cozimento a sua umidade substancial. As carnes assadas são melhores para os que são soltos de ventre, para os hidrópicos e para os fleumáticos, porque, ainda que sejam interiormente úmidas, são exteriormente secas e, não relaxando com a umidade externa, nutrem com a substantífica.

7. As carnes fritas e torradas ficam muito secas, duras, indigestas e de pouco nutrimento. Já aquelas carnes que, depois de cozidas, se assam e enxugam ao fogo, como vulgarmente se faz com a galinha cozida dos doentes, ficam quase inúteis, porque a pouca umidade que lhes ficou do cozimento, perdem-na totalmente na assadura, e, assim, não lhes resta umidade substancial, com que hajam de nutrir. As carnes salgadas e duras são secas, indigestas, causam obstruções e hipocondrias. As que se conservam em vinho com alhos fazem-se muito tenras, são de bom gosto e nutrição. As carnes comidas no mesmo dia em que se matam são duras e indigestas e por isto devem comer-se no outro dia depois de mortas.

Capítulo IV

Das Carnes dos Quadrúpedes em Particular

VACA (*Vacca*). A carne de vaca é o mais comum alimento dos que usam os homens. É fria e seca, crassa e dura, coze-se com dificuldade, mas depois de cozida, nutre bem o corpo, porque dela se gera sangue de textura crassa, de que o corpo toma um firme alimento. Não se deve dar senão a pessoas que tenham estômago capaz de a comutar bem, que em estômagos fracos, ficará indigesta pesando-os e causando dores e obstruções, febres crônicas e melancólicas. É alimento próprio para pessoas fortes, que trabalham e se exercitam muito, porque, sobre ser alimento sólido, geram-se dela espíritos crassos, que não se exsolvem facilmente com qualquer trabalho. O caldo da carne de vaca, de que fazem as sopas, é suavíssimo, porque nele se largam com facilidade as partes mais pingues e medulosas do sangue, que se conservam nos poros da carne, ficando nela as partes mais crassas e melancólicas. A carne de vaca salgada e posta ao fumo é muito mais indigesta e gera-se dela sangue melancólico adusto, pelas partes ígneas que o fumo lhe introduz.

Virtudes Medicinais. Da vaca se escreve que seu fígado tem virtude para os cursos disentéricos e celíacos, ou comido, ou tomado em pós. O seu fel cura as chagas das partes pudendas e em quaisquer chagas antigas o usa Hipócrates. Posto nas alporcas incipientes, não as deixa crescer; instilado nos ouvidos, é remédio das suas dores e tinidos; misturado com os remédios cosméticos, ajuda muito a sua virtude; tira toda a caspa e furfuração da cabeça, lavando-a com ele e ajuntando-lhe uns pós de malvaísco; misturado com urina de bode, é remédio para a surdez. O pó da pedra que se acha no fel da vaca, ou do boi, tomado pelo nariz como tabaco, conduz muito para aclarar a vista. O mesmo pó, misturado com fumo de acelga, sorvido pelo nariz em tão pouca quantidade que não exceda o tamanho de uma lentilha, tem virtude para os acidentes de gota-coral. Os pós da maçã de vaca são remédios da icterícia, tomando-os em xarope, ou cozimento de rábão, dez, ou doze dias. O couro de boi, ou de vaca, queimado sara as frieiras, esfregando-as com ele. Se for couro de sapato velho, será melhor. A cinza dos chifres de vaca misturada com vinagre cura as impigens, o que faz também o fel de touro, que não só cura as impigens, mas também a morféia negra. O mesmo fel, posto no umbigo com umas estopas, move o ventre. A cinza da unha de vaca, bebida, faz tornar o leite às mulheres que criam e é remédio nas queixas das almorreimas, lavando-as com ela. Os miolos de touro derretidos em óleo de nozes são bons para contusões. A pedra que se acha no coração do touro velho e silvestre, trazida ao pescoço, é boa para dor de fígado. O sangue de vaca suspende o fluxo de sangue das feridas, lançando-o nelas. O esterco de vaca, e boi, resolve os tumores duros, posto sobre eles com o calor próprio. Posto por emplastro, é bom para hidropisias, para cólicas de causa fria e flatulentas e para dores de juntas, ainda que sejam de gota artética, para o que se mistura com vinagre. O esterco de touro faz cair as verrugas em que se aplica.

VITELA (*Vitela*). A vitela é fria e úmida, coze-se melhor que a vaca e nutre muito bem. Posta de vinha d'alhos, tem muito melhor gosto, comendo-se assada. É excelente alimento, assim para os sãos como para os doentes, pela facilidade com que se coze e pelo bom suco com que nutre. Mas é mais própria para pessoas mimosas, que vivem sem trabalho, que para os que se exercitam muito, para os quais é a vaca mais conveniente. A vitela lactante é menos boa, ainda que o gosto a julgue melhor, porque pela sua muita umidade se faz muito mole e coze-se com mais dificuldade. Baptista Fiera recomendava as vitelas para alimento continuado em mesas lautas:

Assiduos habeant vitulos tua prandia in usus,
Cui madida et sapida juncta tepore caro est.
Que as tuas refeições costumem ter vitelos freqüentes,
Cuja carne, posta no calor tépido, é tenra e saborosa.

Virtudes Medicinais. O excremento da vitela, logo que nasce, alivia as dores da podagra, ou gota artética dos pés. O seu fel, misturado com vinagre, tira as lêndeas dos cabelos da cabeça, penteando-os com ele.

CARNEIRO (*Aries*). O carneiro também é prestantíssimo alimento. E ainda mais comum que a vaca. É moderadamente cálido e úmido e muito acomodado para toda idade, para todo sexo e para todo temperamento. Coze-se bem e nutre maravilhosamente. Assim para pessoas ociosas, como para os que trabalham, é alimento muito conveniente. Mas hão de ser os carneiros de dois anos e castrados, que sendo inteiros são quase como bodes, duros e indigestos, cuja carne causa cólicas, febres e outros danos mais, que tem posto nesta terra o carneiro em má reputação, com melhor crédito da vaca. A causa é porque a maior parte dos carneiros que se cortam nos açougues de Lisboa são inteiros e, por isto, ofendem muitas vezes os sãos e nunca se usam nos doentes, a quem nas Províncias do Reino e em outras terras, onde são castrados, se concedem por alimento ordinário aos achacados e aos convalescentes de febres, que com carneiro é que tomam forças, sem que recaiam, como aqui sucede. Lembra-nos que Galeno e outros autores gregos reprovaram muito o carneiro, o que se deve entender dos carneiros da Grécia, de que dizem que dão alimento de mau suco, mas não há melhor alimento entre os quadrúpedes.

Virtudes Medicinais. Os pulmões de carneiro assados e comidos preservam da crápula, ou bebedice; tiram as nódoas e sugilações, pondo-os sobre elas cortados em bocadinhos. O seu redenho posto no ventre, com o calor com que se tirar, é remédio das cólicas e dores rebeldes. O seu sebo lançado nos clisteres cura as diarréias e disenterias e abranda as dores do ventre. O caldo de cabeça de carneiro cozido em água, tomado por clister, cura as cólicas flatulentas e de causa fria. O banho de água cozida com mãos, pés e tripas de carneiro é remédio para convulsões de nervos e para as dores da bexiga, nas disurias e estrangurias. O pó dos testículos de carneiro é bom para acidentes de gota-coral. A cinza dos seus ossos é boa para limpar os dentes. O seu fel tem virtude para a podagra, pondo-o sobre a parte dolorosa, e para facilitar o ventre aos meninos, pondo-o sobre o umbigo com uma pouca de lã. O pente feito de chifres de carneiro é bom para curar as dores de cabeça, mas hão de cortar-se os chifres estando o carneiro vivo; e quando doer a parte direita da cabeça, pentear-se-á com o pente feito do chifre esquerdo. Da pele de carneiro se faz um emplastro bom para as hérnias, que nas boticas se acha com o nome de emplastro de pele aretina. A cinza da sua bexiga tomada pela boca é útil para as incontinências de urina. O seu esterco seco e feito em pó cura a icterícia, tomado em cozimento de raiz de salsa das hortas.

CORDEIRO (*Agnus*). Os cordeiros, que são carneiros novos, são quentes, muito úmidos e mucosos; cozem-se mal e dão alimento de mau suco. Porém, depois de adultos, cozem-se com facilidade e dão bom nutrimento ao corpo.

Virtudes Medicinais. O seu coalho bebido com vinho é antídoto para todos os venenos e para descoalhar o leite no estômago. Os seus miolos servem para fazer sair os dentes aos meninos sem tanta dor, untando as gengivas com eles no tempo da dentição. O seu sangue misturado com vinho e bebido tem virtude para os acidentes de gota-coral, para os quais tem também virtude o seu fel. Os seus ossos feitos em cinza curam as feridas da mais difícil consolidação e suspendem todos os fluxos de ventre.

OVELHA (*Ovis*). A carne de ovelha é excrementícia, muito viscosa e lenta, de dificultoso cozimento e de má nutrição. Causas por que é justamente reprovada para alimento.

Virtudes Medicinais. Tem algumas virtudes medicinais, porque a água em que se cozer o seu fígado é boa para os que têm menos vista de dia que de noite, lavando os olhos com ela. O seu baço torrado e pisado em vinho, bebendo-o, cura a dor ilíaca, segundo diz Plínio, ainda que em outro lugar escreva que causa dores de ventre. A bexiga de ovelha torrada no forno, feita em pó e bebida em vinho, ou em qualquer outro licor, é remédio para os que largam a urina quando dormem e para toda a incontinência de urina. O mesmo faz tomada em pílulas feitas dos seus pós. O esterco de ovelha, misturado com vinagre, cura as verrugas, pondo-o nelas, o que faz também misturado com mel.

CABRITO (*Haedus*). O cabrito é frio e úmido, coze-se com facilidade e gera-se dele sangue tênue e úmido, com que nutre moderadamente. É útil para os que têm saúde e para os convalescentes de febres, porque dá de si um suco que tempera as entranhas e lubrica o ventre. Galeno disse que, entre os quadrúpedes, só do cabrito se usava sem ofensa:

> *Inter quadrupedes solis haedis innoxie utare*[1].
> Entre os quadrúpedes seja usado, sem fazer mal, apenas o cabrito.

1. *Lib. de atnuant. ataet. 8.*

Hão de comer-se de dois meses, até quatro.

Virtudes Medicinais. O sangue de cabrito, seco no forno e feito em pó, é bom para os que escarram sangue. O seu coalho, que coalha o leite cá fora, tem virtude para o descoalhar dentro, no estômago. O seu sebo derretido e lançado em água rosada, três ou quatro vezes, cura as impigens, as pústulas e defedações cutâneas, que chamam do fígado, aplicando-se nelas e, dado pela boca, é remédio para o veneno das cantáridas.

BODE (*Hircus*). Os bodes são os cabritos adultos e são frios, secos, duros, indigestos, digerem-se e distribuem-se mal, causam obstruções e flatulências. Os castrados, a que chamam capados e chibarros, são frios e secos, mas menos duros; cozem-se facilmente e nutrem muito bem; ainda que comidos com muita continuação, geram humores melancólicos. É bom alimento no tempo do estio, de que podem usar não só os sãos, mas também os achacados e convalescentes.

Virtudes Medicinais. O sangue de bode é grande remédio para os que geram pedras e areias, e para todas as coagulações; é útil nos pleurises e nas quedas, porque rarefaz, descoalha e dissolve. A sua preparação dissemos na nossa *Pleuricologia.* O mesmo sangue, coalhado e assado sobre umas brasas, tem virtude para suspender os fluxos de ventre e as cólicas. O seu fígado é antídoto para o veneno do cão danado, posto sobre a mordedura. A sua unha tem préstimo para a incontinência da urina dos que a largam no sono. Há de queimar-se e tomar da cinza o peso de uma oitava, que, se é certo o que diz Habdarramano[2], autor egípcio, cura este achaque, assim em meninos, como nos adultos. O baço do bode posto, com o calor próprio, sobre o baço doloroso é remédio das suas dores. A sua urina, bebida com o calor próprio, quebra a pedra dos rins e provoca a urina.

2. *Lib. de propr. ac virtut. Medic. animal. cap. 9.*

CABRA (*Capra*). A cabra é fria e seca, de mal cozimento, indigesta e justamente esquecida para alimento.

Virtudes Medicinais. Ela tem algumas virtudes medicinais, porque a sua carne é boa para os que padecem gota-coral; virtude que, segundo diz Plínio, também se acha nos seus miolos, o que também diz Galeno do fígado de cabra, o qual, assado, é remédio de cursos lientéricos. A cinza dos seus chifres cura os fluxos de sangue e limpa bem os dentes. O mesmo chifre posto debaixo do travesseiro do que não pode dormir, deitando-se sobre ele, lhe causa sono, se é certo o que diz Aldrovando. O fel de cabra, misturado com pedra-ume queimada, cura a sarna e posto nas alporcas incipientes não as deixa crescer e lançado nos ouvidos cura a surdez. O mesmo fel misturado com sal amoníaco, posto três vezes no lugar em que nascem cabelos, faz com que nunca mais nasçam. Habdarramano afirma que, para aclarar a voz e para a fazer sonora, tenha-se na boca, por espaço de uma hora, um bocado de fel de cabra seco, no que se verá um efeito maravilhoso. O baço de cabra, posto com o calor próprio sobre a região do baço, é remédio das suas dores. O seu esterco, misturado com água e sal, mitiga as dores de qualquer causa que sejam. A cinza dos seus pêlos é remédio para todos os fluxos, assim de sangue como dos humores, e para lançar a pedra dos rins.

PORCO (*Porcus*). A carne de porco é temperada no calor, mas muito úmida. É a que melhor se dá com a nossa natureza, pela analogia e semelhança que tem com ela, como em muitos lugares disse Galeno, o que afirmou também Avicenna dizendo:

3. *Cau. 10.*

Sanguis porci et sanguis hominis sunt similes in omni re, sicut carnes amborum sunt similes in omni re[3].
O sangue do porco e o sangue do homem são semelhantes em toda coisa, assim como as carnes de ambos também o são.

Coze-se com dificuldade, mas nutre melhor que todas as outras carnes, assim como as excede no gosto e no sabor, com que lhe dá graça, quando com ela se cozem ou se lardeiam. Ela é toda a alma dos manjares de carnes, sem a qual nenhum se faz agradável, nem delicioso. É própria para todo temperamento, para toda a idade e para todas as pessoas, que vivem ociosamente, e para os que têm vida laboriosa, que como é análoga e familiar à nossa natureza, sempre se acomoda bem com ela. É tão semelhante à carne humana que nada se diferenciam no gosto, de sorte que, segundo refere Galeno[4], cuja história comentou brilhantemente Zacuto Luzitano[5], já sucedeu comer-se esta por carne de porco, até que vendo-se parte do dedo de uma mão, se conheceu o engano, concebendo tal horror quem a comia, que o seu estômago se soltou em veementíssimos vômitos.

4. *In histor. puer. epilept.*

5. *Histor. com. 28*

Porém, ainda que esta carne seja tão familiar à nossa natureza, deve usar-se com moderação, porque além dos danos comuns, que faz o comer demasiado, causa outros incômodos mais, como são febres, defluxões, esquinências, principalmente em pessoas estilicidiosas que, como é muito úmida e gera muito sangue, comendo-a com excesso, produz defluxos, reumatismos, gota artética e outros males deste gênero, o que mais certamente acontece quando a carne é fresca. E sendo seca e salgada, como é a dos presuntos, a que o sal e o fumo têm consumido muita umidade, causa menos defluxos, mas, como é mais difícil de cozer, causa indigestões, cruezas, obstruções, cólicas, febres e outros danos mais.

Os paios e chouriços que se fazem destas carnes são muito indigestos e, comidos imoderadamente, causam com mais certeza os referidos males, que se evitam na moderação com que se usam. A carne de porco há de ser de animal de dois anos, que tendo mais idade, é dura, mais indigesta, menos útil e gostosa.

Virtudes Medicinais. Do porco se escrevem muitas virtudes medicinais. A cinza dos seus ossos cura as névoas dos olhos, limpa os dentes e conforta as gengivas. A cinza dos pés, queimados até ficar a cinza branca, é remédio para dor de cólica. Os seus pulmões, comidos antes de beber vinho, preservam da temulência; postos quentes na testa, fazem sono a quem não pode dormir; e postos no nariz, acordam aos que dormem, ainda que seja com um letargo, se é certo o que escreve o Zomista[6]. Os seus testículos são bons para os que padecem acidentes de gota-coral. A sua bexiga, torrada e feita em pó, tem virtude para

6. *Fol. 15.*

a incontinência da urina, para a qual serve também a cinza da parte pudenda do porco varrão. A sua urina tem virtude para as disenterias: há de misturar-se com sumo e cinza de tanchagem e fazer uma bola, que se ponha no umbigo. A sua urina, guardada em vaso de vidro e lançada nos ouvidos, é boa para a surdez. O seu fel cura as dores de ouvidos, aplicado neles e, posto sobre o estômago, cura os vômitos. Os seus miolos, bem misturados com amido e óleo rosado, aplacam as dores de gota artética. O seu excremento, posto fresco na parte donde corre o sangue, lhe suspende o fluxo. O excremento de dois ou três porcos que antes do parto se tirassem do ventre da mãe, frito com vinagre, é remédio para dores de podagra, que é gota artética dos pés.

LEITÃO (*Porcellus*). Os leitões são quentes e mais úmidos que os porcos adultos e têm mais partes excrementícias e mucosas, com que se fazem mais indigestos. E, pela tenuidade da substância, são menos nutrientes. Os couros cozem-se com mais dificuldade que todas as mais partes. Para o gosto e regalo dos homens, já se vê que é um dos principais alimentos que Deus criou e que só ofenderá pelo excesso com que se comer, no que ordinariamente se peca, porque é tal o seu sabor que não se podem conter nos limites da moderação os que o comem. Para os que usarem dele moderadamente, é utilíssimo alimento, porque nutre muito bem e gera-se dele um sangue mulcíbero, temperado, muito semelhante ao nosso e muito apropriado para os que forem secos e adustos, porque com a sua umidade tempera-se a secura e, com a boa qualidade do seu suco, adoça-se a acrimônia, ou aspereza, e mordacidade dos humores. E já Galeno[7] deu carne de leitão, pés e miolos de porco aos epilépticos e febricitantes com terçãs esquisitas. Assim havemos de assentar em que a carne de porco, comida com moderação, é a melhor de quantas se usam, a mais semelhante à natureza dos homens, a mais nutriente e, no sentir de Celso[8], a mais leve de todos os quadrúpedes domésticos: *Inter domesticos vero quadrupedes* [diz ele] *levissima suilla est* [Entre os quadrúpedes domésticos a carne de porco é a mais leve]. E bem conheceram os romanos as excelências e utilidades da carne de porco, no muito que a usaram nos seus banquetes e nas muitas leis que a cerca dela promulgaram, do que se pode ver o que com larga·pena escreveu Ulisses Aldrovando no *Livro Primeiro dos Quadrúpedes*.

7. *Ad Glauc. 9 et 7 meth. e in hist. pueri epileptici.*

8. *Lib. 2. cap. 18.*

Virtudes Medicinais. Um leitão de oito dias, cozido até que a carne se aparte dos ossos, é bom para a gota artética, pisando a carne e pondo-a por emplastro nas juntas dolorosas. O seu sangue tem virtude para a tísica, destilando-o quente em banho-maria, logo que se tirar, ou convertendo-o em licor e sal volátil, segundo diz Mangeto[9]. Os pós do fígado e testículos do leitão excitam a natureza para atos libidinosos, se é certo o que diz Hofmanno. Da sua

9. *Bibliot. Pharmaceut. tomo 2. fol. 605.*

gordura se prepara uma gordura boa para os tísicos, cuja preparação se acha em Mangeto, no lugar alegado.

PORCO-MONTÊS (*Aper*). Os porcos-monteses, ou javalis, são quentes e secos. E muitos escrevem que a sua carne é melhor que a dos porcos domésticos, porque não tem tanta umidade excrementícia e é de mais fácil cozimento e digestão, o que dizem dos porcos-monteses que forem novos, que os velhos, como mais duros e secos, louvam-nos menos. Porém nós entendemos que a carne dos porcos domésticos é melhor que a dos monteses, porque estes são secos, duros e faltos daquela umidade alimentícia que têm os outros e por isto são mais indigestos, nutrem menos e geram humores melancólicos. Também destes porcos, como dos domésticos, usaram os antigos lautamente nos seus banquetes, como consta de muitos lugares dos escritores daqueles séculos, entre os quais Marcial[10]: *Non cenat sine apro, noster, Tite, Caecilianus* [Tito, o nosso ciciliano, não ceia sem javali], e em outro lugar[11]: *Invitas ad aprum, ponis mihi, Gallice, porcum* [Convidas para cear javali, Gálico, e coloca-me diante de um porco].

10. *Epigr. 58*

11. *Epigr. 22*

Virtudes Medicinais. O dente de porco-montês tem grande virtude para pleurises. Há de tomar-se raspado e não em cinza como vulgarmente se faz, porque, queimando-se, perde a força e vigor que o fogo lhe gasta. O seu unto serve para dores de juntas e mais partes nervosas.

VEADO (*Cervus*). A carne de veado é quente e seca, coze-se com dificuldade no estômago por ser muito dura, causa obstruções e gera-se dela sangue melancólico, principalmente sendo os veados velhos, que os novos têm menos calor e secura e sua carne não é de tão difícil cozimento. Se forem castrados e se comerem até não passarem de dois anos, cozem-se melhor, porque são menos duros e secos, têm melhor gosto e nutrem bastantemente. Entre os quadrúpedes são os veados os que mais vivem e, por isto, alguns dos antigos usavam muito da sua carne por alimento, entendendo que com ela se imortalizavam, como se aquele pasto lhes pudera dar este privilégio e como se os homens não tivessem vida mais larga que todos os animais, exceto o elefante, de que se escreve que vive duzentos e trezentos anos. Ainda que Pausânias[12] mostre que houve veados de mais longa vida que os elefantes. E a longevidade dos veados acreditam muitos testemunhos dos naturais, e entre eles o que se conta da cerva de César, que trazia no pescoço um colar com esta inscrição: *Noli me tangere, quia Caesaris sum* [Não me toques, porque sou de César], da qual falou Petrarca, dizendo:

12. *De gener animal. 10.*

Nessun mi tocchi, – al bel collo de intorno
Scritto havea di diamanti e di topaz –

Libera farmi al mio Cesare parve.
Ninguém me toque, – em torno ao belo colo
trazia escrito em diamantes e topázios –
Ao meu César pareceu fazer-me livre.

Virtudes Medicinais. O chifre cru do veado resiste à podridão, corrige a malignidade, move o suor e corrobora o bálsamo humano. Por isto é útil nas bexigas e sarampos, nas febres podres e malignas e em todos os males em que for conveniente suar. Filosoficamente preparado, é muito confortante e absorvente, tem virtude contra todos os venenos e contra as lombrigas. A pedra que se acha no seu coração, ou uma coisa dura, reputada por pedra, tem virtude bezoártica e por isto é conveniente nas febres malignas, nos males e tremores do coração. O fumo do seu pêlo, tomado por baixo, preserva de aborto. A sua pele, o pé e mão direitos, pregados na porta de qualquer casa, proíbem que por ela entre algum animal venenoso, se é certo o que por lição de Galeno escreveu Aldrovando[13]. A água fervida com raspaduras de chifre de veado é bom remédio para inflamações dos olhos, e para as lágrimas involuntárias; e para beberem os hidrópicos, pelo muito que desseca; e para firmar os dentes que vacilam e confortar as gengivas. O vinagre fervido com estas raspaduras é bom para as impigens, lavando-as com ele. A cinza de chifre de veado, queimada no princípio da canícula, misturada com fel de vitela e sebo de touro, é remédio para tirar sardas e mais nódoas do rosto. A mesma cinza limpa bem os dentes e, lançada nos colírios, ajuda a curar as chagas dos olhos. Tomada pela boca, é útil aos empiemáticos e hemoptóicos, que são os que lançam sangue pela boca. E é também útil para as disenterias, para os vômitos, para as icterícias, para cólicas, disurias, estrangurias e para as nímias purgações das mulheres, de qualquer qualidade que sejam. O seu unto é bom para as queixas das partes nervosas, ou sejam dores, ou convulsões, e para abrandar os tumores e apostemas duros e para curar as frieiras. A cinza do seu pulmão é boa para a asma. A sua urina é boa para dores de baço e para a inchação do estômago e ventre, aplicando-a quente sobre estas partes. O osso que se acha no coração do veado, que é parte das suas artérias endurecidas até terem a consistência de osso, aproveita nos males do coração, tem virtude bezoártica, com que é de utilidade nas febres podres e malignas. O seu couro, trazendo um cinto dele, tem préstimo para os males do útero. A sua parte pudenda tem virtude diurética e estimula para usos libidinosos. É útil nos pleurises, nas disenterias e nas cólicas. Toma-se em pó, ou bebe-se o seu cozimento. O seu sangue frito cura as disenterias e os cursos celíacos e é bom para ciáticas. Dele se faz o Bálsamo Antipodágrico, de grande virtude para a gota artética. A sua lágrima, que é uma sordície que se lhe acha nos cantos dos olhos, tem virtude exsicante, adstringente, corroborante, diaforética e por isto é útil contra os venenos e males contagiosos, em que compete com a pedra bazar. Facilita o

13. *Lib. I de quadrup. bisulc. mih. fol. 847.*

parto e faz excluir o feto morto. No coração, no estômago e nos intestinos dos veados se acham muitas vezes algumas pedras de virtude tão bezoártica como a de pedra bazar, do que se pode ver o que escreve Mangeto no Tomo I da *Bibliotheca Pharmaceutica,* fol. 547.

GAMOS, CORÇAS (*Damma*). As carnes dos gamos e corças também são quentes, secas, duras e indigestas. Causam cruezas e obstruções, gera-se delas sangue crasso e melancólico. Não servem para pessoas delicadas e mimosas, nem para as magras e de temperamento quente. Delas se pode entender o que dissemos dos veados, aos quais em tudo são semelhantes, segundo o que escreve Oppiano, que por interpretação de Bodino diz assim:

Cervis omnino similes, nam cornua lata
Succrescunt illis, cervorum cornibus aequa;
Nomine dissimiles, natura prorsus eadem.
Inteiramente semelhantes aos veados,
Pois amplos chifres se lhes crescem, igual aos chifres dos veados;
Dessemelhantes em nome, inteiramente os mesmos por natureza.

Virtudes Medicinais. O sumo da língua dos gamos faz cair as sanguessugas da garganta e de qualquer outra parte.

LEBRE (*Lepus*). A lebre é quente e muito seca, porque o muito que corre, lhe faz consumir toda a umidade. É crassa e dura. Coze-se devagar, mas, depois de cozida, ainda que sendo velha, nutre bem o corpo e gera sangue melancólico. As lebres novas, de dois meses até quatro, são menos secas, nutrem melhor e podem-se enumerar entre os alimentos de bom gosto, das quais cuidamos que se deve entender aquele verso de Marcial, que muitos querem aplicar aos coelhos:

Inter quadrupedes gloria prima lepus.
Entre os quadrúpedes a lebre está em primeiro lugar.

Virtudes Medicinais. Os pós da lebre, queimada no forno, são bons para quebrar a pedra dos rins. Os seus miolos, comidos com freqüência, confortam o cérebro e são bons para o tremor de cabeça dos velhos; feitos em pó e bebidos em vinho, são remédio para os que largam a urina quando dormem. Os seus pêlos molhados em água e postos sobre o nariz fazem parar o fluxo de sangue que por ele corre. Os mesmos pêlos, feitos em pó, suspendem o sangue das almorreimas, pondo-os nelas, e curam os fluxos de sangue do nariz, aplicando-os neles e, tomados pela boca, provocam a urina. O coalho da lebre, tomado trinta ou quarenta dias contínuos, cura os acidentes de gota-coral. Lançado nos ouvidos doloridos, abranda a dor. Bebido, descoalha o leite e sangue coalhado no corpo e é remédio da mordedura da víbora. O coalho de lebre tirada do ventre da mãe preserva do aborto, tomando-o a mulher grávida. O seu sangue alivia nas dores de gota artética, pondo-o sobre o lugar da dor; tira as sardas, o pano, a morféia e quaisquer outras nódoas da pele, posto quente sobre elas. Feito em pó, tomando duas oitavas de cada vez, cura a disenteria, o que faz também o mesmo sangue, abrindo a lebre pela barriga e metendo um lenço dentro, ou qualquer pano branco, em que se tome o sangue e depois de seco, queimado o lenço e tomando a cinza dele. O pó das lebrinhas torradas no forno, pouco tempo depois de nascidas, é útil nas asmas. O fel da lebre bebido causa sono, o que faz também posto debaixo do travesseiro. Misturado com mel, desfaz as névoas dos olhos. A sua pele conforta o estômago, trazendo-a sobre ele. O seu esterco desfeito em vinagre cura as impigens; misturado com vinho, é remédio para as ciáticas. O seu pulmão posto sobre os olhos que têm névoas e são caliginosos, faz grande utilidade para aclarar a vista. Os pós do coração da lebre, tomados em vinho, são bons para acidentes do útero. O seu ventre e tripas, feitos em pó, misturado com óleo rosado ompancino, é remédio que faz crescer o cabelo, untando-o com ele, e o segura para que não caia. O pó dos seus testículos, bebido em vinho, cura a incontinência da urina que há no tempo do sono. Os pós dos seus rins têm virtude para fazer urinar e para quebrar a pedra dos rins. A sua carne cura os fluxos do ventre. Os pés da lebre e a cabeça da melra, trazidos no braço esquerdo, fazem os homens audazes, atrevidos e capazes de tratarem grandes negócios, se é certo o que diz Aldrovando[14].

14. *Cap. de merulis.*

COELHO (*Cuniculus*). Os coelhos são quentes e secos, como as lebres. Sendo velhos, cozem-se com dificuldade no estômago. Os novos têm mais umidade, cozem-se melhor e não nutrem mal, porém não hão de ser tão novos que não passem de mês, que, sendo de menos tempo, têm muita mucosidade e cozem-se mal e nem podem ainda ter substância para nutrir bem. Os coelhos domésticos são menos bons que os silvestres. E ainda que engordem mais que estes, têm a carne mole e de menos gosto, principalmente se se nutrirem com couves, de que lhes resulta um sabor ingrato. Sendo nutridos com trigo, engordam muito e têm gosto mais suave.

Virtudes Medicinais. A carne de coelho conforta o estômago e provoca a urina, ou coma-se cozida, ou assada, ou de qualquer outro modo que seja. Os seus miolos são bons para fazer sair os dentes às crianças sem muita dor, untando as gengivas com eles no tempo da dentição. Também são bons para as covas que deixam as bexigas. Comidos, são contraveneno. O seu unto cura os panarícios e é remédio das frieiras e das fissuras das mãos, que no inverno se padecem. Posto na região da bexiga, faz urinar. É bom para as juntas e nervos endurecidos e para os tumores cirrosos, ou duros.

Capítulo V
Das Entranhas e Extremidades dos Animais Quadrúpedes

Não só da carne dos quadrúpedes se alimentam os homens, mas também das suas entranhas e extremidades: do cérebro, do estômago e das demais partes sólidas e das líqüidas, como é o leite e o sangue, de que falaremos no capítulo seguinte.

MIOLOS (*Cerebrum*). Os cérebros ou miolos todos são frios e úmidos, crassos, densos e glutinosos, cozem-se mal, subvertem o estômago, distribuem-se com dificuldade, causam náuseas e geram-se deles humores crassos. Hão de comer-se com sal e pimenta como corretivos da sua lentura. São convenientes para temperamentos quentes e secos, e para os biliosos ou coléricos, porque retundem a acrimônia da cólera e quebram os espículos dos humores acres e mordazes. Dos miolos, os melhores são os de carneiro e depois os de vitela.

LÍNGUAS (*Lingua*). As línguas são frias e úmidas; todas se cozem facilmente, menos a de vaca, que é mais crassa e indigesta. Dão as línguas bom alimento porque se gera delas bom sangue, de que o corpo recebe boa nutrição. As que se salgam e secam ao fumo ficam duras e de cozimento mais dificultoso, mas depois de cozidas nutrem muito bem.

ORELHAS (*Aures*). As orelhas, como são nervosas, frias e secas, cozem-se mal e dão alimento crasso, nutrem pouco, principalmente depois de secas e salgadas, porque endurecem e fazem-se quase cartilaginosas.

BEIÇOS (*Labia*). O mesmo dizemos dos beiços, que também são frios, secos e nervosos.

ESTÔMAGOS (*Ventriculus*). Os estômagos, cuja substância é membranosa, são frios e secos, duros e glutinosos, cozem-se muito mal, geram humores fleumáticos, causam obstruções, de que nascem afecções hipocondríacas e outros muitos danos. Não se devem dar a pessoas delicadas e ociosas, senão a homens trabalhadores e robustos.

TRIPAS (*Intestina*). Os intestinos são da mesma natureza que os estômagos e, sendo de animais novos, são mais moles e cozem-se melhor.

FÍGADOS (*Hepar*). Os fígados são quentes e úmidos como o sangue e dão alimento crasso. Os dos quadrúpedes cozem-se com dificuldade e geram obstruções nas primeiras vias, ainda que depois de cozidos nutram muito bem. Entre eles, são os de vaca os mais indigestos; os melhores são os de cabrito e vitela, e muito melhores os de porco. Os de galinha e das demais aves domésticas são de bom alimento, cozem-se bem e não fazem mal, ainda que, comparados com as carnes das mesmas aves, sejam piores que elas.

BAÇOS (*Lien*). Os baços são frios e secos, melancólicos e indigestos, gera-se deles sangue crasso e melancólico, que nutre muito mal e é causa de melancolias e hipocondrias. Deles se excetua o baço dos porcos, que Galeno louva[1].

PULMÕES (*Pulmo*). Os pulmões são quentes e úmidos, têm substância mais rarefeita e mole que o fígado e o baço, por isto se cozem com mais facilidade que eles, porém nutrem menos, ainda que dêem bom alimento. Acerca dos pulmões, fígados e baços adverte Senerto[2] que estas entranhas se acham muitas vezes infectas com algum vício e que, por isto, se deve reparar neles antes que se reduzam a alimento.

CORAÇÃO (*Cor*). Os corações, que são uns músculos e têm a carne fibrosa, sólida e dura, cozem-se e digerem-se muito mal e dão alimento crasso, mas depois de cozidos não nutrem mal. São quentes e úmidos, mas mais secos que as demais entranhas.

1. *Lib. de Euchym.*

2. *Tom. 1 lib. de alim. facult. p. c. 3.*

RINS (*Renes*). Os rins quentes e secos, sólidos, duros e fibrosos, e por isto se cozem com dificuldade, dão alimento crasso, que se distribui mal, causa obstruções e nutre pouco.

TESTÍCULOS (*Testiculi*). Os testículos são quentes e úmidos, cozem-se dificilmente e distribuem-se mal, principalmente sendo de animais velhos, que os dos novos têm melhor gosto, são menos indigestos e nutrem muito.

GORDURA (*Adeps*). As gorduras, banhas ou manteigas dos quadrúpedes e de todos os animais são quentes e úmidas, e servem mais para condimento dos manjares que para alimento; nutrem pouco e ofendem muito, relaxando os estômagos e dissolvendo o teor das suas fibras, de que resultam náuseas, fastios e outros danos que destes se seguem. Em pessoas coléricas fazem grande ofensa, porque se acendem e inflamam como a manteiga no fogo e se convertem em cólera.

GLÂNDULAS (*Glandulae*). As glândulas são frias e úmidas, tenras, friáveis e de bom gosto, principalmente as dos peitos; cozem-se com facilidade e dão alimento crasso e muito nutritivo.

PÉS E MÃOS (*Pedes, Manus*). Os pés e demais extremidades dos quadrúpedes são frios e secos, lentos, viscosos, de difícil cozimento e de pouca nutrição, principalmente sendo de animais velhos, que os dos novos são menos secos e nutrem melhor. Excetuamos os pés de porco, que são melhores que todos os outros por serem partes secas de animal úmido e porque têm muitos ossos com que se gastam as partes mais crassas e feculentas do sangue, ficando as partes mais tênues e mais suaves na carne, de que vem o bom gosto deles, por cuja causa os deu Galeno[3] aos febricitantes. São os pés dos quadrúpedes bons para pessoas laxas do ventre e para os que padecem estilicídios e fluxos de sangue, porque, como são víscidos, encrassam os humores, enfream o seu movimento e, se são cozidos com arroz ou cuscuz, ainda aproveitam melhor. Dos pés, são mais louvados os anteriores, por mais vizinhos do coração, que os posteriores.

3. *Ad Glauc.* 10.

Capítulo VI
Das Partes Líqüidas dos Quadrúpedes que Servem de Alimento

SANGUE (*Sanguis*). As partes líqüidas dos quadrúpedes que servem de alimento são o sangue, a medula ou tutanos, o leite e o que dele se faz. O sangue é quente e úmido, coze-se com dificuldade, coalha-se e degenera em um suco de prava natureza, digere-se e distribui-se mal, subverte o estômago e facilmente se corrompe.

TUTANOS (*Medulla*). A medula, a que vulgarmente chamam tutanos e que nós pomos entre as partes líqüidas dos animais, pela facilidade com que se derrete, também é quente e úmida, coze-se mal porque debilita e relaxa o estômago, pervertendo o teor de suas fibras, causa náuseas, fastios e azias. Para o gosto é deliciosa, principalmente quando serve de condimento nos pastéis e outras iguarias em que se usa, e depois de cozida nutre muito.

LEITE (*Lac*). O leite, dizem muitos que é temperado nas primeiras qualidades e que é úmido, porém não há dúvida em que todo leite é frio e úmido; é o alimento com que tem grande familiaridade a nossa natureza ou por ser o que primeiro conheceu, ou pelas boas qualidades e nutrição que nele reconhece. Sendo bom, é dos melhores alimentos que usam os homens, porque nas pessoas sãs coze-se com facilidade, distribui-se bem, converte-se em sangue bem temperado com que se nutre e engorda bem o corpo; lubrica o ventre e tempera a acrimônia e mordacidade da urina que, ainda na saúde, muitas vezes se experimenta salsuginosa e mordaz, ou pela qualidade do alimento, ou por qualquer outra causa das muitas que podem fazer este dano.

O leite bom é branco, claro, puro e límpido, doce, sem amargor, sem acrimônia, sem azedume nem salsugem, de bom cheiro, moderado na textura ou consistência, que vem a ser nem muito crasso e caseoso, nem muito tênue e seroso. Tem o leite diversas partes com que produz diferentes efeitos. Tem parte caseosa e densa, parte serosa, que é abstergente, e parte butirosa, que é anódina, e é o mesmo que dizer que no leite há queijo, há soro e há manteiga; com o queijo nutre, com o soro tempera e com a manteiga nutre e abranda. Mas nem todos os leites têm estas partes com igualdade; em uns excedem as partes caseosas como no de ovelha, em outros as partes serosas como é no de burra, e em outros as butirosas, como é no de vaca. As partes serosas são frias e úmidas; as caseosas, frias e secas; e as butirosas, quentes e úmidas em baixo grau, e todas estas partes juntas fazem no leite um composto úmido, pouco mais que temperado nas primeiras qualidades, mas o que baste para ser frio.

LEITE DE VACA (*Lac vacinum*). Entre os leites o que mais nutre é o de vaca, porque é mais gordo, mais crasso e mais butiroso que todos os outros e por isto, mais nutritivo e substancial. É o mais próprio para pessoas que têm saúde e mais conveniente para os que forem achacados com queixas procedentes de humores cálidos e tênues, como são os estilicídios serosos e diarréias biliosas, as tosses secas e convulsivas, e outros danos produzidos por esta causa. Porém necessita de que esteja o estômago puro e limpo de humores que o coalhem ou corrompam, porque, como é tão crasso, coze-se mais devagar, coalha-se com facilidade, distribui-se vagarosamente e, se houver azedumes no estômago, coalha-se e, depois de coalhado, além de não aproveitar para a alimentação do corpo, causa obstruções, ânsias, cólicas e finalmente pode causar efeitos de veneno. Estes perigos há em todos os leites, mas é nos mais crassos onde mais se temem.

LEITE DE OVELHA (*Lac ovillum*). Depois do leite de vaca, o mais crasso é o de ovelha, mas é menos nutritivo, porque, ainda que tenha muito queijo, tem pouca manteiga, que é a que nutre e faz nutrir as demais partes do leite com a sua oleosidade: *Dulcia enim, et pinguia, ac oleosa replent, seu nutriunt*[1] [Certamente as partes doces, gordas e oleosas não só saciam como também nutrem], dizia Hipócrates. De sorte que as partes doces, gordas e oleosas não só nutrem pelo que alimentam, senão pelo que fazem nutrir os alimentos com que se misturam. Este leite, como tem mais partes caseosas,

1. 2. *De diaet.*

é crasso, coze-se mais devagar, nutre muito e serve com particularidade nas queixas de urina, como são a disuria e o micto sangüíneo. Tem os mesmos perigos que o de vaca, como já dissemos.

LEITE DE CABRA (*Lac caprinum*). O leite de cabra é de consistência mediana, nem tão crasso como o de vaca e ovelha, nem tão tênue como o de burra; coze-se bem no estômago, nutre moderadamente e é o leite de que comumente se tira o soro para os usos medicinais.

LEITE DE BURRA (*Lac asininum*). O leite de burra é o mais seroso e delgado de todos os leites; não serve para os sãos, porque não tem a consistência e o gosto dos demais leites. É próprio para naturezas quentes e endurecidas de ventre, para os ardores de urina, para tosses secas e convulsivas, para os tábidos e tísicos do peito, para cólicas biliosas e ictéricas e, finalmente, para os achaques que procedem de humores quentes, acres e mordazes, e para os nefríticos, em que o concede Galeno[2], nos quais a prática vulgar proíbe o uso de leites pela razão de haver neles partes caseosas que fazem coagulações, de que resultam pedras e areias; e, portanto, ainda que nos leites haja partes de coalho, enquanto estas estão juntas e unidas com as demais partes deles, não coalham; por isto o leite não se coalha a si mesmo, como já notamos na nossa *Medicina Lusitana*, na dieta da cura preservativa da pedra, em que aconselhamos o uso dos leites.

2. 6. *De san. tuend.* II.

Ainda que o leite bom seja o melhor alimento e o mais nutritivo de quantos usamos e não se deva negar às pessoas sãs, a quem dizemos que podem comer o que quiserem, não excedendo os limites da moderação, há, contudo, alguns estômagos que não o cozem bem e a estes não se deve dar, porque se corromperá, ou se coalhará, de que resultarão cólicas, obstruções, hipocondrias e outros danos terríveis pelo princípio que tiveram e pelas moléstias com que afligirem.

MANTEIGA (*Butyrum*). Do leite se aparta a manteiga, e se tira a nata, se separa o soro, e deste se tira o requeijão. A manteiga é quente e úmida, mas mais úmida que quente; é como o azeite comum das azeitonas maduras. Nutre muito e abranda o ventre, porém o seu uso demasiado ofende o estômago, dissolvendo o vigor das suas fibras, como todas as coisas gordurosas e oleosas, e, por isto, causa náuseas e fastios. Não se há de dar aos que padecem fraqueza e umidades de estômago, nem aos que forem de temperamento muito quente, porque neles se acende como fogo e se converte em cólera. A manteiga crua é menos quente, porque, como não se coze, o fogo não lhe introduz algumas partes ígneas como na cozida. Nas tosses e catarros frios e secos é bom remédio, tomando-a com óleo de amêndoas doces tirado sem fogo e com uns pós de açúcar-cande.

NATA (*Aphrogala*). A nata, ou espuma do leite, é semelhante à manteiga assim nas qualidades como nas virtudes. As natas que se fazem azedas são frias, secas e adstringentes, porque perdem as partes butirosas e são semelhantes à melca dos antigos, que era o leite que faziam azedo, separando-lhe a manteiga e introduzindo-lhe algumas partes ácidas de vinagre. A nata não é bom alimento nem se coze bem e nutre pouco; louvam-na para curar as diarréias e outros fluxos. Nas diarréias biliosas, vimo-la aproveitar admiravelmente muitas vezes.

SORO (*Serum*). O soro é frio e úmido, nutre pouco ou nada, porque se lhe separam todas as partes caseosas e gordurosas, que são as que nutrem, e fica usando-se somente como remédio para refrigerar e temperar as entranhas quentes e a massa do sangue intemperada e estuante.

REQUEIJÃO (*Recoctum*). Do soro se tira o requeijão, que é frio e úmido, e semelhante na substância ao queijo fresco, de que logo falaremos; não ofende o estômago, modera a sede, concilia o sono e é útil nas defluxões quentes. Não se deve usar nos que têm o estômago frio, nem nos que padecem achaques frios de nervos. Os requeijões velhos e duros, ainda que não sejam azedos, cozem-se mal, nutrem pouco, causam sede, dificultam a evacuação do ventre e geram muitos flatos.

QUEIJO (*Caseus*). O queijo fresco, mole e feito há pouco tempo é frio e úmido, coze-se mal e, pela muita umidade, é flatulento; distribui-se com dificuldade, nutre bem e engorda o corpo. Não se deve dar aos que padecem queixas de pedra e areias, nem aos que têm obstruções. O queijo velho perde o temperamento fresco e, com o tempo e o sal com que se conserva, adquire outra natureza: fica quente e seco, tem sua acrimônia e, quanto mais velho, mais acre e mais quente. Coze-se com mais dificuldade, gera pedra e areias, principalmente sendo muito salgado, nutre pouco, gera-se dele sangue de prava natureza, constipa o ventre e converte-se em cólera adusta. Dizem os dietários que se há de comer o queijo depois da carne, porque ajuda o seu cozimento, ainda que ele se coza mais devagar. Mas quando se comer, seja sempre em pouca quantidade, que só assim não fará dano, segundo o versículo corrente:

> *Caseus est sanus, quem dat avara manus.*
> Bom queijo é o que dá a mão avarenta.

O queijo há de ser fechado, ou cego, como costumam dizer, gordo e butiroso, porque assim ofende menos e nutre mais. O de vaca é muito crasso, coze-se mal e nutre muito. O de ovelha não coze tão mal, é menos crasso e nutre bem, mas menos que o de vaca. O de cabra é o pior de todos: nutre pouco, porque tem menos manteiga, é mais seco e mais indigesto.

Capítulo VII
Dos Animais Voadores

GALINHA (*Gallina*). Entre as aves, tem a galinha o primeiro lugar, porque é bom alimento, assim para os sãos como para os doentes. Sendo nova, é temperada, não é quente nem fria e é úmida; coze-se facilmente, digere-se e distribui-se bem, dá alimento de bom suco e pouco excrementício; por isto se gera dela sangue temperado, de boas qualidades, que nutre bastante. Para pessoas que não trabalham muito nem fazem grande exercício, é o melhor alimento de todos, ao qual atribuíram tanto, que entenderam alguns[1] que aumentava o entendimento e o juízo, que gerava maior quantidade de espíritos animais, clarificava a vista e fazia crescer a matéria seminal. O que se há de entender das galinhas bem nutridas e novas que ainda não dêem ovos. As velhas são frias e secas, duras e nervosas, e ainda que estejam gordas, não nutrem bem, são indigestas e fazem maior dano que utilidade.

1. *Avicen. Averrhoes.*

Virtudes Medicinais. A galinha tem muitas virtudes medicinais e por isto os antigos supersticiosamente a consagraram a Esculápio, que não há parte nela que não sirva de remédio; e se houvéssemos de fazer menção de todos, só para isto era necessário um volume. Dos seus miolos escreve Rasis que são bons para os tremores do cérebro, confortam a memória e aguçam o engenho. Os pós da sua moela têm virtude para quebrar e excluir a pedra e areias dos rins. O seu excremento, principalmente o branco, tem muito sal volátil com que descoalha os humores crassos e quaisquer outros detidos e impelidos em alguma parte, e por isto é grande remédio nos pleurises, nas cólicas e nas esquinências, ou assoprando-o nelas em pó, ou usando-o nos gargarejos. A galinha, comida, clarifica a voz nas rouquidões. O seu fel, posto nas pálpebras que estão corroídas, é remédio que as cura. O sangue de galinha toda negra tira as nódoas do rosto, pondo-o quente nelas. O pó da pele interior do estômago da galinha é remédio para dores de estômago, para o confortar e para quebrar e fazer sair as pedras e areias dos rins.

FRANGO (*Pullus*). Os frangos são frios e úmidos, cozem-se bem, mas nutrem pouco.

Virtudes Medicinais. Eles e o seu caldo temperam os humores acres, salinos e mordazes, refrigeram as entranhas e são alimento apropriado para naturezas quentes e secas. Cozidos em água até que a carne se aparte dos ossos, dão um caldo excelente para os hécticos. Os frangos, comidos, conservam o juízo, segundo diz Plínio. Os seus miolos fazem sair os dentes sem dor aos meninos esfregando-lhe as gengivas com eles.

GALO (*Gallus*). Os galos são frios e secos, duros e quase indigeríveis se são muito velhos; têm virtude abstergente, aperitiva e laxante, por razão das quais se fazem deles uns caldos que servem para os asmáticos e para os que padecem cólicas rebeldes.

Virtudes Medicinais. A cinza do fígado, coração e baço do galo quebra e exclui a pedra dos rins. O sangue da sua crista é remédio para as dores dos dentes quando vão nascendo, pondo-o nas gengivas. O seu fel, chegando-o ao nariz, cura as dores de cabeça a que chamam hemicrania; e posto na raiz do dente doloroso, tira-lhe a dor. Aplicado nos olhos como colírio, é remédio para as lágrimas involuntárias. Misturado com mel e vinagre, tira as névoas e caligens dos olhos. Bebido em caldo pelas manhãs, em jejum, corrobora a memória e cura os esquecimentos. A cinza da sua crista, amassada com água, bebendo-se em jejum, é remédio para a incontinência da urina dos que dormem, para o que é igualmente boa a cinza dos seus testículos, tomando-a do mesmo modo.

CAPÃO (*Capo*). Os capões têm o temperamento das galinhas, são temperados no calor e no frio, e são úmidos. Os que estão gordos são muito tenros, cozem-se bem, nutrem mais que as galinhas e têm melhor gosto que elas.

Virtudes Medicinais. O fel de capão branco diminui as névoas e sufusões dos olhos.

POMBOS (*Palumbi*). Os pombos são quentes e secos, cozem-se mal e gera-se deles sangue crasso e melancólico, o que se há de entender dos pombos velhos, cuja carne com os vôos e exercício se faz dura, seca e indigesta, que os pombos novos são quentes e úmidos, cozem-se e distribuem-se bem, gera-se deles sangue que nem é muito crasso, nem muito tênue, com que nutrem medianamente, e é alimento muito louvado, assim pelo seu bom gosto como pelas suas boas qualidades. Hão, porém, de ser os pombos novos que já estiverem voando; que os que ainda não voam, pela sua muita umidade, dão alimento crasso e de fácil corrupção, sobre o que se pode ver o que escreve Zacuto[2]. Entre os pombos, louvam-se mais os silvestres que os domésticos por terem a carne, ainda que mais seca, menos excrementosa. Não se devem usar com muita freqüência em naturezas quentes e biliosas, porque se ofenderão muito com o seu calor, que, por ser intenso, são reputadas as pombas por símbolo da luxúria e, por isto mesmo, são consagradas a Vênus, do que falou Virgílio, dizendo:

2. *Livro 2 das Histórias, fol. 265.*

Vix ea facus erat, geminae cum forte Columbae
Ipsa sub ora viri caelo venere volantes,
Et viridi sedere solo; tum maximus heros
Maternas agnovit aves.
Mal acabava de falar, quando por acaso duas pombas
Vieram voando nesta mesma região do varão
E pousaram no solo verde; então o herói supremo
Reconheceu as aves maternas.

Não assim os pombos-torcazes, que são aqueles que têm no pescoço a figura de um colar, por razão da qual se chamaram torcazes, dos quais se escreve que têm virtude para impedir o uso de Vênus, donde disse Marcial:

Inguina torquati tardant hebetantque palumbi.
Non edat hanc volucrem qui cupit esse salax.
Os pombos-torcazes retardam e embotam os órgãos genitais.
Não coma esta ave quem deseja ser lascivo.

Das pombas não se hão de comer as cabeças e pescoços, porque se escreve destas partes que têm virtude para causar dores de cabeça.

Virtudes Medicinais. As pombas, segundo diz Arnaldo de Vila Nova, têm admirável virtude para acidentes de gota-coral, para paralisias, tremores de nervos e para a paralisia da língua, de tal sorte que entenderam que o ar em que elas assistissem tinham virtude para preservar dos ditos achaques. Rasis escreve que têm oculta propriedade para as dores dos rins e para emendar a corrupção do sangue, mas adverte que se lhe hão de cortar os pescoços e cabeças, porque os seus miolos têm propriedade para fazer faltar a vista. A carne de pombas posta sobre a mordedura de qualquer animal venenoso é remédio para ela. Têm os pombos virtude de atrair o veneno, e por isto se aplicam nas solas dos pés nas febres malignas e se põem vivos na via excrementícia, ajuntando a via do pombo com a via do doente, repelindo muitos; e é remédio em que o povo tem grande crença. O seu sangue é conveniente aos que padecem inflamações dos olhos e é útil para as dores de gota artética, posto quente sobre ela. O seu excremento feito em pó e amassado com vinagre é remédio para tirar as nódoas e sinais de qualquer parte, e para a lepra e outras pústulas. Para os calos dos pés, louva-o Plínio, cozido em vinagre. Para lançar as pedras dos rins e bexiga, recomendam-no muitos. É conveniente para os emplastros que se põem nos pés nas febres malignas, que ordinariamente se compõem de excremento de pombos, caracóis, arruda, rábãos, sal e vinagre, tudo bem pisado. A cinza das pombas queimadas vivas é boa para colírio dos olhos lacrimosos e faltos de vista. O sangue das penas dos pombos que ainda não voam, posto nos olhos inflamados ou vermelhos por contusão, aproveita muito. Os pombos comidos no tempo da peste preservam dela. Três pombos postos no nariz despertam do letargo, se é certo o que diz Plínio. O fumo do seu esterco, tomado pelo nariz, facilita o parto. A pedra que se acha no estômago dos pombos, tomada em pó, quebra e exclui a pedra dos rins, o que Q. Sereno disse também do pó do esterco de pombos para a pedra da bexiga, quando disse:

Sive palumborum capitur fimus acre ferorum
Dulcacidis sparsum succis tritu que solutum.
Ou se é tomado o estrume acre dos pombos selvagens,
espargido com sucos agridoces e dissolvido com trituração.

PERU (*Gallopavus*). Os perus são temperados no calor e na frialdade: têm o temperamento das galinhas. Sendo novos e gordos, são mais úmidos, cozem-se facilmente e nutrem mais que as galinhas, porque se gera deles sangue mais crasso e mais nutriente. Não se devem comer no mesmo dia em que se matam, senão um dia depois, que ficam assim mais tenros e de mais fácil cozimento e digestão.

Virtudes Medicinais. O fel do peru é útil para a surdez, instilado nos ouvidos. Os seus miolos aproveitam na dentição, esfregando com eles as gengivas, porque as abrandam e fazem sair os dentes sem muita dor.

ADEM (*Anas*). Os adens são das aves domésticas as mais quentes e úmidas, cozem-se com dificuldade e distribuem-se mal, mas nutrem muito bem, ainda que tenham muitas partes excrementícias. Os que se criam e andam nos rios correntes são os mais gostosos e os que dão melhor alimento que os domésticos e os que andam no mar, que são menos úmidos. Dos fluviais parece que falou Marcial, quando disse:

Tota quidem ponatur Anas, sed pectore tantum,
Et cervice sapit; caetera redde coco[3].
Seja servido certamente o adem inteiro, mas só tem gosto no peito
E no pescoço; as outras partes devolve ao cozinheiro.

3. *Lib. 13. epigr. 5.*

Virtudes Medicinais. Os adens vivos têm virtude para dores de cólica, aplicando-os depenados sobre a parte dolorosa. A sua enxúndia é útil nas dores das juntas e das partes nervosas, e nas suas intemperanças frias, pelo muito que aquenta, umedece, abranda, digere e resolve. O seu sangue tem virtude de antídoto e o seu excremento é útil nas mordeduras dos animais venenosos, pondo-o sobre elas, segundo escreve Mangeto[4].

4. *Biblioteca Pharmaceutica, tomo 1, fol. 60.*

PATO (*Anser*). Os patos são quentes e úmidos, crassos, excrementosos, principalmente os domésticos, que os que andam nos rios são menos úmidos, por mais exercitados, e todos são de difícil cozimento, digerem-se mal e causam obstruções. Gera-se deles sangue crasso, que facilmente apodrece, mas se o estômago os transforma ou coze bem, nutrem muito. Os patos velhos são duros e secos, ineptos para nutrir, obstruem as entranhas e gera-se deles sangue crasso e melancólico. Os novos, por muito úmidos e mucosos, cozem-se mal e nutrem bem. Só os que não forem velhos, nem muito novos são os melhores, mais tenros e de boa nutrição. Os fígados dos patos cevados, dizem que crescem muito e que são temperados de suavíssimo gosto, de fácil cozimento, de bom suco e de boa nutrição. Deles disse Marcial:

Adspice quam tumeat maior iecur ansere maius,
Miratus dices: hoc rogo crevit ubi?[5]
Olha o quanto o maior fígado está inchado no maior pato,
Dirás admirado: pergunto onde cresceu isto?

5. *Lib. 13. epigr. 58.*

Virtudes Medicinais. A enxúndia de pato é boa para untar o peito nas rouquidões e catarros de causa fria, e para nascer cabelo nos lugares donde caiu, untando-os com ela; é útil nas chagas dos lábios e nas rimas que neles abre o cieiro, aproveita no tinido dos ouvidos e nos espasmos e convulsões dos nervos, e laxa o ventre, untando-o com ela, principalmente nos meninos. O seu sangue tem virtude de antídoto, toma-se na quantidade de duas oitavas e, aplicado por fora nos pruídos e comichões, é remédio delas. O seu esterco é quente e seco, e tem virtude aperiente, move a purgação dos meses, provoca a urina e faz lançar as páreas, é útil na hidropisia e no escorbuto, e tem grande virtude para curar a icterícia, tomando-o alguns dias na quantidade de meia oitava em xarope de rábão ou em água cozida com fragária. A pele dos pés seca e feita em pó é boa para o fluxo demasiado dos meses, porque o suspende com a virtude adstringente que tem.

PERDIZ (*Perdix*). As perdizes têm o principado entre as aves silvestres, sem as quais não há mesa lauta, e sem elas perdem a graça e esplendor os banquetes. São temperadas no calor e são secas. Têm um sabor deliciosíssimo e cozem-se com facilidade, não sendo muito velhas; gera-se delas copioso sangue e de boas qualidades, nutrem muito, acrescentam memória, multiplicam a matéria seminal e estimulam para o serviço de Vênus. Os perdigotos ainda são melhores, porque são úmidos e tenros, cozem-se mais facilmente e nutrem e engordam mais que as perdizes. Delas escreve Cardano[6] que só com o seu continuado uso se podia curar o morbo gálico, porque é tal a bondade do sangue que delas se gera que purifica toda a massa sangüínea. Os italianos tiveram as perdizes em tão grande estimação, que as reputavam por coisa raríssima, segundo o que cantou Marcial:

6. *De san. tuend. 18.*

Ponitur Ausoniis avis haec rarissima mensis;
Hanc in lautorum mandere saepe soles[7].
Seja posta esta ave raríssima nas mesas dos ausônios;
Freqüentemente costumas devorá-la nas mesas dos ricos.

7. *13. Epigr. 65.*

Virtudes Medicinais. O fel da perdiz é bom para curar as névoas dos olhos e para as chagas das suas pálpebras, e para confortar a memória, untando as fontes da cabeça com ele. Os seus miolos fazem nascer os dentes aos meninos sem muitas dores, esfregando as gengivas com eles; bebidos com vinho umas poucas vezes, curam a icterícia. O seu fígado feito em pó e bebido é bom para gota-coral e para a icterícia. O seu sangue tem virtude para os olhos inflamados e para as chagas deles, não sendo antigas. O caldo da perdiz remedeia a fraqueza de estômago e do fígado, e é útil na epilepsia. Beber o caldo da perdiz assada ou cozida alenta muito a natureza e ajuda aos que, por debilitados, não podem empregar-se no serviço de Vênus, para os quais diz Aécio que têm grande virtude os ovos da perdiz, pelo que estimulam para aqueles usos. Os seus ovos bebidos facilitam o parto e conduzem para a fecundação das mulheres, segundo escreve Plínio, e aumentam o leite nos peitos, misturados com enxúndia de adem e untando-os com eles. O caldo de perdiz cozida com marmelo, lançando-lhe umas colheres de vinho vermelho, é bom remédio para cursos lientéricos e celíacos. Os pós do estômago da perdiz bebidos em vinho vermelho, diz Plínio que são bons para a dor ilíaca. O fumo das suas penas chegado ao nariz é bom para as sufocações e acidentes do útero.

FAISÕES (*Phasianus*). Os faisões são temperados nas primeiras qualidades e algum tanto secos. Cozem-se bem, dão alimento tão bom como as galinhas, às quais excedem no sabor e nutrição.

Virtudes Medicinais. Alexandre Traliano louva o caldo desta ave para os que lançam pela boca matérias purulentas, como os tísicos e empiemáticos, dizendo que tem virtude detergente com que limpa as chagas de que emanam as ditas matérias. Marcelo Empírio dá aos que padecem dores de ventre o vinho em que o faisão se sufoque. Leonelo Faventino usa da carne do faisão nos medicamentos restauradores para os tísicos e Lemery diz que é conveniente aos que padecem epilepsias e convulsões. O seu fel, posto nos olhos, aguça a vista e gasta as névoas.

FRANCOLIM (*Attagen*). Esta ave nem é quente nem é fria, mas é um pouco seca. Coze-se facilmente, gera sangue de boas qualidades, nutre como as galinhas, mas tem nelhor gosto.

Virtudes Medicinais. Do francolim disse Galeno que era bom para os que padeciam males de estômago e queixas nefríticas, e Alexandre Benedito o louva sumamente para alimento dos que padecem de cálculos; não sendo doméstico, Avicena diz que conforta o cérebro e o entendimento, e que aumenta a genitura e promove aos atos dela. Traliano alimenta com ele aos purulentos.

CODORNIZES (*Coturnix*). As codornizes são temperadas, inclinam-se para o calor e são úmidas. Cozem-se com facilidade e convertem-se em bom sangue, de que se nutre bem o corpo. Delas escrevem os antigos que causam espasmos e convulsões nos nervos por se nutrirem de heléboro, que é uma erva em que há virtude para fazer estes males. Porém, quando isto assim seja, as codornizes das nossas regiões não devem reprovar-se, porque não se nutrem desta erva, senão de ervas cereais que se acham entre os trigos e sem nenhum temor destes incômodos se podem comer.

Virtudes Medicinais. As codornizes têm virtude para a gota-coral, por cuja causa em todas as suas peregrinações as trouxe Hércules consigo, que era sujeito a este mal, donde veio o chamar-se a epilepsia mal hercúleo. A mesma virtude diz Bartolomeu Ânglico que tem os seus ovos, os quais bebidos provocam a atos libidinosos, para o que serve também a gordura da codorniz misturada com heléboro, untando as partes pudendas. O seu excremento é útil para os que padecem gota-coral e vertigens.

GALINHOLA (*Gallinago*). As galinholas são quentes e secas, cozem-se bem, gera-se delas bom sangue, de que se nutre bem o corpo, e, se não têm a bondade das perdizes, são pouco menos que elas.

Virtudes Medicinais. A galinhola tem virtude para as purgações brancas das mulheres, para o que se há de meter viva em uma panela bem tapada com massa, queimá-la no forno, fazê-la em pó, de que se tomem duas oitavas cada manhã em jejum, muitos dias continuados, em líqüido conveniente.

ROLA (*Turtur*). As rolas são secas e moderadas no calor; sendo gordas, fazem um bom alimento, agradável ao gosto e de utilidade para o corpo, porque se cozem bem e são muito nutrientes. Marcial as teve por um dos mais nobres alimentos quando disse:

> *Dum pinguis mihi turtur erit, lactuca valebis,*
> *Et cochleas tibi habe; perdere nolo famem.*
> Enquanto a rola gorda for minha, estarás bem com uma alface,
> E conserva os caracóis contigo; não quero perder a fome.

Virtudes Medicinais. Das rolas se escreve que, torradas no forno e feitas em pó, têm virtude para curar as flores brancas das mulheres e a purgação dos meses desregrados, tomando-os muitos dias continuados em líqüido apropriado, como pode ser a água de tanchagem, o cozimento de mirabólanos citrinos e outros, de que agora não tratamos. O mesmo pó serve para a disenteria e para qualquer fluxo de ventre. A rola comida aproveita nos fluxos de sangue e facilita os partos, comendo-a alguns dias antes. Da cinza da rola torrada no forno, dentro de uma panela, misturando-a com clara de ovo e leite de burra, se faz um medicamento que, segundo diz Quirano, tem virtude para as escrófulas dos peitos. O seu fel instilado nos ouvidos é bom para a surdez. O seu esterco provoca a urina, tomando uma oitava dele pelas manhãs com mel. Para preservar de gota artética, entendem alguns que é conveniente criar rolas e trazê-las na casa em que assistir o gotoso.

TORDOS (*Turdus*). Não louvou Marcial menos os tordos que as rolas, os quais teve pelos melhores entre as aves. Eles são quentes e secos, cozem-se bem, gera-se deles bom sangue e nutrem muito, se estão gordos. Diz Marcial:

> *Inter aves Turdus, si quis me judice, certet*[8].
> Entre as aves, o tordo, em meu entender, se alguém discute.

8. *13. Epigr. 92.*

Virtudes Medicinais. Têm os tordos virtude para os fluxos de ventre, para o que diz Balônio que se recheavam de bagas de murta e se comiam assados; Plínio os louva deste modo para as disenterias e para os fluxos de urina, e Alexandre Benedito os inculca para alimento no tempo da peste, lançando-os em vinagre. Mangeto diz que têm virtude contra gota-coral.

ESTORNINHOS (*Sturni*). Os estorninhos são pássaros bacívoros, semelhantes aos tordos e melros, ainda que não tenham tão bom gosto como eles. Os antigos estimavam-nos pouco, fazendo grande apreço dos tordos, e Marcial se queixava de que, no seu campo, não havia tordos, senão estorninhos, aves pobres de estimação e de valor.

Nunc sturnos inopes fringillarumque quaerelas
Audit et arguto passere vernat ager.
Agora ouve os pobres estorninhos e o canto lamentoso dos tentilhões
E o campo floresce por causa do harmonioso pássaro.

São os estorninhos quentes e secos, duros, de difícil cozimento e digestão. Platina os reputa tão mal que à sua carne chamou diabólica:

Sturni [diz este autor] *quos vulgo diabolicam carnem habere dicimus, omnino ab obsoniis lautorum abjiciantur. Hos comedat vacerra noster, qui marsupio magis quam vitae consultum vult.*

Os estorninhos, que comumente dizemos ter carne diabólica, sejam absolutamente enjeitados pelos pratos dos ricos. Coma-os o nosso homem estúpido, que deseja uma decisão de bolsa mais que de vida.

Os estorninhos novos são menos maus, porque são menos secos, principalmente os que forem criados em lugares úmidos e palustres. Não se devem dar os estorninhos aos que padecem queixas de almorreimas, por conselho de Arnoldo.

Virtudes Medicinais. O esterco dos estorninhos nutridos com arroz tem virtude para as impigens, para a morféia e para os sinais e nódoas cutâneas.

MELROS (*Merula*). Os melros são quentes e secos, e pouco menos que os tordos na bondade da substância e na nutrição que fazem.

Virtudes Medicinais. Deles se escreve que são bons para os que padecem fluxos de ventre, porque têm virtude adstringente com que corroboram o estômago e o ventre relaxado. Plínio os usa assados nas disenterias, como dissemos dos tordos, e, assim como a eles, os louva também Alexandre Benedito, havendo peste. Para as dores de ventre os inculcam outros e, para as melancolias incipientes, os propõe Rasis. O esterco do melro nutrido com arroz, misturado com vinagre, tira as sardas e nódoas do corpo, segundo diz Hali. O azeite velho em que se cozer o melro, até que a carne se aparte dos ossos, é bom para a ciática e para convulsões do pescoço. A cabeça do melro e os pés da lebre atados ao braço esquerdo, diz Aldrovando[9] que fazem os homens atrevidos e aptos para tratarem negócios gravíssimos.

9. *Lib. 16. ornithol. cap. 6.*

COTOVIAS (*Alauda*). São as cotovias quentes e secas, dão bom alimento, cozem-se com facilidade e geram bom sangue, de que resulta boa nutrição. Algumas delas têm crista, outras não, e estas são as melhores enquanto alimento.

Virtudes Medicinais. Aquelas têm particular virtude para curar e preservar de cólicas, segundo o que delas se escreve. O seu caldo é muito louvado para estas dores, para as quais as inculca Galeno e outros autores; entre eles, Q. Sereno diz assim:

Cum colus invisum morbi genus intima carpit,
Mande galeritam volucrem, quam nomine dicunt.
Quando a cólica, odiosa espécie de doença, rasga as entranhas,
Come o pássaro a que chamam cotovia.

O coração da cotovia tirado estando viva, engastado em alguma coisa e atado na perna esquerda, é remédio de que usavam os de Trácia para dores de cólica, segundo refere Alexandre Traliano. E todos os escritores antigos que falam desta ave encarecem a virtude que tem para dores de cólica e de ventre, comendo-a assada ou cozida, bebendo-lhe o caldo ou torrada no forno em panela bem tapada com massa, tomando duas ou três colheres dos seus pós, em água quente três ou quatro dias, com que se remedeiam as dores de cólica maravilhosamente, se é certo o que diz Marcelo Virgílio, que a encarece assim:

Incredibile hoc colicis remedium quod adeo prodest
ut omnia medicamenta merito superare videatur.
Incrível este remédio para cólicas, que é tão útil que parece
superar em valor todos os medicamentos.

João Batista Porta, querendo dar razão de terem as cotovias esta admirável propriedade específica de remediarem as dores de cólica, disse que isto nascia da sua muita garrulice, que a elas preservava destas dores, assim como sucedia aos homens muito loquazes, porque com o muito falar se gastam os flatos que causam as cólicas e, imprimindo em quem as come as suas qualidades, o livra deste achaque, que elas não padecem; estas as suas palavras:

Loquacia animalia colicae passioni non obnoxia, ut etiam loquaces homines; nimia enim garrulitate, flatus, ex quo saepe morbus exoritur, eximitur; nobis igitur eorum imprimentes qualitatem, ejusmodi morbum tollunt.
Os animais ruidosos não estão sujeitos ao sofrimento da cólera, como também os homens loquazes; com a nímia garrulice, o flato é liberado, a partir do que muitas vezes a doença abranda-se; imprimindo pois em nós a sua qualidade, suprimem deste modo a doença.

Todas as mais aves de que não falamos, porque não servem de alimento, são quentes e secas, e os passarinhos e avezinhas que, por sua pequenez, não se caçam com espingarda também são quentes e secos; e quanto mais pequenos forem, maior calor têm e mais secos são; cozem-se bem e gera-se deles sangue que faz boa nutrição. De todas as aves, as melhores são as que se criam e vivem no campo, nos montes e em lugares secos, porque têm a carne mais livre de umidade excrementícia do que as que vivem nos lugares úmidos e palustres, e por isto se cozem e nutrem melhor que estas.

Capítulo VIII
Dos Ovos (Ova Gallinae)

1. Todas as aves dão seus ovos, por onde se propagam, mas só os de galinha são os que continuamente servem para alimento e para condimento de vários manjares e doces, por isto só deles falaremos. Constam os ovos de duas partes bem diferentes na figura e na forma substancial: de gema e de clara. A gema é moderadamente quente e úmida, é alimento de boa substância, coze-se facilmente e se converte toda em bom sangue, donde veio o dizer-se que das gemas dos ovos se gera tanto sangue quanto é o que pesam. A clara é fria e moderadamente seca, e não se coze tão facilmente como a gema, porém nutre muito.

2. Os ovos, para se cozerem e nutrirem bem, hão de ser frescos, postos no mesmo dia, que a estes chamam ovos de ouro; aos de dois dias, ovos de prata; e aos do terceiro dia, ovos de ferro. Hão de eleger-se os que forem brancos e longos, como dizia Horácio:

Longa quibus facies ovis erit, illa memento
Ut succi melioris et ut magis alba rotundis[1].
Lembra-te (de servir) aqueles ovos cuja forma for longa,
Pois têm melhor sabor e são mais brancos do que os redondos.

1. 2. *Serm. sat. 4.*

Hão de comer-se os ovos com sal; não só porque excita o apetite, mas também porque o sal emenda o lentor que têm os ovos, com o qual muitas vezes causam náuseas e enjôos de estômago.

3. O melhor modo de comer os ovos é escalfando-os em água, de sorte que fiquem trêmulos, ou cozendo-os inteiros, de maneira que fiquem tão brandos que se possam sorver, que, sendo assim, cozem-se brevemente, aclaram a voz nas rouquidões, abrandam as tosses e são convenientes nos males pestilenciais. São alimento para toda idade e em todo o tempo: para os convalescentes e debilitados e para os tísicos. Os que se assam, ainda que fiquem brandos e sorvíveis, não são tão bons como os cozidos em água, porque sentem mais a força do fogo e perdem muito do úmido natural. Os ovos duros, ou sejam cozidos ou assados, são reprovados porque têm perdida toda sua umidade e cozem-se mal, dão suco crasso que causa obstruções e endurece o ventre. Os fritos e duros são os piores de todos e muito mais indigestos, principalmente sendo fritos em azeite, porque com ele se abrandam e laxam as fibras do estômago e, não se digerindo bem, corrompem-se, e corrompem os alimentos com que se misturam e muitas vezes causam dores de cólicas; mas, frigindo-se em manteiga, e ficando brandos, são menos nocivos, porque o sal da manteiga quase que emenda a sua oleosidade. Quando não puderem deixar de frigir em azeite, lancem-lhe bastante sal.

4. Os ovos velhos são muito maus, porque se corrompem e causam efeitos de veneno. E os frescos, ainda que sejam tão bons como temos dito, nem por isso se hão de usar indiscriminadamente em toda a natureza, porque nos que forem biliosos e adustos, corromper-se-ão com facilidade e ofenderão indignamente, convertendo-se em cólera, causando ardores e sede e diarréias. Também dizem que se não deve usar nos calculosos, que geram pedras e areias e, nos gotosos, no que lhes não achamos razão.

Virtudes Medicinais. Os ovos têm muitas virtudes medicinais, porque a gema é anódina, serve para toda dor, tem virtude de laxar e digerir, dela se faz o óleo de ovos, que é excelente para dores hemorroidais e para dores de dentes e para tirar as nódoas e sinais das bexigas. Ela tem virtude maturativa com que ajuda a cozer e supurar os apostemas. A clara serve para muitos males, ou posta por fora como repercussivo nas inflamações, ou tomada pela boca, para os que escarram sangue e para outros mais usos. Os pós das cascas dos ovos têm virtude para quebrar e excluir as pedras e areias dos rins. As membranas ou películas que se acham entre a casca e a clara têm virtude diurética e, postas sobre as feridas das caneladas, logo depois delas, curam-nas muito bem.

Capítulo IX
Dos Peixes em Comum

I. Grande é a variedade e a multidão de peixes que criam as águas, mas nenhum de tanta utilidade ao corpo humano como os animais quadrúpedes e os voadores, de que temos falado. São todos os peixes e mariscos frios e úmidos, uns mais que outros. Corrompem-se com facilidade e é a sua corrupção muito pior que a das carnes, porque estas, como se não corrompem tão facilmente, sempre nelas se conservam mais tempo algumas partes incorruptas, o que não sucede nos peixes que, em entrando neles a corrupção, brevissimamente se contaminam todos. Comparados com as carnes, todo peixe se coze no estômago mais facilmente que elas e, comparados entre si, uns se cozem com mais facilidade e dão menos mau alimento e nutrem melhor que outros, mas todos nutrem pouco, por isso a Igreja os concedeu nos dias em que, para castigo da natureza humana, proibiu a carne. E entendeu Galeno que o peixe era somente alimento apropriado para os homens ociosos e para os velhos fracos, pela facilidade com que se coze e pelo pouco que nutre, e não para os robustos e exercitados com trabalho, que pedem alimento mais firme:

Piscibus alimentum [diz Galeno] *hominibus otiosis, senibus imbecillis et aegrotis est commodissimum, qui vero corpus excercent, cibos postulant firmiores*[1].

O peixe é alimento muito apropriado aos homens ociosos, aos velhos fracos e aos doentes; aqueles que de fato exercitam o corpo postulam alimentos mais firmes.

1. 3. *De aliment. facultat. cap. 29.*

2. Entre os peixes há muitas diferenças, não só pela variedade, mas pelos lugares em que vivem, porque uns são marinhos, outros fluviais, uns vivem nos lagos e em águas paludosas, outros em águas correntes. Uns em águas que correm por lodo e terra, outros em águas que correm por áreias e por lugares pedregosos, aos quais chamam peixes saxáteis. Dos marinhos, são os melhores os que se acham no mar alto, onde os ventos e a agitação maior das águas lhes consomem parte da umidade. Os litorais são piores, porque os mares nas praias são menos agitados e mais impuros. Daqueles julgou Galeno que nutriam pouco menos que as perdizes e as mais aves desse gênero, porque deles se gerava um sangue entre crasso e tênue, como o dos melhores voadores:

Laudatissimus sanguis [são as suas palavras] *est qui inter crassum et serosum exacte medius est, qui fit ex pane optime praeparato et animalibus volucribus, perdice scilicet, aliisque id genus, quibus ex marinis piscibus pelagii sunt propinqui*[2].

Muito elogiado é aquele sangue que, entre o crasso e o seroso, fica exatamente no meio, o qual se constitui com o pão muito bem preparado e com animais voadores, como a perdiz, por exemplo, e outros dessa espécie, que são próximos dos peixes do mar.

2. *Cit. de alim. cap. 75.*

E destes se há de entender o que o mesmo Galeno[3] repetiu em outro lugar, dizendo:

3. *Cit. de alim. cap. 27.*

Alimentum quod ex piscibus sumitur, non modo ad coquendum est facile, sed hominum etiam corporibus est saluberrimum, ut quod sanguinem mediae consistentiae generet: medium autem voco, qui neque admodum tenuis, neque aquosus, neque vehementer crassus est.

O alimento proveniente dos peixes não é fácil de cozer, mas é muito saudável ao organismo humano, porque gera o sangue de média consistência: moderado então o chamo, porque não é tão tênue, nem tão aquoso, nem muito gorduroso.

3. Os peixes fluviais de rios grandes são tão bons, quando não são melhores, como os do mar alto, principalmente se forem saxáteis, e criados em água limpa, porque são mais duros e não têm tanta umidade que os corrompa. Cozem-se com facilidade e gera-se deles sangue de moderada textura, ou consistência, com que nutrem suficientemente. Galeno[4] os tem por melhores que todos os peixes. Os peixes fluviais de rios pequenos são menos bons, e piores que todos, são os que vivem em lagos, ou lagoas, e em rios lodosos e imundos, cujas águas são impuras e malcheirosas. Se os rios pequenos são de águas claras e limpas, que correm por lugares saxosos, são os peixes de bom gosto, mais duros e menos úmidos que os outros. Cozem-se bem e dão mediano nutrimento ao corpo. Em rios pequenos, há em Galiza e na Província de Trás-os-Montes muitas trutas deliciosas para o gosto, que excedem a bondade de todos os mais peixes marinhos e fluviais, excetuando o salmão. Os peixes testáceos, ou crustáceos, como é a lagosta e as ostras, são os piores, porque se cozem mal e dão alimento crasso e de mau suco.

4. *Alimentor. cap. 30.*

4. Os peixes de escamas são melhores que os de pele, porque aqueles são mais tenros e friáveis, mais secos e menos lentos, e estes são víscidos, glutinosos, muito mais úmidos e cheios de partes excrementícias, que como têm a pele dura, não dá lugar a que se exalem por ela as suas superfluidades, que nos escamosos transpiram melhor, ou se convertem em escamas e, por isto, se cozem pior que os escamosos e se corrompem mais facilmente que eles.

5. O peixe seco e salgado é menos nocivo que o fresco porque, como lhe falta a umidade, não se corrompe tão facilmente, nem causa tantas defluxões e estilicídios como o peixe fresco. E, ainda que algum peixe seco se coza no estômago com mais dificuldade que o fresco, nunca levará tanto tempo de cozimento que enfade o estômago, porque em poucas horas se coze o mais indigesto peixe, como é o polvo, duro e seco. Porém, se o peixe for salgado de muito tempo, será muito seco e terá poucas partes úteis e nutrientes, será muito duro e de difícil cozimento. Entre os secos, os que se secam ao vento, como o bacalhau, são melhores que os que se secam só à força de muito sal e ao fumo, que lhe deixa umas partes fuliginosas, que nunca se apartam bem deles.

6. Na preparação diferem muito os peixes, porque, quanto ao gosto, uns são melhores assados, outros cozidos e fritos, e ensopados outros. Mas os que ficam menos nocivos são os cozidos, então os assados e em último lugar os fritos, porque o peixe cozido larga no cozimento as suas partes excrementícias, de que os assados conservam muitas, porque o fogo não lhas consome todas; e nos fritos, com a lentura do azeite, ou da manteiga, se conservam melhor as partes lentas, víscidas e glutinosas do peixe. Razão por que é o frito pior que o assado e o cozido, ou guisado de qualquer outro modo.

7. Todo peixe é infenso aos nervos. Comido com muita freqüência, laxa e enfraquece as fibras, cujo teor dissolve, principalmente sendo fresco, porque tem mais umidade, que com o sal se disseca e, por isto, não se deve dar a pessoas de estômago e temperamento úmido.

8. As ovas dos peixes todas são más, porque não se cozem bem, perturbam o ventre e causam muitas vezes dores de cólica. Entre todas as ovas, as piores são as de barbos e bogas, principalmente no mês de maio.

Capítulo X
Dos Peixes em Particular

SALMÃO (*Salmo*). Entre os peixes, tem Galeno[1] por melhores os saxáteis, que como dissemos no capítulo antecedente, são os que se criam em rios grandes de água doce que correm por lugares saxosos; e entre estes tem o primeiro lugar o salmão, que é um dos peixes, que do mar passam para os rios, onde se pescam. Em Portugal acham-se os salmões no rio Minho, que corre pela Província a que deu nome. Em Aquitânia e Holanda há muitos, e faz-se deles tanta estimação, que é o único peixe que se vende por libras, decretando-o assim o governo público, para que possa chegar aos que o quiserem. É delicioso no gosto, coze-se com facilidade porque é tenro e friável, sem viscosidade e lentura que o condene; por cuja causa se digere bem e nutre medianamente. Salgado e seco ao fumo, se conserva muito tempo e se leva a regiões distantes. E ainda que sempre seja bom o salmão, o fresco é o melhor; e o de mais suave gosto é o do ventre, de que se deve comer menos, porque relaxará o estômago, causará náusea e fastio com a muita gordura que tem, da qual se lembrou Ausônio falando deste peixe, quando disse:

1. 3. *Aliment.* 30.

[...] Cui prodiga nutat
Alvus, optimatoque fluens abdomine venter.

[...] A quem vacila
O estômago e o ventre flácido com o melhor abdome.

SALMONETE (*Mullus*). Os salmonetes (que não são salmões pequenos e chamam-se assim pela semelhança que têm com os salmões) também são muito estimados e os antigos os compravam a peso de prata, pelo seu bom gosto e pela facilidade com que se cozem, por serem duros e friáveis, com uma dureza tenra que os não faz indigestos, mas antes os ajuda a cozer e distribuir melhor. Nutrem como os salmões. Dos salmonetes uns são barbados, outros imberbes; aqueles estimam-se mais, porque têm alguma diferença no gosto, mas todos são bons. Também louvam mais os de mediana grandeza, ainda que todos eles sejam de pequena. Marcial dá a entender que os maiores pesavam duas libras, quando disse:

Nunc ut emam grandemque Lupum,
Mullumque bilibrem
Indixit caenam dives amica tibi.
Agora a amiga rica indicou que eu tome para ti,
Como ceia, a grande solha
E o salmonete de duas libras.

2. *Lib. 9. cap. 17.*

Plínio[2] faz menção de um salmonete que pesou oitenta libras, coisa que merece pouco crédito.

SOLHA (*Lupus*). A solha tiveram os antigos pelo melhor dos peixes antes de terem notícia do salmão; e foi muito preciosa entre os romanos. Alguns poetas antigos a reputaram por coisa tão divina que lhes pareceu da geração dos seus falsos Deuses:

3. *Apud Adrovando 4 de pis. 2.*

Cestrium, Cephalum, et prolem Deorum Lupum[3].
O cestro, o céfalo e a solha, prole dos deuses.

Chamaram-lhe *lupus* os latinos, pela sua grande voracidade. É peixe, que do mar passa para os rios, e são melhores os que se acham neles que os que se pescam no mar, por participarem de um e outro pasto, da água doce e salgada, de que falou Marcial dizendo:

4. *Lib. 3. epigr. 89.*

Laneus Euganei: Lupus excipit ora Timavi,
Aequoreo dulces cum sale pastus aquas[4].
Lanoso do Eugâneo: a solha tira da foz do Timavo
O alimento, nas águas doces com sal marinho.

É a solha de fácil cozimento, porque é tenra e friável, tem um sabor delicioso. Gera-se dela sangue entre tênue e crasso, que nutre bastantemente.

Virtudes Medicinais. Da solha se escreve que tem tão grande virtude para as alporcas que, chegado a qualquer parte do corpo, as cura. O seu fel, misturado com mel, gasta as névoas dos olhos. A pedra, que se acha na sua cabeça, tem virtude para as dores de cabeça, trazida ao pescoço, e para os achaques de pedra e areias, tomando-o em pó. O seu ventre, comido, ajuda a digestão do alimento. As suas ovas, comidas, ou sejam frescas, ou secas, curam o fastio.

TRUTA (*Truta*). A truta também é um dos peixes fluviais e marinhos tão semelhante ao salmão, na forma e no gosto, que muitos entenderam que os salmões eram trutas grandes. Cozem-se as trutas facilmente no estômago, são de agradável gosto; e não só para os sãos servem de alimento, mas também para os febricitantes e convalescentes, porque não se corrompem e dão um alimento frio e úmido e nutrem medianamente. Hão de comer-se frescas, porque de um dia para outro têm menos gosto. Depois de cozidas em vinagre, se conservam alguns dias e se levam a terras distantes sem corrupção, mas sem aquele gosto que têm comidas no mesmo dia em que se pescam. O melhor modo de as preparar é cozendo-as em vinagre e comendo-as frias com sal e pimenta. Também se comem assadas, segundo o gosto de cada qual; mas diz o adágio português que

> Quem a truta assa,
> e a perdiz coze,
> não sabe o que come.

Virtudes Medicinais. A gordura da truta, derretida e lançada nos ouvidos, cura a surdez e é remédio das almorreimas inchadas e dolorosas, aplicada nelas.

CARPA (*Carpio*). Este peixe dizem que só se acha no lago Benaco de Veneza e que se sustenta de areias de ouro, ainda que outros escrevam que também se acha em rios e em mais lagoas; e dele referem muitas virtudes medicinais.

Virtudes Medicinais. O seu fel é bom para gastar as névoas dos olhos. A sua gordura, ou enxúndia, é boa para convulsões de nervos e para os seus achaques que procedem de calor. O seu osso, ou espinha triangular, é útil nas cólicas, assim intestinais, como nefríticas e nos acidentes de gota-coral. Uma pedra que se lhe acha no palato tem virtude de refrigerar as entranhas e de temperar a sede nas febres ardentes e de coibir as hemorragias de sangue pelo nariz, tomando-a na boca. Duas pedras que tem perto da superfície dos olhos, que são de forma semilunar e de consistência dura, servem para a gota-coral e para todo o fluxo de sangue. Outra pedrinha triangular, que também nele se acha, tem préstimo para os pleurises e para desfazer a pedra dos rins e para suspender o fluxo de sangue que corre pelo nariz, fazendo-a em pó, misturando-o com o pêlo dos marmelos verdes e sorvendo tudo pelo nariz por onde o sangue corre.

BARBOS (*Barbus*). Os barbos de grandes rios, que correm por lugares petrosos e por areias grossas, também são saudáveis, cozem-se bem e nutrem bastantemente. Sendo de rios pequenos, ou que não corram por entre pedras, são moles e viscosos, cozem-se mal e corrompem-se; e destes se deve entender o que escreveram Cardano e Platina, que os condenam totalmente por vis e nocivos. Os barbos quanto mais velhos melhor gosto têm e menos ofendem, porque são mais duros e livres daquela umidade que os amolece, o que Ausônio afirmou, quando disse:

[...] Laxos exerces, Barbe, natatus;
Tumelior peiore aevo, tibi contigit uni
Spirantum ex numero non illaudata senectus.
Ó barbos, praticas nados largos,
Mais gordo na pior idade, só a ti, único
No número dos que respiram, aconteceu uma velhice não criticada.

BOGAS (*Bocca*). As bogas não só se acham nos rios, mas também no mar; são menores que os barbos, que destes já vimos muitos de oito arráteis, e bogas nunca vimos que passassem de um. São como os barbos no gosto e na facilidade com que se cozem e no que nutrem. As suas ovas são tão nocivas que muitos as julgaram venenosas, porque subvertem o estômago e causam cólicas.

ESCALO (*Capito*). Os escalos são como os barbos, com quem parece que têm alguma amizade porque se acham juntos; cozem-se facilmente e ainda têm melhor gosto que os barbos; será talvez por serem mais defendidos das escamas, que por terem muitas, lhe chamaram escamosos:

Squameus herbosas capito inter lucet arenas.
O escamoso cabeçudo brilha entre areias ervosas.

SÁVEL (*Alosea*). O sável também se conta entre os peixes fluviais, mas não se cria nos rios, senão que do mar se lhe comunica. Acham-se os sáveis em muitos rios, porque são os peixes que mais vagam pelos mares; e como são muitos os rios que no mar entram, por isto se acham em tantas partes. Os que se pescam nos rios são melhores que os do mar, porque estes são secos e têm uma certa acrimônia e salsugem que causa sede; nem são de tão suave gosto, como os de rio doce, os quais quanto mais longe do mar se pescam, tanto melhores são, porque ficam mais livres daquela salsugem que os condena. Entram os sáveis nos rios quando estão prenhes e tornam para o mar quando hão de parir. Depois que deixam o mar e entram nos rios, brevemente engordam e se fazem de suavíssimo gosto, mas nem por isto têm grande estimação, que a perdem pela muita quantidade e ficam sendo alimento do povo, os que se foram raros, só se achariam na mesa dos príncipes, o que já exprimiu Ausônio, dizendo:

Stridentesque focis obsonia plebis Alosas.
E os sáveis ruidosos são alimento nos lares do povo.

São os sáveis lentos, víscidos e glutinosos; e por isto se cozem mal e se distribuem pior. Causam defluxões de estilicídio e sonolências. Dão um alimento de mau suco, mas nutriente. As suas ovas ofendem o estômago e causam cólicas crudelíssimas. Os sáveis salgados e secos ofendem menos porque têm perdido o lentor e a umidade com que fazem dano, mas são muito indigestos e pouco nutrientes.

Virtudes Medicinais. A gordura do sável é útil para as almorreimas inchadas e duras, não estando inflamadas, nem muito dolorosas.

LAMPREIA (*Muraena*). A lampreia foi tida em grande estimação entre os antigos e ainda hoje não se estima pouco. É peixe que do mar entra nos rios de água doce. Tem um sabor delicioso, mas coze-se mal no estômago, é indigesta e geram-se dela humores melancólicos e glutinosos que causam obstruções, razão por que a reprova Galeno[5]. E considerando alguns o agradável sabor deste peixe e os muitos danos que causa, lhe chamaram veneno doce. No estio são as lampreias mais duras e de menos gosto; na primavera, que é quando estão prenhes, são mais suaves e gostosas, o que já advertiu Horácio:

5. *3. Aliment. 30.*

Affertur squillas inter Muraena natantes
In patina porrecta; sub hoc Herus
Haec gravida, inquit,
Capta est, deterior post partum carne futura[6].
Conta-se que entre os crustáceos nadadores
A lampreia foi lançada na panela. Neste particular Herus disse:
Esta deve ser pega grávida,
Que depois do parto será de carne pior.

6. *Lib. 2. serm. satyr. 8.*

Virtudes Medicinais. Da lampreia se escreve que, comida com pimenta, é útil para os que padecem queixas nefríticas e que é remédio para a lepra e mais achaques escabiosos e cutâneos, para o que louva Plínio[7] a cinza da lampreia misturada com mel. Os seus dentes, dependurados ao pescoço dos meninos lactentes, preservam-nos do trabalho da dentição, porque lhes saem os dentes sem tantas dores. A cinza das peles das lampreias, misturada com vinagre e aplicada nas fontes da cabeça, é remédio para as suas dores. A sua gordura é boa para untar as mãos e cara dos que tiveram bexigas, porque não fiquem sinais delas. Também é útil em quaisquer dores, aplicando-a quente, porque é anódina. Em algumas terras da Província de Entre Douro e Minho, secam as

7. *Lib. 37. cap. 7.*

lampreias, abrindo-as e salgando-as; e tirando-lhes bem o sal, têm muito bom gosto e não ofendem tanto como as frescas.

PESCADA (*Assellus*). Dos peixes marinhos é a pescada a que mais se chega na bondade aos peixes fluviais saxáteis, razão por que Galeno[8] os substitui com ela. É a pescada lenta e crassa, e por isto lhe fica bem o sal, porque lhe desseca parte do lentor e umidade que tem, e deste modo se coze melhor no estômago do que comendo-a sem sal. É dos peixes que menos ofendem, principalmente comendo-a com mostarda. Das pescadas, as melhores são as do mar alto, que por serem mais batidas com as águas, têm menos partes excrementosas, e sobre ficarem mais puras, têm melhor gosto. Os seus fígados são melhores que os dos mais peixes. As pescadas secas, ainda que sejam mais duras, não são piores que as frescas, porque não têm aquela umidade glutinosa que o sal e o tempo lhes têm gastado e, por isto, são menos nocivas e não fazem tanto estilicídio como as frescas, o que se há de entender de todo peixe seco.

8. *Lib. de attenuant vict. c. 8.*

BACALHAU (*Assellus minor*). O bacalhau, que é uma espécie de pescada, mais duro e de pior alimento que ela, coze-se com dificuldade, gera humores melancólicos e mal depurados das suas partes excrementícias. É o alimento dos pobres e dos rústicos e próprio para pessoas que trabalham e se exercitam muito. Não se deve usar em pessoas delicadas, nem nas que passam vida sedentária.

BADEJO (*Scomber*). O badejo, a que em outras terras chamam bacalhau de pasta, acha-se no mar Oceano. É crasso, pingue, viscoso, de difícil cozimento, distribui-se mal, gera humores crassos e glutinosos e nutre bastantemente, ainda que com suco de prava natureza. Não se deve usar senão em pessoas robustas e exercitadas. Salgado e seco, é menos nocivo, porque fica menos pingue e menos viscoso. É peixe de bom gosto, como ordinariamente são os lentos e pingues. Do seu sangue, e da sua gordura e entranhas, segundo escreve Plínio[9], faziam os antigos um condimento de muito suave gosto, a que chamavam garo, do que faz menção Marcial:

9. *Lib. 31. cap. 7 e 8.*

> *Exspirantis adhuc scombri de sanguine primo,*
> *Accipe faecosum munera cara garum*[10].
> Recebe este magnífico molho, feito do primeiro sangue do badejo que ainda respira.

10. *13. Epigr. 102.*

Virtudes Medicinais. Traliano reprova este peixe aos que são sujeitos a acidentes epilépticos, pelo suco crasso e terrestre que dele se gera. Eliano[11], por experiência dos pescadores, escreve que é bom para curar a icterícia. Outros dizem que sua gordura, instilada nos ouvidos, é útil para os achaques deles. Plínio[12] afirma que os badejos, sufocados e podres em vinagre, curam as sufocações do útero.

11. *Lib. 12. cap. 46.*

12. *Lib. 32. cap. 30.*

PEIXE-PAU (*Assellus maior*). Este peixe é na figura semelhante ao bacalhau, ainda que cá não nos chegue aberto como ele. É muito mais comprido e muito mais duro, porque, depois de seco, para se cozer, é necessário batê-lo primeiro muito bem com uma maça. É crasso, seco, indigesto, coze-se mal no estômago e, por ser demasiadamente seco, nutre muito pouco.

PEIXE-LINGÜE (*Lingus*). O peixe-lingüe é na feição mais parecido ao bacalhau, mas de melhor gosto e menos seco. Coze-se mal, geram-se dele humores crassos e melancólicos e nutre bastantemente.

TAMBORIL (*Tamborillus*). Este peixe é crasso, duro e seco. Coze-se devagar e não se distribui bem. Causa flatulências, mas, depois de cozido, nutre muito.

PEIXE-PREGO (*Clavis marinus*). O peixe-prego é duro, seco, de mau gosto. Coze-se vagarosamente, a respeito de outros peixes que se cozem com facilidade, e não se distribui bem. Mas, com tudo isto, dá pouco trabalho ao estômago, porque não tem lentor, nem oleosidade com que o subverta e é a razão por que não tem bom gosto, nem nutre muito.

CONGRO (*Conger*). O congro, que foi muito estimado dos antigos, tem hoje pouca estimação. É crasso, duro, víscido e cartilaginoso, como diz Rondelécio[13], e, por isto, de difícil cozimento e digestão. Gera humores crassos e viscosos, de que resultam obstruções nas primeiras vias. É ele de bom gosto, assim assado, como cozido, ou preparado de qualquer outro modo. Perguntaram a Diocles, que foi um homem douto entre os antigos, qual era melhor, se o congro, se a solha. Respondeu que ambos, mas que havia de ser a solha assada e o congro cozido.

13. *Lib. 4. c. 1.*

Virtudes Medicinais. Dele escreve Clearco, que aclara a voz e a faz expedita:

> *Candido Congro, et omnibus viscidis*
> *Tu piscibus vescere: his alitur spiritus;*
> *His celerior fit vox, et expedita magis.*
> Come-se ao brilhante congro e a todos os peixes viscosos:
> Com estes espírito é alimentado;
> Com aqueles a voz torna-se mais rápida e expedita.

SAFIO (*Congrus niger*). O safio é uma espécie de congro. É crasso, mas menos lento e viscoso que o congro e, por isto, não tem tão bom gosto como ele e se coze mais facilmente no estômago. Gera-se dele sangue entre tênue e crasso, que nutre bastantemente.

MORÉIA (*Murena*). Este peixe tem alguma semelhança com a lampreia. Por isto os latinos lhe chamam murena, ainda que seja mais grosso e espalmado que ela. Não tem buracos e é listrado de cor de ouro. No sabor difere muito da lampreia, porque o não tem tão bom. Coze-se mal no estômago e não se distribui bem. Geram-se dele humores crassos e melancólicos, que causam obstruções. Nutre bastantemente.

ATUM (*Thunnus*). O atum ainda é mais crasso, mais duro e indigesto que o congro. Coze-se com muita dificuldade, geram-se dele humores crassos, terrestres e melancólicos. O seu ventre é muito pingue e, por isto, subverte o estômago, causa náuseas e fastios. As partes pingues e oleosas do atum convertem-se em cólera e causam muitas vezes dores de cólica. Não se deve dar a pessoas delicadas e que vivem sedentariamente, senão a homens robustos, trabalhadores e exercitados. O atum seco e salgado é mais duro que o fresco, coze-se com mais dificuldade no estômago, mas, de qualquer modo que seja, se se cozer bem, nutrirá muito.

Virtudes Medicinais. Do seu sangue se escreve que, untando com ele o rosto, não deixará nascer cabelo na barba. A sua gordura é boa para curar as chagas da boca. A cinza da cabeça cura as pústulas das partes obscenas. O atum posto sobre a mordedura de cão danado é remédio dela. E se o cão não for danado, também a cura. Também é bom para o veneno das víboras, assim comido, como posto sobre a sua mordedura.

ESCOLAR (*Scholaris*). O escolar é peixe marinho. Acha-se no mar do Algarve. É maior que a pescada, com que tem alguma semelhança, ainda que seja mais redondo que ela, e a cabeça parece-se com a do salmão. É peixe crasso, duro, coze-se e digere-se com dificuldade e, por isto, causa obstruções e flatulências. Geram-se dele humores melancólicos, mas é de grande nutrição.

CORVINA (*Sciaena*). A corvina é peixe de bom gosto, mas de difícil cozimento, para o qual se requer estômago robusto. Dá alimento de mau suco, crasso e lento, de que se gera sangue de semelhante natureza. A sua cabeça e o ventre são as partes de sabor mais agradável. Da sua cabeça faziam tanto caso os romanos antigos, que as davam como tributo ao Triunvirato que os governava, segundo refere Paulo Jóvio.

Virtudes Medicinais. A cinza das entranhas e escamas da corvina tem virtude para tirar o pano e nódoas do corpo. As pedras que se acham na sua cabeça são excelentes para as dores de cólica. E na França, diz Balônio, que se vendiam engastadas em ouro e que lhe chamavam *pierre de colique*, porque, trazidas ao pescoço, não só curavam as dores de cólica, mas preservavam de que jamais repetissem.

ENGUIA, EIROL (*Anguilla*). A enguia e o eirol foram peixes muito preciosos entre os antigos. Os egípcios os tiveram por coisa sagrada, segundo escreve Atheneu:

Maximum esse numen Anguillas putas: obsonium vero nos multo lautissimum.
Julgas que as enguias são a maior divindade: nós, na verdade, a julgamos alimento muito rico.

Sendo assim, que eles mesmos tinham a enguia por venenosa, porque, para haverem de a comer, lhe cortavam a cabeça e a cauda, em que entendiam que estava o veneno. Depois comiam-na com acelgas, porque, como esta erva tem virtude nitrosa, emenda-se e deterge-se a umidade excrementícia das enguias. Diz Eubrelo:

Candida adest betis vestito corpore Nympha
Expers conjugis anguilla.
A brilhante ninfa se apresenta com o corpo vestido de acelgas,
A enguia sem cônjuge.

É a enguia um peixe limoso, crasso, lento, que se coze mal no estômago, o qual subverte e causa obstruções; e, por ser muito glutinosa, ofende muito aos que padecem queixas de pedra e areias e gota artética. Retarda a purgação do mênstruo, de que nascem muitos danos e, por isto, o comentador da Escola Salernitana[14], falando da enguia, disse que fora iniqüidade da natureza dar tão suave gosto a um peixe que por nocivo se devia reprovar:

14. *Cap. 31.*

Sic ut inique natura fecisse videatur, quae tam suavem refutandis, expuendisque piscibus indiderit saporem.
De tal modo que parece que a natureza procedeu iniquamente, ela que colocou tão suave sabor em peixes que devem ser rejeitados e jogados fora.

Um dos danos que causam as enguias é ofender a voz com a sua lentura e viscosidade, segundo se lê na mesma Escola de Salerno:

Vocibus anguillae pravae sunt, si comedantur.
Qui physicen non ignorant, haec testificantur.
As enguias, se comidas, são prejudiciais à voz.
Os que não ignoram as ciências naturais o atestam.

Virtudes Medicinais. Com tudo isto, não deixam de ter as enguias suas virtudes medicinais. A gordura, que delas pinga, assando-as em espeto, tem virtude para a surdez e para dores antigas de ouvidos, instilando-a quente neles.

Também serve para as alporcas, untando-as com ela, e para dores de juntas e nervos; e para fazer que nasça o cabelo. A enguia, cozida em panela, lança de si um óleo, o qual, misturado com manteiga crua, é bom remédio para dores de almorreimas. O vinho em que se afoguem as enguias, dado a beber, causa rejeição ao vinho. O seu fel serve para névoas, sufusões dos olhos. O fumo da pele da enguia salgada cura as dores de ventre na disenteria, recebendo-o no intestino reto, e é remédio para a procidência do útero. O seu sangue, bebido quente com dobrada quantidade de vinho vermelho, é bom para as dores de cólica e preserva de que repitam, segundo o que escreve Marcelo. Para dores de almorreimas se louva o seguinte remédio: Toma-se uma enguia limpa das entranhas, cortada a cabeça e a cauda, coze-se em panela vidrada; e a gordura que se acha no fundo da panela se aplica nas almorreimas. Os pós do fígado de enguia facilitam o parto dificultoso.

CHICHARRO (*Trachurus*). O chicharro é um peixe duro e seco, de mau cozimento e digestão. Gera humores crassos, que causam obstruções. Não é para pessoas delicadas, senão para trabalhadores e rústicos.

SIBA (*Sepia*). O peixe siba é fungoso e de pele mole. Coze-se mal. Geram-se dele humores crassos, mas, depois de cozido, nutre bastantemente. Os pós sutilíssimos do seu osso, ou espinhas, têm virtude para tirar as névoas dos olhos e para suspender os fluxos de ventre, tomados com açúcar. E para os sinais do rosto, como as sardas e outras defedações, ainda que úmidas, pela virtude abstergente que tem este osso. Também o louvam para a asma, para gonorréias, para a pedra, para fazer urinar e para as gengivas inchadas, do que se pode ver Escrodero.

PARGO (*Pagrus*). O pargo é um dos peixes marinhos litorâneos, duro e seco, de difícil cozimento e digestão, principalmente sendo dos maiores. É de bom gosto e nutrição. Não falta quem o tenha por um dos peixes mais mimosos e o anteponha à pescada, do que se pode ver Aldrovando[15].

15. *Lib. 2. de pisc. c. 8. infine.*

RODOVALHO (*Rhombus*). O rodovalho também é litorâneo e um dos grandes peixes que há no mar. Rondelécio afirma que vira um de comprimento de cinco côvados e quatro de largura. Há duas espécies dele: um aculeado, outro leve. Ambos de bom gosto, mas de dificultoso cozimento e de boa nutrição, depois de cozido. Os antigos o estimavam tanto, que por adágio o encareciam, dizendo: *Nihil ad Rhombum* [Nada se compara ao rodovalho].

Dele disse Marcial:

Quamvis lata gerat patella, Rhombum,
Rhombus latior est tamen patella[16].
Por maior que seja o prato que contenha o rodovalho,
ele, todavia, é maior que o prato.

16. *Lib. 13. Epigr. 81.*

Virtudes Medicinais. Deste peixe escreve Plínio que cura os males do baço, aplicando-o vivo sobre ele e lançando-o depois no mar.

DOURADA (*Aurata*). A dourada é peixe de bom gosto e de fácil cozimento, ainda que seja dura. Nutre medianamente. É melhor cozida em água e vinagre, do que assada. As de uns mares são melhores que outras. Arquestrato louvou as de Éfeso, dizendo: *Auratam ex Ephesone praetermittite pinguem* [Deixai passar a dourada gorda de Éfeso]. Marcial as do lago Lucrino:

Non omnis laudem, pretiumque aurata meretur:
sed cui solus erit concha Lucrina cibus[17].
Nem toda dourada merece elogios e um grande preço,
Mas só aquela que se alimenta de concha lucrina.

17. *Lib. 13. Epigr. 90.*

MELGA (*Melica*). A melga tem bom sabor. Não se coze mal no estômago. Dá pouco nutrimento e é flatulenta, por cuja causa é preciso que se tempere com os aromas, como são o cravo, a pimenta e os mais de que se usa nas cozinhas.

BONITO (*Amia*). O peixe bonito é dos mais saudáveis que tem o mar. Coze-se com facilidade e dá alimento de bom suco, mas nutre pouco. Galeno o teve por peixe duro e indigesto, cuja doutrina não é bem recebida. Entende Rondelécio e Salviano que Galeno falava de outros peixes, no que se acusa a corrupção dos vocábulos.

BUDIÃO (*Gobius*). O budião é peixe marinho e fluvial. Aquele é melhor que este, mas ambos se cozem bem no estômago e se distribuem com facilidade. São de suave gosto e de pouca nutrição. Juvenal o prefere aos salmonetes:

Nec mullum cupias, cum sit tibi Gobio tantum
In loculis
E não desejes o ruivo quando apenas exista para ti o budião
Nas locas.

Marcial dá a entender que os antigos o estimavam muito, porque começam por ele os seus banquetes:

In Venetis sint lauta licet convivia terris,
Principium caenae Gobius esse solet[18].
Ainda que os banquetes sejam lautos no território vêneto,
O início do jantar costuma ser budião.

18. *Inxemiis 13. 88.*

Virtudes Medicinais. O caldo do budião, cozido em água até se desfazer, tem virtude de laxar o ventre. Assado, sem sal e comido, cura as disenterias, os cursos lientéricos e os tenesmos, se é certo o que escreve Simeão Seth. Dioscórides afirma que tem virtude contra o veneno das serpentes e do cão danado, aplicando-o na parte mordida.

GAROUPA (*Turdus*). O peixe garoupa, a que Plínio chamou nobre entre os saxáteis, é tenro, friável, de fácil cozimento e digestão e de bom suco.

Virtudes Medicinais. Por isto se pode conceder aos convalescentes e valetudinários. Traliano o põe no alimento dos pleuríticos e dos epilépticos.

CHOUPA (*Acharne*). A choupa é peixe de carne muito branca. Coze-se e distribui-se bem e nutre muito.

REQUEIME (*Scorpio*). O requeime, chamado *scorpio* entre os latinos, é peixe duro, de dificultoso cozimento e digere-se mal. Não se há de comer logo depois de pescado, senão que se há de conservar algumas horas sem o chegar ao lume, porque se faz mais tenro; e há de cozer-se em água e azeite, com ervas aromáticas, que, sobre se fazer mais brando, fica com melhor gosto.

Virtudes Medicinais. O seu fel tem virtudes para as névoas dos olhos. A pedra que se acha na sua cabeça, tomada em pós, é remédio nas queixas de pedra e areias, nas disurias e estrangurias. O seu cozimento, feito em água, facilita o ventre. Tem este peixe, na cabeça e costas, umas espinhas tão agudas, que ofende com elas de maneira que o julgaram por venenoso, do que falou Opiano, dizendo:

> *Horrendum curvo qui gaudet scorpius antro,*
> *Et canis, atque draco, volucresque per aequora hirundo,*
> *Gobius in fulva nimium contentus arena,*
> *Hi duri pugnant stimulis, funduntque venenum*[19].
> O requeime, que gosta de uma gruta espantosamente profunda,
> O peixe-cão, a serpente e os alados pelo mar, o peixe voador,
> O budião muito satisfeito na areia amarela,
> Esses lutam com duros ferrões e lançam veneno.

19. *Lib.* 2.

MERO (*Merula*). O mero é peixe muito louvado de Plínio[20]. É mole, tenro, de fácil cozimento e digestão. Gera-se dele bom sangue, mas pouco nutriente.

20. *Lib.* 32. *cap.* 11.

Virtudes Medicinais. Cozido, pode-se dar aos febricitantes, convalescentes e valetudinários. Traliano os usa nos que padecem acidente de gota-coral, no fluxo hepático e nas intemperanças quentes do fígado.

TREMELGA (*Torpedo*). A tremelga, a que os latinos chamam torpedo, porque entorpece o braço do pescador, é, no sentir de Galeno, um peixe cartilagíneo, mole, e agradável, de fácil cozimento e de mediana nutrição. Outros escritores dizem o contrário, porque afirmam que este peixe se coze com dificuldade e que não tem sabor que agrade. Esta antinomia, conciliam, dizendo, que do meio corpo para cima é a tremelga de bom gosto e de fácil cozimento, principalmente nas partes mais chegadas à cabeça. E que as partes inferiores se cozem mal e não têm tão bom gosto. Veja-se Aldrovando falando deste peixe.

Virtudes Medicinais. Tem a tremelga muitas virtudes medicinais. Comida, abranda o ventre. Chegada à cabeça, cura as suas dores, principalmente estando viva, o que faz também nas dores de gota artética, preservando de que repitam. Do azeite em que este peixe se cozer vivo, misturado com cera, se faz um ungüento que Aécio louva muito para as dores de gota. Plínio diz que facilita os partos, sendo pescada estando a lua no signo de Libra e tendo-a três dias ao sereno, o que Holério atribui ao vigor que a natureza toma na moderação das dores, que a tremelga suspende. A sua pele, tirada de fresco, aplicada no útero prolapso, o faz recolher a seu lugar. Hipócrates[21] usa deste peixe por alimento nas dores do fígado, nos tábidos e nos hidrópicos. A espinha do espinhaço cura as dores de dentes, esfregando-os com ela. O seu fígado, cozido em azeite, cura a sarna, as comichões e as impigens, untando-as com este azeite.

21. *Lib. de intern. afection.*

UJO (*Pastinaca*). Do peixe ujo diz Rondelécio que foi reputado por venenoso, de sorte que os pescadores, logo que o pescavam, lhe cortavam a cauda. E duvidou-se se podia comer-se, ou se havia de rejeitar-se da mesa como veneno e afirma que em Veneza se proibiu a venda deste peixe pelo governo público, mas conclui dizendo que todo o seu veneno está no raio que tem na cauda e que, cortada esta, se come o mais sem ofensa de veneno, sendo que é peixe de mau gosto, mole, que se coze mal e de que se geram humores nóxios. Come-se cozido em vinagre, ou frito com farinha.

Virtudes Medicinais. Hipócrates[22] usa deste peixe na cura dos tábidos e da dor e inflamação do fígado. O azeite em que se cozer é bom para os pruídos, comichões e sarnas. O seu raio aplicado aos dentes, lhes cura as dores. O mesmo raio, untado com óleo de meimendro, tocando no útero prolapso, o faz recolher. E sendo tirado o raio do peixe vivo e atando-o ao umbigo, facilita o parto, lançando o ujo no mar. Cura também as alporcas, picando-as muitos dias e muitas vezes com o mesmo raio, sem fazer sangue, segundo o que escreve Plínio e Marcelo Empírico por estas palavras:

22. *Lib. de interr. affection.*

Acu ossea, idest spiculo trigonis, quae Pastinaca dicitur, strumam saepius punge, statim arescit.

Com a agulha óssea, isto é, com o ferrão do peixe a que se chama ujo, fura a alporca com freqüência, que permanentemente seca.

TOLHO (*Piscile*). O peixe tolho é duro, coze-se mal no estômago, gera humores pravos e nutre pouco.

RAIA (*Raia*). A raia também se coze mal no estômago, dá mau alimento e nutre pouco. Não sobe a mesas nobres.

Virtudes Medicinais. O seu fel, lançado morno nos ouvidos, tem virtude para a surdez. O azeite em que se cozer o fígado da raia cura as impigens e comichões, aplicando-o quente. As alporcas picadas com as suas espinhas, ou raios, sem fazer sangue, secam e curam-se, como dissemos do peixe ujo.

LIXA (*Squalus*). A lixa é um peixe duro, de pele áspera, que não é escamoso. Coze-se com dificuldade e dá de si um suco pravo e de pouca nutrição. É peixe vil, assim pelo mau cheiro que de si lança, como pelo desagrado do sabor que tem.

Virtudes Medicinais. A cinza da sua pele cura as pústulas das partes obscenas. O azeite em que se cozer o fígado da lixa é bom para as durezas do fígado. As suas ovas, secas e feitas em pós, curam todos os fluxos de ventre, tomando-os pela boca.

CHANCARONA (*Molva*). A chancarona é peixe crasso, glutinoso, de mau gosto e de difícil cozimento. Distribui-se mal, gera humores viscosos e causa obstruções.

CAÇÃO (*Galeus*). O cação é peixe duro, crasso e mal saboroso, de que se gera sangue de pravas qualidades. Por isto é justamente mal reputado. Os cações secos são menos maus, mas nunca bons e sempre de pouca nutrição.

LITÃO (*Ichthyocolla minor*). Os litões são os cações pequenos. Têm a mesma natureza que os grandes, mas ofendem menos, porque se cozem com mais facilidade, principalmente se forem secos. E nutrem muito pouco.

SAPO (*Uronoscopus*). O peixe-sapo tem os olhos no alto da cabeça e é do predicamento e qualidades do cação. Nutre pouco, não tem bom gosto e, por isto, não se estima.

Virtudes Medicinais. O seu fel é louvado para as névoas e sufusões dos olhos. Entendem alguns que com ele foram curados os olhos de Tobias.

SARGO (*Sargus*). O sargo é um dos bons peixes que as águas criam, principalmente os que se pescam em lugares saxosos. Tem bom gosto e, ainda que não se coza com facilidade, o estômago o recebe bem. Dá um suco de boa digestão e nutre bastantemente.

Virtudes Medicinais. Os dentes deste peixe, trazidos ao pescoço, preservam os dentes de dores e corrupção, se é certo o que diz Kiranide[23].

23. *Apud Aldrov. 2. depisc. 16.*

DOÇAINA (*Cuculus*). A doçaina é um peixe duro e seco, de sabor pouco agradável. Coze-se mal e é indigesto. Geram-se dele humores crassos de prava natureza e de pouca nutrição.

Virtudes Medicinais. Hipócrates[24] o concede nos males crônicos, que dependem de humores fleumáticos.

24. *Lib. de intern. affect.*

PEIXE-GALO (*Gallus marinus*). O peixe-galo também é duro e seco como a doçaina, mas de melhor gosto. É indigesto e pouco nutriente.

BORDALO (*Ballerus*). O bordalo é peixe litorâneo, chamado assim por andar sempre bordejando a praia. É vil e tem pouca estimação por não ser de bom gosto, nem de bom cozimento e nutrição.

PARDELHAS (*Maenae*). As pardelhas são uns peixes pequenos, pouco estimados e próprios para o povo. Não têm bom gosto, nem dão bom alimento. Lançam de si um cheiro ou fedor que enjoa. Marcial lhes chamou inúteis:

> *Fuisse gerres, e inutiles Maenas*
> *Odor impudicus urcei fatebatur*[25].
> Terem sido inúteis a anchova e as pardelhas
> Mostra o fétido odor do Jano.

25. *Lib. 12. Epigr. 32.*

Virtudes Medicinais. Mas se as pardelhas são inúteis para o gosto, têm muitas virtudes medicinais para a saúde. A cinza delas salgadas, misturada com mel, serve para as esquinências. E só a cinza, aplicando-a nas chagas da boca, e de qualquer outra parte, é remédio delas. A cinza da cabeça cura as chagas das partes pudendas, o que faz também o mesmo peixe aplicado nelas. A mesma cinza serve para as rimas e mais queixas das almorreimas, e, misturada com alho pisado, cura as verrugas. O cozimento das pardelhas laxa o ventre. Elas salgadas, misturando-as com fel de touro e postas no umbigo, fazem o mesmo.

PEIXE-ESPADA (*Gladius*). O peixe-espada é duro, seco e algum tanto friável. Coze-se com dificuldade, tem bom gosto e não nutre mal. O seu lombo é a parte de melhor sabor.

PEIXE-AGULHA (*Acus*). O peixe-agulha é da mesma natureza que o peixe-espada. Dele há duas espécies e ambos são duros, secos, sem lentor, nem mucosidade. Cozem-se devagar e nutrem bastantemente.

ENXAVO (*Enxavus*). O enxavo é peixe do rio de Sofala. Tem feição de choupa, é muito pingue e saboroso, mas coze-se mal. Subverte e relaxa o estômago com sua muita oleosidade.

MUGEM (*Mugil*). A mugem é peixe de suave gosto, porque é duro e pingue. Não se coze mal, nem se distribui bem, porque desce com dificuldade do estômago, ao qual pode subverter com a muita gordura que tem. As melhores são as que do mar entram nos rios ou nas lagoas, porque são mais pingues e mais saborosas.

Virtudes Medicinais. O pó do estômago da mugem, torrado, tem virtude para confortar o estômago. O vinho em que o dito estômago se cozer cura os vômitos, o que fazem também as tripas limpas da gordura. A pedra que se acha na sua cabeça tem virtude para os achaques de pedra e areias, assim como todas as pedras que se acham nas cabeças dos demais peixes.

TAINHA (*Cestrius*). A tainha é quase como a mugem. Difere somente em que é menos pingue e, por isto, não ofende o estômago, nem o laxa com a gordura. Coze-se bem e dá alimento de boa digestão e nutre medianamente.

GORAZ (*Cora*). O goraz é peixe de suave gosto, duro, tenro e friável. Coze-se bem e dá um alimento entre tênue e crasso, de moderada nutrição.

Virtudes Medicinais. As pedras que se acham na sua cabeça, tomadas em pó, socorrem nas queixas de pedra e areias, como dissemos da mugem.

CACHUCHO (*Cachuchus*). O cachucho é como o goraz e pouco diferem, assim na figura, como na natureza e virtudes medicinais.

ROBALO (*Lupus lanatus*). O robalo é peixe moderadamente duro e seco. Coze-se bem, não enfada o estômago, distribui-se com facilidade e nutre pouco.

RUIVO (*Mullus imberbis*). O ruivo também é duro e seco, mas tenro e friável. Coze-se facilmente, dá alimento tênue, de pouca nutrição.

PEIXE-CABRA (*Mullus asper*). A cabra é peixe como o ruivo, mais seco e áspero que ele. É de fácil cozimento e digestão. E de pouco nutrimento.

FANECA (*Psuer*). A faneca também é seca, dura, friável, de fácil cozimento e distribuição. E nutre pouco.

RELHO (*Reus*). O relho é da mesma natureza, mas de menos bom sabor. Também nutre pouco.

BEZUGO (*Belsucus*). O bezugo é peixe de sabor suave. É duro, seco e friável. Coze-se e distribui-se bem e dá pouca nutrição.

PÂMPANO (*Scarus*). O pâmpano conta Galeno entre os peixes saxáteis. Plínio escreve que no seu tempo foi tido em grande preço e com razão, assim pela graça do seu sabor, como pela sua bondade, porque é mole, friável, coze-se bem, distribui-se com facilidade e laxa o ventre. As suas entranhas com os excrementos são as partes de melhor gosto. Por isto disse Marcial[26], falando deste peixe:

26. *Lib. 13. Epigr. 84.*

Hic Scarus aequoreis, qui venit obesus ab undis,
Visceribus bonus est, caetera vile sapit.
O pâmpano, que vem obeso das ondas marinhas,
Tem boas entranhas e sabor desprezível, no resto.

PATARROXAS (*Patarroxae*). As patarroxas são uns peixes da figura do cação, mas mais pequenos, porque os maiores são de palmo e meio. Cozem-se com facilidade, são de bom gosto e nutrição. Pescam-se no mar de Sezimbra. Podem dar-se a convalescentes de febres, pela bondade da sua substância e pelo que nutrem.

Virtudes Medicinais. Do fel do pâmpano escreve Galeno[27] que tem virtude para as sufusões e névoas dos olhos. O seu fígado, comido, diz Eliano[28] que cura a icterícia e afirma Plínio que tem virtudes para as parótidas.

27. *4. De comp. med. sec. loc. 7.*

28. *Lib. 14 cap. 2.*

LINGUADOS (*Lingulaca*). Os linguados são peixes dos mais mimosos e dos melhores que têm os mares. Deles há várias espécies, porque há o linguado comum, a que chamam *buglossae*, e *lingulaca*, pela semelhança que a sua figura tem com a língua de boi. Há linguado a que chamam *arnoglossus*. Há linguado sapateiro, a que chamam *hippoglossus*. Há azévia (*azevia*), a que chamam *solea parva*, ou *lingulaca*. Há linguado savacho (solha), a que chamam *solea oculata*. Todos estes peixes são linguados e diferem em pouco; e todos são duros, tenros, friáveis, pouco glutinosos, de fácil cozimento e de corrupção tardia. Distribuem-se bem e nutrem modicamente. Foram muito prezados dos antigos e sempre andaram em mesas nobres, assim pela exímia graça do seu sabor, como pela bondade da sua substância, por razão das quais não faltou quem chamasse à solha e ao linguado perdiz marinha.

Todos estes peixes, e os que tratamos desde a tainha até este, se podem dar aos convalescentes e valetudinários, e ainda aos febricitantes, se houver grande fastio.

SARDA, CAVALA (*Colias*). A sarda, e cavala, é peixe crasso, pingue, glutinoso e de agradável sabor. Coze-se mal e não se distribui facilmente. Geram-se dela humores viscosos, salgados e mordazes, que causam vários danos. Salgadas e secas, as sardas não ficam de mau gosto e são menos nocivas, porque o sal e o tempo lhes têm consumido o lentor e umidade excrementícia, de que abundam.

SARDINHA (*Sardinia*). A sardinha é como a sarda, e alguns querem que seja sarda pequena. É peixe de excelente sabor, mas de mau cozimento, por ser tão pingue e oleosa, que subverte o estômago. Geram-se delas humores salsuginosos, de muita acrimônia e mordacidade. As sardinhas frescas ainda são piores que as salgadas, porque têm mais gordura e umidade, que o sal lhes desseca. É o peixe que melhor sofre o sal. E depois de salgada e seca dura dois anos sem corrupção.

Virtudes Medicinais. As cabeças de sardinhas e sardas salgadas, feitas em pó, têm virtudes para as alporcas. A cinza das mesmas cabeças queimadas serve para o tumor e ulceração das gengivas. A cabeça da sardinha e da sarda, usando-a como mecha, ou supositório no intestino reto, promove a evacuação dos excrementos. As sardinhas bem salgadas e velhas, postas nas solas dos pés, há experiência no povo que têm virtudes para curar sezões.

ARENQUES (*Arinchus*). Os arenques são uma espécie de sardinhas maiores que elas, mas da mesma natureza; têm semelhança com o salmão na cor, porque são vermelhos, mas diferem totalmente na bondade, porque o salmão é o melhor peixe de todos e os arenques são dos piores que há. Eles, pela muita gordura que têm, sofrem a salgadura como as sardinhas, e há na Holanda um grande contrato de arenques salgados, de que só os direitos importam muitos milhões.

CARAPAUS (*Carapus*). Os carapaus quase que são como as sardinhas, têm menos lentor e umidade, e por isto não ofendem o estômago, cozem-se bem e, ainda que nutram pouco, não se geram deles humores tão salsuginosos e mordazes como das sardas e sardinhas, nem causam tantos estilicídios.

LINGUEIRÃO (*Lingurio*). Este peixe é da feição de sardinha, mas com maiores lombos e sem bojo. Pesca-se no mar de Sezimbra. Não tem tão bom gosto como as sardinhas, coze-se facilmente e nutre pouco.

CHOCOS (*Loligo*). Os chocos são de bom gosto, mas cozem-se mal, geram humores crassos e viscosos que se distribuem com dificuldade e causam obstruções nas primeiras vias.

Virtudes Medicinais. Galeno[29] os louva para os que padecem queixas de estômago e Marcelo Empírico diz que, assados, são bons para as cólicas e dores de ventre. Os antigos reprovaram-nos por nocivos, mas, pela graça de seu sabor, são muito estimados, o que já notou Durantes, quando disse:

29. *Lib. de alim.*

Antiquis abjecta fuit loligo, probatur.
Sed nunc, hancque petunt saepe probantque loqui.
Está provado que o choco foi enjeitado pelos antigos.
Mas conta-se que, atualmente, não só o procuram muitas vezes, como o aprovam.

ENXARROCOS (*Rana marina*). Os enxarrocos são de suave gosto, mas muito lentos e víscidos, e por isto se cozem mal no estômago, são indigestos, flatulentos, causam náuseas, cólicas e obstruções nas primeiras vias.

POLVO (*Polypus*). O polvo é peixe duro, indigesto e de difícil cozimento; dele se geram humores crassos e melancólicos, que causam outros danos. É muito flatulento, por cuja causa entenderam que incitava para usos libidinosos. Ateneu diz que, de comer muito polvo, morreram algumas pessoas. O polvo salgado e seco ofende menos, mas fica tão duro que, antes de entrar na cozinha, é necessário batê-lo fortemente com uma maça, para que se possa reduzir a forma de alimento, o qual, depois de cozido, nutre muito bem. Diógenes, que não comia coisa que chegasse ao lume, comendo polvo cru, acabou a vida, segundo se acha escrito em Ateneu:

[...] Polypum cum vorasset Diogenes
Crudum, obiit mortem.
[...] Como Diógenes devorasse
Polvo cru, morreu.

Virtudes Medicinais. Do polvo se escreve que tem suas virtudes medicinais. Comido assado, é bom nas cólicas assim nefríticas como intestinais. A sua cinza tem virtude para desfazer as pedras e para fazer lançar as areias dos rins e bexiga, para as cardialgias e para terçãs. Para os pólipos do nariz, entende-se que tem também virtude. Hipócrates[30] louva o polvo cozido em vinho para a hidropisia, assim universal como do útero, e para provocar a purgação do parto e dos meses. Aécio diz que o polvo estimula para atos libidinosos e que é bom para os que se acham fracos na palestra de Vênus, não por ser flatuloso, como vulgarmente se cuida, mas porque dele se gera muita matéria seminal. Veja-se Aldrovando falando deste peixe.

30. *Lib. de intern. affect.*

LAGOSTA (*Locusta*). A lagosta é peixe duro, de que se geram humores salinos e acres, coze-se com dificuldade, mas nutre muito e é de bom gosto. Tem o primeiro lugar entre os crustáceos e testáceos.

Virtudes Medicinais. Galeno[31] disse que as lagostas eram convenientes para os estômagos. Traliano[32] concede-as por alimento e por remédio nos males do peito que procedem de humores salinos e biliosos. Hipócrates[33] propõe-nas para alimento das paridas, para facilitar a purgação do parto e, na paixão ilíaca, louva as partes da cabeça cozidas. Também as aconselha para laxar o ventre. Os pós da casca da lagosta chegada à cabeça ou a sua cinza feita em pó tenuíssimo têm virtude para os fluxos de ventre, ainda que sejam celíacos e lientéricos, tomando-os em vinho velho, se não houver febre, ou em água, havendo-a, com tal condição que se tomem três dias continuados e, em cada um deles, toda a cinza de uma casca. O mesmo remédio serve para purgar os rins das pedras e areias que têm os que padecem de cálculos.

31. *Lib. de compos. medic. secund. loc. 4.*

32. *Lib. 7.*

33. *Lib. 3 de diaet.*

LOGABANTE (*Astacus*). O logabante é semelhante à lagosta, assim na figura como na natureza. É de cozimento difícil e distribui-se mal, adstringe o ventre e nutre bem, mas é necessário que se coza muitas vezes para lhe tirar a salsugem, o que se deve fazer com as lagostas também e com os mais crustáceos e testáceos.

Virtudes Medicinais. Traliano concede este peixe na cura da cardialgia e Aécio, na cura da cólica procedida de humores fleumáticos.

CENTOLA (*Squilla lata*). A centola também é como a lagosta, ainda que em alguma coisa difiram, porque a centola é mais larga e mais baixa, e tem na cabeça dois ossos ou espinhas que não tem a lagosta, além de outras partes mais em que diferem; porém nas qualidades e substância são semelhantes, por isto se entenderá deste peixe o que dissemos da lagosta, que é, como ela, indigesta, difícil de cozer no estômago, mas de boa nutrição.

CAMARÕES (*Astacus fluvialis*). Os camarões são da classe dos astacos ou logabantes e semelhantes às lagostas. São duros, cozem-se com dilação e distribuem-se mal, mas nutrem bem e são de gracioso sabor, e por isto, usados pelos antigos nas mesas lautas, como se colhe do que disse Marcial:

> *Inmodici tibi flava tegunt chrysendeta mulli:*
> *Concolor in nostra Cammare lance rubes*[34].
> Desmedidos ruivos cobrem teus pratos amarelos com frisos de ouro:
> Camarão da mesma cor, tu enrubesces em nosso prato.

34. *Lib. 2 epigram. 43.*

Virtudes Medicinais. Dos camarões se escreve que têm virtude contra o veneno do cão danado, como a têm os caranguejos. Leonelo Faventino os usa nos tísicos, para os quais são melhores os que se pescam no plenilúnio. Também se louvam para os hécticos e para os que padecem de pedra e areias.

CARANGUEJOS (*Cancer*). Os caranguejos são duros e por isto de difícil cozimento, distribuem-se mal e nutrem muito. Não se corrompem no estômago, mas podem ofendê-lo por ser nervoso e por terem os caranguejos muitas partes salinas e mordazes, por razão das quais movem o ventre, como notou Galeno, e o perturbam, como diz Aécio, por cuja causa os nega por alimento na cura da cólica e, ainda que não fora por isto, nós os negáramos, salvo se o doente da cólica adoecesse entre peixe. Galeno diz que se cozam na água em que se pescaram. Aldrovando entende que basta em qualquer água com sal e vinagre. O tempo em que são melhores é desde o outono até a primavera, inclusivamente.

Virtudes Medicinais. Dos caranguejos se escreve que têm virtude contra o veneno das serpentes e do cão danado. Feitos em pó e bebendo-os em água, curam os fluxos do ventre e retêm os partos, os quais farão excluir, estando os fetos mortos, segundo diz Hipócrates. Para a estranguria, tomam-se três caranguejos, cozem-se em vinagre, depois pisam-se e espremem-se, e dá-se a beber. Na dor ilíaca de causa quente, os concede Hipócrates por alimento conveniente. Os pós da casca do caranguejo, lançados em vinho, são remédio para os que padecem pedra nos rins, bebendo este vinho coado. A cinza dos caranguejos tira a dor dos dentes, aplicando-a nos que doem; é remédio da lepra; tem virtude contra o veneno do cão danado e de qualquer outro animal. Os olhos do caranguejo, trazidos ao pescoço, curam os olhos remelosos. Na cabeça do caranguejo, acham-se umas pedras planas que, lançadas em vinagre, têm um movimento manifesto e, feitas em pó e tomadas pela boca, são remédio para desfazer e excluir as pedras dos rins, segundo o que escreve Mizaldo[35]. Estas pedras são o que chamam olhos de caranguejos e têm muitas virtudes, tirando-se estando os caranguejos vivos; preparam-se fazendo-as em pó sutil, e servem para provocar a urina e para quebrar e excluir as pedras dos rins, para extinguir a sede e para dulcificar os ácidos internos tanto do estômago como da massa do sangue; e por isto se reputam por absorventes dos mais generosos, o que se há de entender dos caranguejos fluviais.

35. *Memorabil. cent.*

CONCHAS (*Pectunculi*). As conchas foram celebradas nas mesas dos antigos pela doçura e suavidade de seu sabor. Elas são duras e dão alimento crasso, que nutre bastantemente, mas cozem-se e digerem-se mal. As tarentinas eram as mais célebres, das quais falou Horácio, dizendo:

Pectinibus patulis jactat se molle Tarentum[36].
Junto aos mariscos abertos vangloria-se docemente Tarento.

36. *Sat.* II, 4, 34.

Virtudes Medicinais. As que se assam nas próprias conchas são as de melhor gosto e as que mais nutrem e menos ofendem. Elas facilitam o ventre, principalmente sendo cozidas, e movem a urina, por cuja causa têm lugar nos hidrópicos e nas exulcerações da bexiga, em que as aconselha Xenócrates. Traliano as usa nas cólicas, nas cardialgias e nos empiemas. As cascas das conchas têm virtude exsicante, sudorífera e abstergente, e por isto são úteis nas febres que se hão de julgar por suor.

BERBIGÕES (*Pectunculi*). Os berbigões são como as conchas tanto na semelhança, porque alguns entenderam que eram conchas pequenas, como na substância e natureza. Todas se cozem mal e dão de si humores salsuginosos, acres e mordazes, com que muitas vezes promovem cursos e causam cólicas.

Virtudes Medicinais. Os pós das suas conchas são diaforéticos, abstersivos e dessecantes, limpam os dentes e servem para as chagas e tumores das almorreimas.

MEXILHÕES (*Mytuli*). Os mexilhões são de melhor sabor que utilidade, cozem-se mal, causam cólicas e puxos, pela muita acrimônia e salsugem de que são dotados. São duros e indigestos, deles se gera sangue crasso e salsuginoso, mas de bastante nutrição. Os de melhor gosto são os do outono e quando no mar entram muitas águas doces; andando o inverno, amargam, fazem-se vermelhos e têm maior acrimônia, com que inflamam a garganta, causam tosses secas e rouquidões.

37. *Lib. 32. cap. 9.*

Virtudes Medicinais. Plínio[37] refere muitas virtudes dos mexilhões. Diz que o seu caldo move o ventre e a urina, limpa os rins e a bexiga, e é utilíssimo para as hidropisias e para provocar a purgação dos meses, para a icterícia, para a gota artética, para os males do pulmão, do fígado, do baço e para os reumatismos. A sua cinza lavada serve para as caligens e névoas dos olhos, para os males dos dentes e gengivas, para chagas de pascentes e para ciáticas. Os pós das suas cascas são sudoríficos e abstergentes, servem para limpar os dentes e para as fissuras e excrescências hemorroidais.

LONGUEIRÕES (*Longuriones*). Este marisco é quase como os mexilhões, ainda que de menos bom gosto; coze-se mal no estômago, mas não causa puxos nem dores no ventre tão certamente como os mexilhões, por não ter tanta salsugem e acrimônia como eles.

Virtudes Medicinais. Os pós sutilíssimos das suas cascas são abstersivos e limpam bem os dentes.

CARAMUJOS (*Turbines*). Os caramujos são mariscos de que há várias espécies. Todos são de difícil cozimento e geram sangue salsuginoso, acre, de que nascem prurigens e outros danos que costuma excitar o sangue desta qualidade.

PERCEBES (*Ungues*). Os percebes são como os caramujos, ainda que metidos em diferente concha; têm a mesma natureza e qualidades.

OSTRAS (*Ostra*). As ostras têm o primeiro lugar entre os mariscos pequenos, ainda que não comecemos por elas. São mais úmidas que eles e cozem-se com menos dificuldade, mas também nutrem menos, que todo peixe que é duro e de difícil cozimento é o que mais nutre.

Virtudes Medicinais. Dão um suco salsuginoso e acre, com que estimulam o ventre e a bexiga, para expulsar a urina. As conchas das ostras queimadas são boas para limpar os dentes, para as chagas da boca e dos lábios, para as chagas e queixas das almorreimas, e para as chagas malignas e sórdidas. As ostras pisadas e postas sobre as queimaduras são remédio delas. As suas conchas têm virtude diaforética e abstersiva e, por isto, têm uso nas febres que se hão de terminar por suor.

OURIÇO (*Echinus*). O ouriço marinho, que a natureza defendeu mais que a outros peixes, pois o guarneceu de raios e espinhos por toda a parte, tirado da casca, é mole, como exprimiu Marcial:

> *Iste licet digitos testudine pungat acuta,*
> *Cortice deposito, mollis Echinus erit*[38].
> Esse, embora pique os dedos com a carapaça aguda,
> Tirada a casca, será um mole ouriço.

38. *Lib. 13 Epigr. 86.*

É de fácil cozimento, mas nutre pouco e gera humores salinos e acres que movem o ventre e a urina.

Virtudes Medicinais. E esta deve ser a razão por que Galeno, Dioscórides e Celso disseram que o ouriço era útil ao estômago e ventre. Plínio os usa nos frenéticos e nos epilépticos, e Dioscórides, nos melancólicos adustos. As cinzas da sua casca são boas para as chagas sórdidas, para as alporcas, para as chagas da cabeça, para as disurias, para a pedra e areias, e para fazer nascer cabelo, esfregando a parte depilada com um paninho que dentro de si tenha a dita cinza. A cinza dele queimado vivo, dada a beber, impede o aborto nas mulheres que, por fraqueza do útero, não retêm os ventres. E Hipócrates[39], para expulsar as secundinas, louva os pós de três ouriços marinhos tomados em vinho odorífe-

39. *Lib. 1 de morb. mulier.*

ro. A cinza do ouriço, misturada com o unto de urso, de homem ou de porco, é bom remédio para que nasça o cabelo nas partes de que caiu. Para o veneno do cão danado, diz Rufo que tem virtude o ouriço tomado por alimento, bebendo sobre ele vinho com mel. Aécio e Traliano o dão na cura das cólicas.

AMÊIJOAS (*Tellinae*). As amêijoas têm um sabor doce e suave, cozem-se com dificuldade, dão um suco salsuginoso como as demais conchas, ofendem o estômago e geram pedra e areias, sejam as amêijoas marinhas ou fluviais.

Virtudes Medicinais. Cozidas, movem o ventre mais pelo que irritam que pelo que laxam.

CARACÓIS (*Cochleae*). Os caracóis também se contam entre os testáceos. Deles há várias espécies, porque uns são aquáticos, outros terrestres, e daqueles, uns são marinhos, outros fluviais. Os piores são estes, porque se reputam por virulentos. Mas todos eles são duros e de difícil cozimento, porém se se cozem, nutrem muito, segundo o que disse Galeno[40]. Os terrestres e os marinhos são úteis ao estômago e não se corrompem com facilidade.

40. 3. *De alimentor. facult.* 2.

Virtudes Medicinais. Têm os caracóis muitas virtudes medicinais. São bons para os hécticos, assim comidos como destilados em água. Aproveitam algumas vezes na hidropisia ascítica, porque, pisados e postos por emplastro no ventre, sugam e extraem a água que faz a hidropisia; e é remédio inculcado por Galeno[41] e por Dioscórides[42]. Para o fastio os usa sem controvérsia a gente do povo. Os pós das suas cascas servem para os que padecem de cálculos ou para os achacados de pedra e para as gretas que o cieiro abre nas mãos e nos lábios. Picados e misturados com claras de ovos, são bons para as fluxões que molestam os olhos, pondo-os por emplastro nas fontes. Os caracóis pisados sem casca curam as dores de dentes, esfregando-os com eles. A cabeça de um caracol, cortada depois de haver pastado o rocio da manhã, trazida ao pescoço dentro de qualquer coisa, cura as dores de cabeça, se é certo o que escreve Marcelo Empírico. Têm virtude os caracóis para os olhos caliginosos e lacrimosos, para dores de ouvidos, para a aspereza da garganta, para a tosse, para dores de estômago, para inflamação e intemperança do fígado, para dores de cólica e, finalmente, para outras mais queixas, fazendo-se para elas diferentes remédios, que aqui não podemos resenhar, e se acharão nos Práticos e em Ulisses Aldrovando[43].

41. *11. Simplic.*

42. 2. *Cap.* 9.

43. 3. *De testac.* 29.

CÁGADOS (*Cancri fluviatiles*). Os cágados, ainda que não se usem nas mesas dos sãos, aqui têm lugar por concluirmos com os testáceos. Eles cozem-se com dificuldade e distribuem-se mal, por serem víscidos e glutinosos, mas nutrem muito.

Virtudes Medicinais. E por isto se concedem aos hécticos e tísicos.

TARTARUGA (*Testudo*). A tartaruga é da natureza dos cágados e serve para os mesmos usos.

Virtudes Medicinais. O seu fel é bom para as névoas dos olhos e as suas pernas, metidas em uns sacos de pele de cabrito, preservam de gota artética, trazendo-os nas partes em que costuma repetir.

RÃS (*Ranae*). Concluamos este capítulo com as rãs, as quais se cozem bem no estômago e dão um suco frio e úmido que nutre bastantemente.

Virtudes Medicinais. São boas para os hécticos e hão de comer-se tiradas as entranhas e a cabeça. O seu caldo é bom para a icterícia, para a lepra e para dores de dentes e de juntas. A sua cinza é boa para os fluxos de sangue e o fumo delas, lançadas sobre umas brasas, cura os fluxos de sangue uterinos, recebendo-o por baixo. O vinho em que se sufocar uma rã, bebendo-se, causa aversão ao vinho. O seu coração, posto no espinhaço ou na região do coração, é remédio das febres ardentes. O seu fígado, seco e feito em pó, tomando-se nas sezões quartãs, é remédio delas. O seu fel é bom para diminuir as névoas dos olhos. A sua gordura, lançada nos ouvidos, cura-lhes as dores. A rã viva, posta sobre o antraz ou carbúnculo pestilento, tira todo o veneno dele. O seu esperma mitiga as dores de qualquer parte, pondo-o nela, e cura a sarna das mãos, se no mês de março se lavarem com ele.

Capítulo XI
Dos Legumes

Legumes chamou Galeno[1] às sementes cereais de que não se faz pão, ainda que se faça farinha. E costumam ser o mais comum alimento da gente rústica, posto que, pela graça de seu sabor, também sobem muitas vezes a mesas nobres. Estes são as favas, as ervilhas, os grãos, as lentilhas, os feijões, os chícharos, os tremoços, o arroz e o gergelim. Todos eles são crassos, térreos, melancólicos, flatulentos, principalmente sendo verdes, por cuja causa se hão de temperar com condimentos e cebola, como corretivos do seu pravo suco e da sua muita flatulência. De todos havemos de tratar com particularidade. Comecemos pelas favas, a que Plínio dá o primeiro lugar:

1. *1. Alim. 16.*

Inter legumina maximus honos fabae.
Entre os legumes, maior honra é a das favas.

FAVAS (*Fabae*). As favas enquanto verdes são frias e úmidas e depois que secam são frias e secas. Estas não passam de alimentar a gente de baixa sorte; aquelas freqüentam muito as mesas lautas. Umas e outras se cozem mal e se distribuem com dificuldade, mas nutrem muito. Geram-se delas humores crassos e flatulentos que obstruem as entranhas, incham e constipam o ventre, ofendem com vapores crassos a cabeça, causam vertigens, perturbam o sono, hebetam a vista e, por mais que se cozam, nunca perdem a flatulência, principalmente as verdes, que são mais excrementosas e flatulentas que as secas, como são todos os frutos que não chegam a madurar.

Virtudes Medicinais. Têm as favas muitas virtudes medicinais, e não há parte nelas que seja inútil. Primeiramente, das cascas das favas verdes destiladas tira-se uma água excelente para os que padecem queixas nefríticas, porque desfaz as pedras e as exclui pela via da urina, limpando os rins e a uretra de toda a matéria que os ocupa. Das cascas das favas secas e das plantas delas queimadas se faz uma cinza que, cozida em água de parietária em forma de lixívia, e tomando cinco ou seis onças dela alguns dias, adoçando-a com uma onça de lambedor de avenca, de malvaísco ou de violas, socorre muito bem nos acidentes de pedra, porque as quebra e expele pela via da urina, cujos vasos absterge e mundifica; e por isto é também grande remédio para as gonorréias antigas e rebeldes. O sal que se tira da mesma cinza também serve para os mesmos usos, na quantidade de uma oitava, tomando-o em água de parietária ou das cascas das favas. Da sua flor destila-se uma água de semelhante virtude para a pedra e para as nódoas e sinais do rosto. A sua farinha é maravilhosa para as tosses, fazendo caldos dela. Para as inflamações do escroto e para as suas hérnias tem muito préstimo, cozendo-a em água e vinagre, do que têm muita experiência os cirurgiões peritos. Veja-se o que das favas escreve Mangeto no tomo 1 da sua *Bibliotheca Pharmaceutica*, fol. 908.

ERVILHAS (*Pisum*). As ervilhas são, como as favas, frias e secas, e, enquanto verdes, são frias e úmidas, e todas de difícil cozimento e digestão. Causam obstruções e os mais incômodos que dissemos das favas, de que diferem somente em nutrir menos e em não serem tão flatulentas, nem terem aquela virtude detergente e mundificante que nas favas se acha. As secas são menos nocivas. Não se devem dar as ervilhas aos melancólicos e hipocondríacos, nem aos que padecem cólicas e queixas de nervos, aos quais ofendem, segundo o que diz Senerto[2].

2. *4 Instit. part 1, cap. 3.*

Virtudes Medicinais. O cozimento das ervilhas secas tem virtude para suspender os cursos que procedem por relaxação dos intestinos.

GRÃOS (*Cicera*). Os grãos, uns são brancos e outros negros, todos quentes, secos e flatulentos. Os negros têm maior calor e menos flatulência. Uns e outros se cozem mal no estômago, são indigestos, dão alimento obstrutivo, mais crasso que as ervilhas e favas, e nutrem muito mais que elas. Até fora do corpo cozem-se os grãos em mais tempo que os outros legumes, e em água de poço nunca se cozem bem, ainda que fervam todo um dia; só em água da chuva ou de rio e de fonte que tenha água tênue e delgada se cozem com facilidade.

Virtudes Medicinais. Incluem os grãos muitas virtudes medicinais, porque eles, ainda que por si opilem, têm virtude aperitiva e desobstruente, que largam no seu caldo ou cozimento, o qual quebra a pedra, move a urina e a purgação dos meses, facilita o parto e ajuda a excluir o feto morto. É conveniente nas hidropisias, nas icterícias, nas febres albas das mulheres e em todos os mais casos em que seja necessário obstruir e provocar a diurese ou purgação pelas vias da urina, para os quais usos têm os grãos negros maior virtude. Avicena[3] diz que o caldo dos grãos ofende nas chagas da bexiga e assim se deve evitar nos que tiverem ardores de urina, que com a salsugem dos grãos se podem aumentar. Duas substâncias diferentes disse Hipócrates[4] que havia nos grãos: uma salsuginosa e outra doce. Aquela move o ventre, esta provoca a urina e estimula a natureza para atos libidinosos:

3. *2. Canori. cap. 131.*

4. *2 De diaet.*

Cicer album [são as suas palavras] *per alvum secedit; et per urinam ejicitur et alit quidem carnosum in ipso; per urinam vero ejicitur, dulce, per alvum autem secedit salsuginosum, etc.*

O grão branco sai pelos intestinos, é expelido pela urina e a polpa dele certamente alimenta; na verdade, a substância doce é expelida pela urina e a salgada sai pelos intestinos, etc.

Alguns escrevem que os grãos geram muita matéria seminal, do que se veja Mangeto na *Bibliotheca Pharmaceutica*, pág. 565.

LENTILHAS (*Lentes*). As lentilhas são frias e secas, crassas e adstringentes, e o pior de todos os legumes. Cozem-se com mais dificuldade que todos eles, dão um suco crasso, térreo, melancólico, que causa obstruções. Ofendem a vista, a cabeça, os nervos e o pulmão, constipam o ventre e coíbem a evacuação dos meses e da urina, e justamente as numeraram os romanos entre os alimentos fúnebres, segundo o que escreve Apiano[5].

5. *Lib. de bello Parthico.*

Virtudes Medicinais. Têm as lentilhas partes diversas: na casca, há virtude aperitiva, nitrosa e quente. No interior, há virtude adstringente e nutritiva, e por isto é louvado por alguns Práticos o primeiro cozimento, em que vai a virtude da casca exterior para as bexigas, sarampos e para os pleurises coléricos, o que já reprovamos na nossa *Pleuricologia*. Os pós das cascas das lentilhas brancas têm virtude para quebrar e excluir a pedra e areias dos rins, e servem para supressões de urina.

FEIJÕES (*Faseoli*). Os feijões são quentes e secos, crassos, melancólicos e terrestres, e ainda que haja entre eles alguma diferença, porque uns são grandes, outros pequenos, uns são brancos, outros vermelhos, isto é em relação à cor e à figura, que em relação à forma e temperamento substancial em nada diferem, se bem que alguns querem que os vermelhos excedam no calor aos brancos. Todos eles se cozem e digerem com dificuldade, são flatulentos e nutrem bastantemente. Geram-se deles humores crassos e melancólicos, de que nascem obstruções. Perturbam o sono com fantasias tristes, oprimem a cabeça e ofendem a audição.

Virtudes Medicinais. Os verdes são mais flatulentos e, cozidos, movem o ventre e suspendem os vômitos. Os secos têm virtude de provocar a purgação dos meses, bebendo o seu cozimento, principalmente sendo os feijões vermelhos.

CHÍCHAROS (*Ciceronia*). Os chícharos são quentes e secos, cozem-se com dificuldade, não se distribuem bem e nutrem muito. Geram-se deles humores crassos, que causam obstruções nas primeiras vias. São flatulentos, e diz Laguna[6] que mais próprios para sustento dos bois que para alimento dos homens. Eles oprimem e ofendem a cabeça, fazem o sono pesado, perturbam o ventre, causam cólicas e fazem urinar sangue.

6. 2. *In Dioscor.* 100.

Virtudes Medicinais. Têm os chícharos virtude aperitiva, com que desopilam, e virtude abstergente e mundificante, com que limpam o peito dos humores crassos e víscidos, para o que se louva a sua farinha misturada com mel, tomando-a como lambedor, a qual serve também deste modo para mundificar as chagas, para tirar as sardas, queimaduras do sol e quaisquer outras nódoas que haja no corpo, e para abrandar a dureza dos apostemas, especialmente dos peitos. A mesma farinha, destemperada com vinho e posta em forma de emplastro, é remédio da mordedura dos cães e das víboras. Aplicada com vinagre, vence a dificuldade de urinar, é remédio do tenesmo e de dores de ventre. Esta farinha torrada, misturando-a com mel até que fique do tamanho de uma noz, diz Dioscórides que é boa para os que não medram com o que comem. O cozimento dos chícharos cura as frieiras e qualquer pruído e comichão do corpo.

TREMOÇOS (*Lunipi*). Os tremoços são quentes e secos, crassos, térreos e indigestos, pelo menos cozem-se com maior dificuldade que todos os mais legumes; gera-se deles um suco crasso, que sempre fica mal transformado, ainda que se comunique às veias. Distribuem-se mal, não são flatulentos, e nem movem, nem adstringem o ventre; nutrem pouco.

Virtudes Medicinais. Têm muitas virtudes medicinais. Eles excitam o apetite, servem para tirar as sardas e nódoas do rosto, fazendo-os em farinha e misturando-os com mel; são remédio para lombrigas, assim tomando-os em pós, como fazendo emplastros para o ventre com artemigem, losna, fel-da-terra, hortelã, folhas de pessegueiro e vinagre forte. O seu cozimento serve para as corrupções e gangrenas, porque o amargor dos tremoços lhes dá uma virtude balsâmica que preserva de corrupção, e, com a virtude detergente que têm, limpam e mundificam as chagas. Têm mais a virtude de mover a purgação dos meses, de ajudar a exclusão do feto morto, tomando o seu pó com mirra e com mel. A sua farinha absterge e resolve sem acrimônia nem mordicação.

ARROZ (*Orisa*). Aquele lugar que Plínio deu às favas compete com mais justiça ao arroz, que é o melhor e o mais nobre de todos os legumes e o que mais que todos nutre e alimenta em todo o tempo a maior parte da gente de toda a esfera e condição que seja. Que a sua cópia o facilita para as mesas baixas e a graciosidade do seu sabor o levanta aos banquetes e mesas ilustres. É quente e seco, mas mais seco do que quente. Coze-se com dificuldade e distribui-se mal, porque dá alimento muito crasso, que obstrui os vasos e ductos das primeiras vias; porém, depois de cozido, é de grande nutrição e só o trigo nutre mais que ele.

Virtudes Medicinais. Tem o arroz virtude nutritiva e adstringente, e por isto é útil em todos os fluxos e fluxões que dependem de humores tênues, e assim é remédio nas tosses desta causa; aproveita aos que lançam sangue pela boca, aos tísicos e finalmente aos que padecem achaques por fluxões de humores delgados. Nas diarréias e disenterias, é de grande eficácia.

GERGELIM (*Sesamum*). O gergelim é quente, úmido e oleoso, não se come senão coberto de açúcar ou feito em talhadas doces, e, se forem feitas com mel, serão melhores, porque o mel é corretivo da sua oleosidade. É crasso, de difícil cozimento e digestão, subverte o estômago, dissolvendo o tono das suas fibras com o seu óleo, com que causa fastios e náuseas, cujos danos serão menores se o gergelim se torrar, porque assim ficará menos oleoso e menos nocivo.

Virtudes Medicinais. É o gergelim bom para o peito assim como é mau para o estômago. Ajuda a cozer os catarros de causa fria, promove a expectoração deles e abranda a acrimônia e mordacidade dos humores com as partes oleosas que tem; por isto alguns louvam o seu óleo para os pleurises, assim como o óleo das amêndoas doces tirado sem fogo, e para as convulsões dos nervos, misturando-o com óleo de minhocas. Provoca a purgação dos lóquios e serve para abrandar os apostemas, como as mais sementes maturativas. O gergelim comido, diz Etmulero[7] que se entende que aumenta a matéria seminal. Do óleo de gergelim usam os árabes como nós usamos do azeite comum e os egípcios o usavam para as pústulas, aspereza e qualquer defedação da pele, causadas por humores melancólicos, não só aplicando-o nelas, mas tomando-o com os

7. *Colleg. pharmaceut. in Schroder.*

alimentos que comiam. Para os pruídos e comichões da pele, para as faltas de respiração, para os pleurises em que não há esperança, para as peripneumonias ou inflamações do pulmão, para as supressões dos meses, para as grandes dores de estômago, ventre e do útero, diz Raio que o têm muitos por segredo, de que dão quatro onças de cada vez. Veja-se Mangeto no tomo 2 da *Bibliotheca Pharmaceutica*, fol. 826.

Capítulo XII
Da Hortaliça Sativa e Esculenta

Toda hortaliça dá pouca nutrição ao corpo, mas serve de graça e desfastio das mesas, além de outras utilidades de que falaremos tratando de cada uma delas. Comecemos pela alface, a que Galeno dá o primeiro lugar, talvez com queixa e escândalo da borragem e da chicória.

ALFACE (*Lactuca*). A alface é fria e úmida, coze-se com facilidade e nutre pouco, ainda que digam que dela se gera mais sangue que das outras hortaliças. Há de comer-se sem se lavar mais que o que baste para a comer limpa, porque, lavando-a muito, larga na lavagem parte da sua virtude e substância, ficando mais úmida e flatulosa. Galeno diz que, enquanto teve dentes, comeu as alfaces cruas e depois comia-as cozidas. As cruas retêm todo o seu vigor em si; as cozidas perdem parte dele com o fogo e largam muito no cozimento. Os antigos comiam-nas no fim da mesa, depois usavam delas no princípio, como se colhe do que escreveu Marcial:

Claudere quae caenas lactuca solebat avorum,
Dic mihi cur nostras inchoat illa dapes?[1]
A alface, que costumava concluir os jantares dos antepassados,
Dize-me por que ela começa nossas refeições?

1. *Lib. 13. epigr. 41*

Hoje, duram nas mesas desde o princípio até o fim, feitas em salada, como desfastio para os mais alimentos.

Virtudes Medicinais. Da alface escreve-se que concilia o sono, abranda o ventre e que gera muito leite, ainda que seja certo que nutre pouco. Tempera a acrimônia dos humores biliosos, refrigera as entranhas, particularmente o estômago, cujo ardor extingue, e modifica a acrimônia de todos os mais humores; é própria para temperamentos quentes e, no estio, muito necessária para eles. O melhor modo de comê-la é crua e Valésio se queixa de que os médicos não as concedam assim aos doentes, quando Galeno nunca as comeu cozidas, enquanto as pôde comer cruas. Entre tantas utilidades, também faz o dano de ofender a vista e a cabeça, comendo-a continuadamente; e por isto devem moderar-se ou abster-se totalmente do uso dela os que padecerem achaques de olhos e de cabeça. Do sumo da alface escrevem alguns que, bebido na quantidade de três ou quatro onças, é venenoso e que mata como os mais venenos frios, mas que, se comerem toda a quantidade de alfaces de que se possa tirar outro tanto sumo, que nenhum dano farão. A alface comida no fim da mesa, dizem que retunde a força da temulência e a faz passar mais depressa e que, por isto, os antigos a comiam depois dos mais alimentos.

CHICÓRIA (*Cichorium*). A chicória é fria, seca e algum tanto estítica; se é bem alporcada, tem bom gosto, coze-se facilmente e nutre pouco, como as mais hortaliças.

Virtudes Medicinais. Refrigera muito, é amiga do estômago pelo amargor que tem, é aperitiva, abstergente e muito própria para os males do fígado, obstruções das entranhas e hipocôndrios, principalmente quentes; purifica o sangue, tempera o fervor da cólera, socorre ao estômago estuante e fraco, cura os ictéricos e excita o apetite. É uma hortaliça verdadeiramente toda medicamento.

ALMEIRÃO (*Endivia*). O almeirão é o mesmo que a chicória, assim nas qualidades e temperamento como nas virtudes medicinais.

Virtudes Medicinais. Não tem tão bom gosto como ela, é mais amargoso, mas por isto mesmo é mais útil para o estômago e não só por isto, mas por ser mais adstringente, por cuja causa desobstrui corroborando, no que excede a chicória.

BORRAGEM (*Borrago*). A borragem é temperada nas primeiras qualidades, porque não é quente nem fria, e, nas segundas, é úmida.

Virtudes Medicinais. É toda cardíaca, purifica o sangue, tempera o humor melancólico, alegra o coração e laxa o ventre mais que todas as outras ervas. Coze-se e distribui-se com facilidade, e nutre pouco. A sua flor é uma das quatro flores cardíacas. A conserva que se faz da flor, tomada com vinho branco, provoca a purgação dos meses supressos. A água destilada da borragem alegra e conforta o coração, dissipa os flatos melancólicos e depura o sangue, se é certo o que diz Mangeto no tomo 1 da *Bibliotheca Pharmaceutica*, fol. 428.

ACELGAS (*Betae*). As acelgas são quentes e secas, cozem-se mais dificilmente que as borragens e nutrem pouco.

Virtudes Medicinais. Têm virtude nitrosa e abstersiva, com alguma acrimônia, com que o seu caldo ou cozimento estimula o ventre, ficando elas a constipá-lo com as suas partes terrestres, frias e secas. Donde se vê que, sendo as acelgas bem cozidas, ficam frias e secas, e o seu cozimento, em que se largaram as suas partes nitrosas e abstersivas, é quente e seco. As acelgas, umas são brancas e outras negras, ambas das mesmas qualidades, ainda que as negras sejam mais adstringentes. São boas as acelgas para do seu cozimento se fazerem clisteres estimulantes. O seu sumo, sorvido pelo nariz, purga as umidades da cabeça. Cozidas em azeite e postas como emplastro nos peitos que têm leite endurecido, descoalham-no bem; e, por isto, são boas para os tumores que se pretendem resolver. Marcial não disse bem delas, porque lhes acusou a fatuidade, quando disse:

Ut sapiant fatuae fabrorum prandia Betae,
O quam saepe petet vina, piperque coquus.
Para que as acelgas insípidas tenham o sabor das refeições dos operários,
Ó quão freqüentemente o cozinheiro pede vinhos e pimenta.

ESPINAFRES (*Spinachia*). Os espinafres são frios e úmidos, cozem-se, digerem-se e distribuem-se depressa, nutrem pouco, são flatulentos, subvertem o estômago e causam náuseas, o que se pode emendar, temperando-as com condimentos; geram muito soro, por cuja causa fazem estilicídios.

Virtudes Medicinais. Têm virtude abstersiva, com que lubricam o ventre, servem para temperar os ardores da cólera e do estômago, e para tosses e rouquidões, porque molificam o peito e abrandam a artéria áspera, e para fazer acudir leite às mulheres que criam. Aos hécticos as concedem muitos e aos velhos de ventre adstrito. A estes, porque o laxam e àqueles, porque os refrigeram e umedecem, que é tanta a umidade dos espinafres, que se cozem sem água, só com a umidade própria. O sumo e água que deles se destila temperam os ardores e morsos do estômago.

COUVES (*Brassica*). As couves são quentes e secas. Delas há várias espécies, porque umas são abertas, outras fechadas, como se vê nos repolhos e couves murcianas, a que chamam capitadas; outras crescem como as plantas das favas, quais sejam as couves galegas, que duram dois ou três anos na terra, crescendo como árvores e dando folhas e grelos por todo o seu tronco em muita quantidade. De todas são as melhores as capitadas, sendo que umas e outras se cozem mal, são flatulentas e geram-se delas humores crassos; ofendem a vista com a sua secura e a cabeça com vapores crassos, perturbam o sono e nutrem pouco. No estio, dizem muitos práticos que se fuja delas como de veneno, pelo muito que aquentam e pela facilidade com que se corrompem, não só no estio, mas em todo o tempo. A pravidade do seu suco mostra o cozimento delas, no cheiro desagradável e graveolente que lança de si. Nas couves há duas substâncias: uma suculenta, quente, nitrosa, acre e abstersiva. Outra terrestre, fria, seca e adstringente. Esta nunca se aparta das couves e aquela separa-se no seu caldo ou cozimento. Por isto este laxa o ventre, e as couves bem cozidas o constipam, assim como, sendo mal cozidas, o laxam, por ficar nelas a virtude nitrosa e abstersiva que se havia de separar no caldo, sendo bem cozidas.

Virtudes Medicinais. Têm as couves muitas virtudes medicinais, porque sobre laxarem o ventre, principalmente sendo cozidas com unto de porco ou com azeite, têm de mais o serem amigas do peito, de sorte que, parece, têm sua analogia com o pulmão, em cujos males aproveitam às vezes muito, particularmente as couves vermelhas, cujo cozimento tem sido de grande utilidade na asma, nas rouquidões e nos males do pulmão que dependem de humores crassos e víscidos, para os quais danos é bem conhecido o *loch de caulibus* que nas boticas se acha preparado. Além disto, têm as couves virtude resolutiva, com que aproveitam nas dores de flatos e de causa fria, para o que é bom remédio tomar uns pós dos seus talos misturados com manteiga de porco, pondo emplastro sobre a parte dolorida. A sua semente, tomada em pó, mata as lombrigas. O seu sumo, posto nas verrugas, é remédio delas. Dioscórides diz que as couves são boas para os tremores de membros e para os que têm a língua tarda ou balbuciante, donde veio que antigamente as mulheres alimentassem os meninos com elas, para que andassem e falassem depressa. Recentemente, escreve-se das couves que têm virtude para evitar a temulência, comendo-as antes de beber vinho, e que, comidas depois de beber e emborrachar, fazem que a temulência passe mais depressa. O que se entende que nasce da antipatia que há entre as couves, o vinho e as vides ou plantas das uvas, as quais dizem que não crescem nem medram, se, junto a elas, se plantarem e cultivarem couves, o que é fácil de experimentar.

BELDROEGAS (*Portulaca*). As beldroegas são frias e úmidas, mas com uma umidade viscosa. Cozem-se tão mal, que muitas vezes as não pode transformar o estômago e, passadas vinte e quatro horas, vomitam-se cruas ou lançam-se com os excrementos. Nutrem pouco, ofendem a vista e infringem os estímulos libidinosos.

Virtudes Medicinais. Têm partes adstringentes e corroborantes, com as quais são remédios nas diarréias, disenterias, quaisquer outros fluxos e ainda nas flores brancas das mulheres. Refrigeram e encrassam o sangue não só com a virtude adstringente, mas com a sua viscosidade, e por isto a água que delas se destila é muito útil aos que lançam sangue pela boca. Os pós da sua semente são bons para matar as lombrigas, para o que serve também a dita água. Para temperar o calor do estômago e das entranhas, e para mitigar a efervescência da cólera estuante, são muito louvadas as beldroegas, assim como também nas febres podres e ardentes, nos ardores de urina, no escorbuto, para firmar os dentes vacilantes ou abalados, para tirar o azedo dos dentes embotados com ele e para evitar os sonhos venéreos. Mas adverte Raio que não se comam com excesso e com freqüência, porque, pela sua muita umidade, podem apodrecer no estômago e dissolver o tono das suas fibras e das mais entranhas, como ele em si experimentou. Veja-se Mangeto no tomo 2 da *Bibliotheca Pharmaceutica*, fol. 606.

BREDOS (*Bitum*). Os bredos são frios e úmidos, de fácil cozimento e digestão, nutrem pouquíssimo, corrompem-se facilmente, laxam o ventre e, às vezes, descem com tal brevidade que não vêm cozidos, não obstante se cozerem depressa.

Virtudes Medicinais. Temperam a acrimônia da cólera e diminuem a sede. Avicena os usa por emplastro nas inflamações quentes.

AGRIÕES (*Nasturtium aquaticum*). São os agriões quentes e secos, cozem-se facilmente e nutrem pouco. São aperitivos, atenuantes e incidentes, por isto desopilam, movem a urina, desfazem a pedra, limpam os rins e a bexiga das areias e matérias tartáricas e sabulosas.

Virtudes Medicinais. São úteis para obstruções do baço e de qualquer outra parte, assim comidos em salada, como o azeite em que se frigirem, aplicando-o quente sobre a parte túmida ou obstruída. São excelentes para o escorbuto, de sorte que alguns cuidam que não cedem à cocleária e à becabunga, que são os antescorbúticos de maior graduação. Para os tísicos são prodigiosos, segundo algumas experiências, entre as quais é digno de lembrança um caso que refere Boneto[2] no seu *Sepulchreto Anatomico*, o qual aqui transcreveremos, por ser caso por muitas circunstâncias raríssimo. Houve um homem de tão baixa fortuna,

2. *Lib. 2. sect. 7. obs. 23.*

que não tinha com que alimentar-se. Estava tísico em sumo grau, escarrando o pulmão desfeito em matérias purulentas. Buscou um cirurgião para seu remédio, o qual, vendo a gravidade do achaque e a miséria do doente, para não o mandar embora desconsolado, disse-lhe que usasse de agriões, e com este conselho o despediu. Foi-se o homem embora e, comendo agriões crus e cozidos, parou-lhe a tosse e os escarros purulentos, com que, livre totalmente de tísica, nutriu-se e tomou forças, ficando inteiramente são. Passado um ano com esta felicidade, foi render as graças ao cirurgião, em cuja tirana curiosidade achou a ruína que havia de ter experimentado no achaque, se a poderosa virtude dos agriões não lhe tivesse valido, porque, vendo o pobre homem com tão boa saúde e lembrando-se de que o vira tísico deplorado, quis com os seus olhos examinar o estado do pulmão, que considerava desfeito e consumido; e para isto o levou ao interior das casas, onde lhe disse que desabotoasse a casaca e lhe mostrasse o corpo, porque queria ver se estava com tão boa nutrição como o rosto. Apenas o homem lhe mostrou o peito, meteu por ele um punhal com que o matou e, entrando logo a ver o pulmão, achou que a tísica lho gastara quase todo, deixando-lhe uns poucos restos do pulmão antigo, sobre os quais, com a virtude dos agriões, havia-se formado um novo pulmão com novo parênquima, com que restaurou e reparou o que já estava perdido, ficando perfeitamente são. Enquanto isto passava, a mulher do pobre, que tinha ficado à porta, clamava por seu marido; e, dizendo-se-lhe que não estava ali, chegou a termos de buscar a justiça, que, entrando por casa do cirurgião, achou o defunto anatomizado, e o cirurgião, contando a verdade do caso, foi absolvido da pena que merecia aquele delito por ceder em aumento da arte e em utilidade pública.

AZEDAS (*Oxalis*). As azedas são frias e secas, cozem-se e distribuem-se bem, gera-se delas um suco de boa natureza, mas de pouquíssima nutrição. Têm virtude aperitiva e incidente, com moderada adstrição. Temperam a acrimônia da cólera, refrigeram as entranhas escandecidas, mitigam a sede, excitam o apetite, alegram o coração e resistem aos venenos quentes.

Virtudes Medicinais. São boas para as obstruções atenuatórias e quentes. O seu sumo, tomado na boca, é bom para as dores de dentes que procedem de calor. A sua semente tem virtude adstritiva e, por isto, tomada em pó, serve para as diarréias e disenterias.

PIMPINELA (*Pimpinella*). Pomos esta erva entre a hortaliça esculenta, porque, ainda que entre nós não se use dela, poderá vir tempo em que, à imitação de outros reinos, venha a usar-se. É a pimpinela fria, seca e adstringente, usam-na em muitas regiões nos acetários que servem para desfastio e recreação do palato.

Virtudes Medicinais. É muito cordial, e por isto tem muito uso nas febres ardentes e malignas, e, pela sua adstrição, serve para todos os fluxos de sangue e de ventre. A água cozida com ela é de grande utilidade na disenteria, de sorte que não falta quem diga que brevemente a cura. Para as chagas do pulmão, é muito louvada a água que dela se destila; já se lhe misturarem açúcar rosado e a coarem, será muito melhor. Também pode servir para as mesmas chagas feita em pó e tomada em licor conveniente, e, se for na sua água ou cozimento, não será pior.

SALSA DAS HORTAS (*Petrofelinum*). A salsa é quente e seca, serve de condimento comum para muitos alimentos.

Virtudes Medicinais. Tem virtude aperiente com que move a urina e provoca a purgação dos meses, desopila muito bem, dissipa os flatos e socorre aos que padecem cólicas flatulentas e de causa fria.

HORTELÃ (*Mentha*). Esta erva é quente e seca. Não é alimento, mas usa-se muito nas cozinhas para tempero deles.

Virtudes Medicinais. Tem muitas virtudes medicinais porque conforta o estômago, cura os vômitos e soluços, para o que se toma o seu cozimento, ou a água que dela se destila. Dissipa os flatos e ajuda o cozimento do estômago. É boa para dores de cólica, de estômago, do útero e da cabeça. Provoca a atos libidinosos. O seu sumo mata as lombrigas e suspende a excreção do sangue pela boca, misturado com vinagre. Tem mais a hortelã virtude de coibir os fluxos de ventre procedidos de humores coléricos e de relaxação. Resolve os apostemas, descoalha o leite endurecido nos peitos e, metida no leite, não o deixa coalhar, sendo que o seu sumo o coalha muito bem. Posta por emplastro nos estômagos fracos e que não têm apetência de alimento, aproveita às vezes muito. Se usássemos da hortelã, como se usa do chá, é certo que não acharíamos nela menos utilidades, pelas muitas virtudes que tem para ajudar os cozimentos, confortando o estômago e a cabeça e para curar as vertigens e gastar os flatos. Só o seu cheiro conforta o cérebro e conserva e aumenta a memória. Da hortelã se faz um elixir de grande virtude para confortar o estômago.

COENTROS (*Coriandrum*). Também os coentros se usam por condimento, como a salsa. São quentes e secos. Têm virtude narcótica, com que causam sono. São úteis nas vertigens e epilepsias. Dissipam os flatos e ajudam o cozimento do estômago. Resolvem as alporcas e os apostemas, pisando-os e pondo-os sobre eles, como emplastro. Dioscórides numera os coentros entre os venenos, assim como o meimendro, mas esta opinião não é bem recebida, porque, ainda que se diga que duas ou três onças de sumo dos coentros, bebidas, matem como veneno, o mesmo se diz da alface, que nada tem de venenosa.

CEREFÓLIO (*Cerefolium*). O cerefólio é semelhante ao coentro na figura. Os italianos e franceses usam dele nas saladas, como nós do coentro. É o cerefólio quente e seco.

Virtudes Medicinais. Tem virtude aperiente e diurética. Provoca a urina, quebra e expulsa a pedra e areias dos rins. É agradável ao estômago. Concilia suavemente o sono. Descoalha o sangue, rarefazendo-o e volatilizando-o de modo que lhe ajuda a circulação e, por isto, é grande remédio nas quedas, ou tomando-o em pó, ou bebendo a sua tintura. Nas pessoas que têm o sangue de textura crassa é muito conveniente, porque o sangue crasso muitas vezes se embaraça na circulação, não podendo permear a angústia das veias e artérias menores, de que logo resultam alguns danos, que o cerefólio pode evitar, facilitando a circulação. Aplicado por fora, tem insigne virtude para dores de cólica e retenções de urina: há de frigir-se em manteiga de porco sem sal, com parietária e salsa das hortas e pô-las por emplastro no lugar da dor. É experiência de Simão Pauli e de Raio.

PERREXIL (*Faeniculus marinus*). O perrexil é quente e seco.

Virtudes Medicinais. Tem virtude abstergente e diurética. Usa-se por condimento como a salsa, de que já falamos neste capítulo.

Capítulo XIII
Das Raízes Sativas

NABO (*Napus*). Os nabos são quentes e úmidos. Cozem-se com facilidade e nutrem pouco. São muito flatulentos, ofendem o estômago e causam cólicas. Pelo seu calor e flatulência incitam a atos libidinosos.

Virtudes Medicinais. Têm virtude diurética, com que movem as urinas, e virtude peitoral para as tosses e rouquidões, para cujos danos se preparam lambedores deles, porque há nos nabos partes dulcificantes, com que temperam a acrimônia dos humores salsuginosos e mordazes, de que as tosses procedem. E por isto mesmo temperam o humor melancólico, por cuja causa João Cratão os louva e recomenda na cura das febres quartãs. Da sua semente se faz um óleo de admirável eficácia para as aftas ou chagas da língua e da boca. Os nabos clarificam a vista, aumentam o leite e a matéria seminal. São bons nos escorbutos, comendo-os crus, ou cozidos, porque dulcificam os sucos ácidos e salinos, de que o escorbuto depende. O seu cozimento é louvado por Etmulero para a dor ilíaca. As suas folhas laxam o ventre e são flatuosas.

RABAS (*Rapa*). As rabas são uma espécie de nabos, da mesma natureza que eles. Diferem somente em que as rabas são menores. E ainda que se semeiem com os nabos, eles crescem a maior grandeza, e elas sempre ficam pequenas. Também diferem no gosto, porque o das rabas é deliciosíssimo, e com particularidade em algumas terras. Perto da cidade de Bragança há uma aldeia, a que chamam Soeira, cujas rabas têm uma doçura e suavidade de gosto sobre as de todas as mais terras. Bem podiam subir às mesas de príncipes estas, que naquele lugar são alimento malprezado dos seus moradores.

Virtudes Medicinais. Têm as mesmas virtudes medicinais que os nabos, aos quais excedem em dulcificar a acrimônia dos sucos salsuginosos e mordazes.

RÁBÃO (*Raphanus*). O rábão é quente, seco, indigesto e flatulento. Coze-se mal, dá mau suco e nutre pouco. É mais próprio para desfastio que para alimento. Misturado com a comida, faz que se distribua mais facilmente, porém o rábão fica indigesto, donde veio aquela vulgar parêmia que se atribui a Averroes, *Raphanus digerit, et non digeritur* [O rábão digere e não é digerido], que quer dizer que o rábão ajuda a digestão e fica indigesto. No que havemos de advertir que os gregos chamavam distribuição à digestão e não cozimento, como alguns erradamente interpretaram, cuidando que o rábão ajudava o cozimento, ficando indigesto. E assim se há de entender que o que quis dizer Averroes foi que o rábão ajudava a distribuição dos alimentos com as suas partes tênues e aperitivas, porém que estas ficavam cruas e indigestas. Sendo os rábãos todos quentes, uns têm maior calor que outros, porque os que mais picam na língua, esses são os mais quentes. Mas todos, comendo-os em grande quantidade, fazem mal aos dentes, ao estômago e à cabeça. Causam náuseas e muita flatulência. Ofendem a vista com vapores acres e mordazes e excitam estímulos libidinosos.

Virtudes Medicinais. Com tudo isto, tem o rábão muitas virtudes medicinais, porque ele provoca a urina e socorre nas supressões dela. Quebra e exclui a pedra e as areias limpando os rins e a bexiga. É muito desobstruente e por isto serve nas obstruções do fígado e do baço. Cura as icterícias maravilhosamente, tomando os seus xaropes alguns dias continuados. Na Escola de Salerno, acrescenta-se que tem virtude contra os venenos. Todas estas virtudes se consideram mais nas folhas e na casca, que nele próprio. Para a pedra é bom remédio tomar, cinco ou seis manhãs, quatro onças de sumo de rábão com meia onça de mel. Ou cortar um rábão em talhadinhas delgadas, cozê-las em mel, e da água que sair deste cozimento, se tomarão quatro onças alguns dias, que é excelente remédio para excluir pedras e areias e para limpar os rins.

CARDO (*Cinara*). O cardo é quente e seco, mas lança de si tanta umidade, que parece que refrigera o estômago e intestinos. Coze-se mal, assim a raiz como os talos e o fruto, a que chamam alcachofra, e dão pravo suco e pouco nutrimento e estimulam a natureza para atos libidinosos. O seu sumo todo se converte em cólera. E da sua substância se geram humores melancólicos.

Virtudes Medicinais. Tem o cardo virtude diurética, com que provoca a urina e limpa os rins e bexiga das pedras e areias. A sua flor coalha o leite, como se fora coalho de cabrito.

CENOURA (*Pastinaca*). A cenoura é quente e seca. Não se coze bem no estômago, dá um alimento medianamente crasso, melancólico e de bastante nutrição. Incita a natureza para o serviço de Vênus. É diurética, provoca a urina e serve para mover a purgação dos meses. Muitos a louvam nos achaques frios, na hidropisia, nas dores de cólica, na tosse velha, na debilidade de estômago, a que aproveita com as partes aromáticas que tem. Distribui-se bem, é atenuante, abstersiva e desobstruente. A sua semente é diurética e gasta os flatos.

ALHO (*Allium*). O alho é a pedra bazar ou a triaga dos rústicos, como lhe chamou Galeno. É quente e seco. Coze-se bem e nutre pouco. Tem virtude cáustica, mas, comido, não ofende com ela, porque se tempera com as umidades do estômago e com os mais alimentos. Serve mais de tempero e condimento, do que de alimento. Comido com freqüência, aquenta o sangue e inquieta a cólera, principalmente em naturezas quentes e biliosas. Ofende a vista e a cabeça com sua acrimônia, danos que mais certamente causa comendo-se cru, que sendo cozido ou assado, fica mais brando e menos acre.

Virtudes Medicinais. Tem virtude de quebrar e excluir a pedra e areias dos rins. E sabemos nós de algumas pessoas que padecem estas queixas que, na ocasião em que os molesta a dor de pedra, mandam cozer em água umas cabeças de alhos e, bebendo o cozimento quente, logo em pouco tempo livram-se da dor e do impedimento que têm para urinar, lançando com a urina a pedra ou areias que lhes fazem as dores e lhes causam a supressão. O alho tem mais virtude aperiente, com que move a purgação do mênstruo. É bom para as obstruções das entranhas e para os estômagos debilitados por falta de calor, porque os ajuda a fazer cozimento, misturando-o com os alimentos ou tomando pelas manhãs alguns dentes dele inteiros, como se fossem pílulas. É remédio para os brônquios do pulmão nas rouquidões, porque incinde e absterge os humores de que procedem. Aclara a voz, mata as lombrigas e resiste a todos os venenos, sobre o que se veja o que escreve Mangeto no tomo primeiro da *Bibliotheca Pharmaceutica*, fol. 40 e 41. Na peste o louva Platero e dos húngaros diz Bockélio que, no tempo da peste, não têm remédio tão certo como os alhos que, secando as umidades, impedem a podridão. Nas dores de estômago de causa fria, é excelente. Nas cólicas de frio ou de flatos, aproveita muitas vezes uma cabeça de alho, aplicando-a quente sobre o umbigo. Finalmente são tantas as suas virtudes que as não podemos epilogar todas. Vejam os curiosos a Zacuto, Escrodero, Hoffmanes, Trago, Pauli e outros que observaram grandes utilidades do alho.

CEBOLA (*Caepa*). A cebola é quente, seca, acre e mordaz. Coze-se depressa e nutre pouquíssimo. Há entre as cebolas algumas diferenças, porque umas são longas, outras redondas. Umas brancas, outras rubras. Estas e as longas têm maior acrimônia e mordacidade. Todas elas ofendem a cabeça, os olhos e as gengivas, comendo-se em muita quantidade, e perturbam o sono, dano que as cebolas secas causam mais do que as verdes.

Virtudes Medicinais. Tem a cebola muitas virtudes medicinais, porque ela é aperiente, atenuante e incidente. E por isto move os meses, provoca a urina, desfaz a pedra, limpa os rins das areias e socorre muito em queixas nefríticas. É peitoral, aproveita nos catarros, rouquidões, tosses e nas asmas, comendo-a cozida ou assada, ou bebendo a sua água destilada em banho-maria com açúcar. Nas supressões da urina, aproveita muito frita em manteiga de porco sem sal e posta por emplastro na parte inferior do ventre. E, quando há dor, posta sobre a parte dolorosa. O seu sumo misturado com mel é bom para tirar as névoas dos olhos, as sardas e quaisquer outros sinais. Para as dores das almorreimas é excelente, assando-a e pisando-a com igual quantidade de manteiga crua, porque tira a dor, desincha e abranda as almorreimas dolorosas e túmidas. Tem mais a virtude de madurar os apostemas. Cortada em rodelas e lançada uma noite em água, deixa nela grande virtude para matar as lombrigas. Para as queimaduras em que não haja chaga, nem escoriação, louvam-na muito Fernélio e Parcu, aplicando-a pisada com sal. Uma cebola escavada, cheia de óleo de amêndoas amargas, assada em borralho, depois espremida, dá um licor que é remédio de muita virtude para promover o fluxo das almorreimas, untando-as com ele quente. Para fazer que o cabelo nasça nos lugares de que caiu, esfregando-os com ela pisada, ou com o seu sumo, inculcam-na muitos e a louva a Escola de Salerno:

Contritis caepis loca denudata capillis
Saepe fricans, poteris capitis reparare decorem.
Com cebolas esmagadas, esfregando muitas vezes os lugares
Sem cabelo, poderás recobrar a beleza da cabeça.

PORRO (*Porrum*). O porro vale o mesmo que a cebola, assim no tempero e qualidades como nos usos medicinais, para que tem as mesmas virtudes, ainda que em menos grau.

Virtudes Medicinais. Hipócrates[1] o recomenda para ajudar a concepção, ou comido, ou aplicado em fomentos, semicúpios e cataplasmas, ou comido, porque com a virtude abstergente que tem, limpa o útero dos humores mucosos que viciam a matéria seminal masculina e impedem a boa fecundação dos óvulos, de que a concepção depende. Para aclarar a voz inculcam-no muitos, mas advertem que não se coma com freqüência, porque escurece a vista, ofende o estômago, causa sonos turbulentos e outros incômodos mais.

1. *Lib. 1 de morb. mulier.*

BATATAS (*Batata hispanorum*). As batatas são raízes de umas plantas que se cultivam nas nossas ilhas. São quentes e úmidas, como se vê da doçura e suculência que têm. Cozem-se facilmente no estômago, distribuem-se bem, nutrem pouco e são flatulentas. Delas se faz a batatada, que é doce de bom gosto. As batatas do Brasil, para onde se levaram das ilhas, são mais secas e, por isto, menos gostosas.

Virtudes Medicinais. Têm as batatas virtude purgativa e são o medicamento de que usam vulgarmente os do Brasil. Toma-se de uma até duas oitavas em pó e obram suavemente.

INHAME (*Colocasia*). Inhame é raiz de uma planta deste nome, que também se cultiva nas ilhas de Portugal, como as batatas. É quente e úmida, como elas, mas mais flatulenta. Coze-se com facilidade e distribui-se bem. É alimento de bom gosto, mas de pouca nutrição. Não lhe sabemos virtude medicinal.

Capítulo XIV
Das Raízes que se não Semeiam e dos Cogumelos

TÚBERAS DA TERRA (*Tubera*). As túberas são uns fetos calosos e duros da terra túmida e prenhe. São frias, secas, crassas e terrestres. Cozem-se muito mal e distribuem-se muito pior. Gera-se delas um suco crasso e melancólico, que obstrui as entranhas, grava o estômago, ofende os nervos e a cabeça, produz paralisias e apoplexias, excita cólicas e dores de ventre, causa areias e pedra e, finalmente, são tantos os danos que causam, que Laguna[1] lhes chamou casamenteiras entre o homem e a terra, porque dão com ele na sepultura. São as túberas insípidas e tomam bem o sabor e tempero das coisas com que se guisam e, se o cozinheiro é perito, ficam sendo um prato de bom gosto.

1. *In Diosc. c. 134.*

Virtudes Medicinais. Os pós das túberas secas no forno são bons para os fluxos de ventre. Tomam-se em vinho se não há febre, e se houver, ou o temperamento do enfermo for quente, tomem-se em água de tanchagem, ou de beldroegas, ou de rosas vermelhas.

COGUMELOS (*Fungi*). Os cogumelos são frios, secos e esponjosos. Cozem-se com dificuldade e não se distribuem, porque, como são porosos, tomam em si as umidades do estômago, com que incham, de maneira que oprimem o pulmão e o diafragma, dificultam a respiração e, por último, sufocam. Galeno os numera entre os venenos e os latinos lhe chamam *fungos a funere* [cogumelos de funeral], porque os reputam por mortais. Dioscórides faz duas diferenças deles: uns que são venenosos, outros que não têm veneno. Aqueles são os que nascem em lugares imundos, em que se geram bichos, ou junto de árvores, que dão fruto venenoso. Os que não têm veneno são os que nascem nos prados e terras boas no mês de abril. Estes são pequenos e nós os comemos muitos anos sem experimentar neles alguma ofensa. Bem guisados, são deliciosos. Também sabemos que muitas pessoas morreram de comer cogumelos e outras chegaram às portas da morte, do que se pode ver o caso que referimos nas nossas observações[2]. E por isto nos parece que não se use deste alimento, quando não faltam outros que se podem comer sem o temor de que por suas qualidades nos ofendam. Na Itália e Nápoles são os cogumelos de notável grandeza e estimação e não fazem dano, como com larga pena escreve Kirkero no tomo 2 do seu *Mundo Subterrâneo*, fol. 359.

2. *Cent.* 2. *Obs.* 10.

ASPARGOS (*Asparragus*). Os aspargos não são quentes nem frios; são temperados nas primeiras qualidades e, nas segundas, são secos. Cozem-se facilmente, distribuem-se bem e nutrem pouquíssimo.

Virtudes Medicinais. Têm virtude aperiente, com que desopilam muito bem, provocam a urina e a purgação do mênstruo, quebram a pedra, expurgam as vias da urina, limpam os rins e bexiga das matérias sabulosas e tartáreas, aproveitam muito na icterícia e nas obstruções das entranhas e hipocôndrios. O cozimento da sua raiz e semente é bom para as dores de dentes.

Capítulo XV
Dos Frutos Sativos

São os frutos umas admiráveis produções da terra, que cedem em regalo e recreação dos homens. A uns chamam frutos fugazes e horários. São os do estio, que maduram em julho e agosto. A outros opórinos e autunais. São os que maduram em setembro. Os frutos do estio têm mais umidade, porque são menos cozidos e calcinados do sol, pela brevidade com que se sazonam e, por isto, se corrompem mais facilmente e causam as febres e doenças que no tempo deles se experimentam, cuja corrupção reputou Galeno[1] por venenosa. Os de outono, como estão mais tempo desde que nascem até que maduram, gasta-lhes o sol a umidade serosa e ficam mais cozidos e enxutos e, por isto, duram mais tempo sem corrupção, e não causam os danos que fazem os do estio. Estes sempre se devem comer com pão, como corretivo dos alimentos de prava natureza. Galeno aconselha que os comam com atual frialdade, ou da água, ou da neve, as pessoas acostumadas a ela. E todos os dietários advertem que os sãos os comam em moderada quantidade e que nunca se concedam aos doentes, lembrando-nos que Galeno, abstendo-se deles, nunca mais adoecera, como lhe sucedia quando os usava. E o certo é que assim de uns como de outros se deve usar com moderação, que não ofenda, porque o excesso e a sobriedade com que se usam pode mais que as suas qualidades para o dano e para o proveito. A fruta comida moderadamente é útil e parece necessária, não

1. *Lib. de Euchyna. 3.*

só para delícia, mas para utilidade da gente, porque ela serve de desfastio para os alimentos ordinários. Umedece o estômago seco com o ar do estio, que seca e aquenta. Laxa o ventre e move a urina. Mas, comendo-se com excesso, faz muitos danos, porque ou se corrompe no estômago e dá em cólicas, diarréias, disenterias, inchações de ventre e outros incômodos mais, ou passa às veias e enche a massa do sangue de soro, em tal quantidade que, não cabendo nos seus vasos, nem nos da linfa, desata-se em defluxões a várias partes, causando em algumas danos graves, ou reumatismos universais, com grandes dores, ainda que as frutas sejam das melhores, porque, em tendo muito sumo e em se comendo com demasia, logo há estilicídios, ou a fruta seja quente, ou seja fria; o que dizemos, porque cuida a gente do povo e não sei se o vulgo dos médicos, que só o quente e o frio nos ofendem; sendo que, no que toca a causar estilicídios, o que é mais seroso, o que tem mais umidade, isto é o que mais estilicídios causa, ou seja frio, ou seja quente; no que falaremos com individualização, tratando de cada um dos frutos. Comecemos pelo melão.

MELÃO (*Melo*). O melão é um dos mais formosos frutos que a terra produz. É frio e úmido. Se se detém no estômago, com facilidade se corrompe e é a sua corrupção venenosa. Mas, se ele é fino e bem maduro, desce brevemente do estômago sem se cozer nem se corromper e passa às vias da urina e do ventre. Causa muito estilicídio com a sua muita umidade, principalmente, quando não desce logo do estômago e passa às veias, onde causa febres. Os de inverno são mais duros e têm menos umidade que os do estio e, por isto, fazem menos defluxos e não se corrompem tão facilmente. Os do estio, sendo bons e bem maduros, e comendo-se nevados ou frios, mitigam a sede, refrigeram as entranhas e temperam a acrimônia e mordacidade da cólera com a doçura e suavidade do seu suco.

Virtudes Medicinais. Em Trás-os-Montes, onde há aqueles célebres melões da Vilariça, usávamos deles por remédio nas febres ardentes, porque são muito cordiais e não só não fazem dano, mas antes são de muita utilidade, assim porque temperam o ardor da cólera e a sua acrimônia, como porque servem de desfastio para os alimentos. Têm os melões virtude diurética e abstersiva, com que são úteis nos que padecem pedra e areias, porque limpam os rins e bexiga das matérias que os ocupam. As suas pevides têm grande virtude refrigerante e são umas das quatro sementes frias maiores de que se fazem as emulsões com que se refrigeram as entranhas e a massa do sangue no incêndio e empireuma das febres ustórias e ardentes. Têm virtude diurética e por isto, e pelo que refrigeram e umedecem, as suas emulsões servem também de remédio nos ardores e queixas de urina procedidas de matérias quentes, acres, salsuginosas e mordazes.

MELANCIA (*Anguria*). Não é a melancia fruto menos formoso que o melão. A natureza a cobriu de verde e a forrou de encarnado, com que, assim inteira, como partida, se faz sempre agradável objeto da vista, enquanto não passa a ser deliciosa lisonja do gosto e gracioso emprego do apetite. É fria e úmida e tão tênue e aquosa, que toda se desfaz em água, de sorte que mais parece fruto líqüido, que se bebe, do que alimento sólido, que se come. Se se detém no estômago, em pouco tempo se corrompe e, depois de corrupta, causa cólicas, cardialgias e febres podres e ardentes. Razões por que a reprova Zacuto[2]. E nós a reprovamos com experiência de que ofende insignemente nas febres e ainda na convalescença delas, porque em Trás-os-Montes, onde concedíamos os melões bons aos febricitantes, lhes negávamos as melancias, por haver constantes experiências de que com elas se aumentavam as febres e que repetiam depois de curadas. O que dizemos para que se saiba como erra quem concede melancia nas febres, como aqui vemos fazer a cada dia. Não faz a melancia muitos danos pela facilidade com que desce do estômago às vias da urina, pelas quais sai brevemente do corpo, principalmente quando se come sem mistura de outros alimentos, que a façam deter no estômago e passar às veias com eles, onde causaria maiores incômodos. Com que concluímos dizendo que, para os sãos, é a melancia tão bom fruto como todos os mais, de que devem usar com moderação. E para os doentes, é pior que todos, pela facilidade com que se corrompe.

2. 1. *Historiar.*

Virtudes Medicinais. As suas pevides são muito medicinais: e são umas das quatro sementes frias maiores, que servem para as emulsões ou amendoadas, que refrigeram o sangue e as entranhas nas febres ardentes e nas intemperanças quentes das partes internas.

PEPINO (*Cucumer*). Os pepinos são frios como os melões e melancias, mas menos úmidos que eles. Por isto não se corrompem tão facilmente. Cozem-se com dificuldade, distribuem-se mal e nutrem pouco, mas dão um suco frio que tempera o calor do estômago e da cólera, mitiga a sede, refrigera as entranhas escandecidas e estuantes e faz muita utilidade nas febres ardentes e coléricas. E ainda que Galeno e os escritores depois dele tenham reprovado os pepinos para a dieta dos enfermos, nós não lhes achamos a razão que baste para os seguir neste ditame e assim os damos aos doentes que, pelo seu temperamento ou pelas suas queixas, necessitam de alimento com que se refrigerem. E não os temos em menos conta que a abóbora, de que logo falaremos, porque, ainda que se cozam mais devagar, também não turbam, nem inquietam o ventre tanto como ela, nem se corrompem tão facilmente e dão alimento mais crasso. Muita gente os come cozidos e guisados e não acham neles os danos de que os infamou Galeno. Sem dúvida que os pepinos de Pérgamo e de Roma, no seu tempo, deviam ser como os pêssegos da Pérsia, onde eram venenosos e são em outras terras tão salutíferos, como sabemos.

Virtudes Medicinais. São os pepinos diuréticos e abstersivos. Não tanto como os melões e melancias. As suas pevides são também umas das quatro sementes frias maiores, que servem para as emulsões refrigerantes.

ABÓBORA (*Cucurbita*). A abóbora é fria e úmida. Coze-se facilmente, logo se distribui e nutre pouco. É flatulenta, perturba o ventre, causa cólica, é infensa aos intestinos e, particularmente, ao cólon, se se dilata no estômago e corrompe-se com facilidade. Para os sãos é de pouca utilidade, porque não os nutre, nem lhes repara a perda dos espíritos. Para os febricitantes e para naturezas cálidas, serve-lhes de refresco, mais que de nutrimento. Galeno disse que, entre os frutos fugazes, só a abóbora era inculpável, porque não se corrompia como os outros. Devia ser mais amigo dela que dos pepinos, pois se a louvou por não se corromper tão facilmente, mais tinha que louvar nos pepinos, que menos que ela se corrompem.

Virtudes Medicinais. As pevides da abóbora são umas das quatro sementes frias maiores que servem para as emulsões ou amendoadas e para outros usos medicinais. Da sua casca se faz o óleo chamado vulgarmente óleo das pontadas. As folhas frescas da abóbora, postas sobre os peitos, secam-lhes o leite. O que temos dito se entende da abóbora-carneira, que é a que tem forma comprida e a que ordinariamente se usa nas mesas. Além desta, há outras abóboras redondas, a que chamam abóboras-meninas e abóboras-meloas. Todas são frias e úmidas, mas mais crassas e de pior suco que as carneiras.

BERINJELAS (*Melongenae*). As berinjelas são quentes, secas, crassas, de dificultoso cozimento e pouca nutrição. Geram-se delas humores crassos e melancólicos, que causam opilações e achaques hemorroidais, porém, se se cozem com vinagre, diz Avicena[3] que não opilam e que desobstruem. Hão de comer-se cozidas com carne gorda, porque assim se emenda de algum modo a sua secura, mas primeiro se hão de ter cozido em outra água, em que deponham as partes quentes e agudas.

3. 2 *Can. cap.* 455.

Virtudes Medicinais. As berinjelas, secas à sombra e feitas em pó, têm virtude para curar as almorreimas túmidas e dolorosas, misturando-se com óleo de gema de ovos, ou com óleo de gólfãos.

TOMATES (*Poma amoris*). Os tomates são frios e úmidos. Cozem-se e distribuem-se mal. Dão um suco de prava natureza e nutrem pouco. Não lhes sabemos virtude medicinal.

PIMENTÃO (*Siliquastrum*). Os pimentões são quentes e secos em sumo grau. Têm muita acrimônia e mordacidade, que excede a da pimenta e cravo da Índia. Usa-se deles mais para tempero e condimento de alguns comeres do que para alimento. Sendo que, enquanto são verdes, se põem de escabeche em vinagre, com uma tal preparação, que lhe abranda a sua dureza e lhe modifica a acrimônia, de modo que se comem à maneira de alcaparras. E nas terras em que isto se faz, servem de alimento aos rústicos e trabalhadores no inverno, que é quando se colhem. Depois de maduros e vermelhos, servem para os paios e chouriços, a que dão graça, além de temperarem com o seu calor e secura a muita umidade da carne de porco, preservando-a de que se corrompa. Também se usam muito com os nabos, quando se cozem e, sendo em moderada quantidade, dão-lhes melhor gosto e emendam-lhes a flatulência.

MORANGOS (*Fraga*). Os morangos são frios e úmidos. Cozem-se depressa e nutrem pouco. Confortam muito, refrigeram o sangue, temperam a acrimônia da cólera, refrescam as entranhas, laxam o ventre, mitigam a sede e, nas pessoas de temperamento quente, nos biliosos e nas febres ustórias e ardentes, servem de regalo e de remédio, principalmente comendo-se nevados.

Virtudes Medicinais. Assim eles, como a sua planta e raiz, têm virtude aperitiva e diurética, com que abrem as obstruções das entranhas, curam as icterícias, limpam os rins e a bexiga, temperam a acrimônia da urina e servem para os males do fígado e do sangue escandecido e, por isto, a água cozida com a erva, ou raiz dos morangos, é remédio nas comichões e pruídos, nas intemperanças quentes e nas icterícias.

ALCAPARRAS (*Capparis*). São as alcaparras quentes e secas. Cozem-se com dificuldade no estômago, nutrem pouco e geram-se delas humores biliosos. E se se comerem com muita freqüência e em grande cópia, farão morsos e dores no estômago, cólicas quentes e tenesmos. Comidas com moderação, confortam o estômago, excitam o apetite e não fazem dano.

Virtudes Medicinais. Têm virtude aperitiva, incidente e desobstruente, assim elas, como as cascas das suas raízes e por isto são boas para obstruções das entranhas e para quaisquer opilações, particularmente do baço, e para limpar os rins e bexigas dos humores que os ocupam. Plínio diz que preservam de paralisia, comendo-se todos os dias. Delas se faz um óleo, que serve para opilações e durezas do baço e mais entranhas. Os pós da sua semente, tomados em vinho branco, ou em qualquer licor aperiente, desopilam muito bem.

CASTANHAS-DA-ÍNDIA (*Castanea indiae*). Em algumas terras frias da província de Trás-os-Montes há umas plantas que se cultivam nas hortas, em cujas raízes se acham uns frutos redondos à maneira de túberas da terra, do tamanho de nozes grandes e alguns maiores, aos quais chamam castanhas-da-índia. Comem-se cozidas e assadas. São frias e secas, cozem-se muito mal e digerem-se pior. Causam obstruções, flatulências e cólicas.

Virtudes Medicinais. Secas no forno, dentro de uma panela e feitas em pó, são boas para fluxos de ventre, que procedem de relaxação.

Capítulo XVI
Dos Frutos das Árvores

FIGOS (*Ficus*). A todos os frutos preferiu Galeno os figos e as uvas, com a experiência de que, adoecendo todos os anos com a fruta do estio e resolvendo-se a não comer mais que uvas e figos com moderação, nunca mais teve doença por aquele tempo. São os figos quentes e úmidos, mas mais úmidos que quentes. Constam de três substâncias diferentes: a casca, que se coze com dificuldade; a carne, que facilmente se coze; e a semente ou grainha, que é indigesta e, separada da substância carnosa, sai inteira com os excrementos do corpo. E, por isto, hão de comer-se os figos maduros e sem casca, principalmente se forem burjassotes, cuja casca por dura se faz indigesta. Nutrem os figos mais que os outros frutos, descem facilmente do estômago, laxam o ventre e, por isto, comidos com moderação, nunca ofendem, mas poderão ofender insignemente se se comerem com excesso, porque deles se gera um sangue quente e bilioso, que causa febres podres e ardentes, pruídos e comichões e outros achaques cutâneos, e muitos piolhos pelo corpo, principalmente se forem os figos secos, que têm maior calor e nunca perdem toda a umidade. Se se comerem os figos verdes ou mal maduros, gera-se deles um suco pravo e corrosivo, de que nascem febres podres, disenterias e outros muitos danos.

Duas vezes no ano frutificam as figueiras: no princípio do estio e no fim dele. Os primeiros figos, a que chamam lampos, são reprovados por péssimos, pela sua muita umidade, com que facilmente se corrompem. Os segundos, que são os do outono, são os melhores, e Hipócrates lhes chama superlativamente bons, dizendo:

l. 2. *De 3 Ha diet.*

Primae ficus pessimae sunt, quia succulentissimae; optimae autem postremae[1].
O primeiros figos são péssimos, porque suculentos demais; os posteriores, porém, são ótimos.

Há várias diferenças de figos, porque uns são brancos, outros pretos e outros pretíssimos. Os melhores são os brancos e os menos bons são os mais negros: *Ficus albae* [diz Avicena] *praestantiores sunt, deinde rubrae, tertio nigrae* [Os figos brancos são superiores, em seguida os rubros e em terceiro lugar os negros]. Nenhum deles se reputa por mau. Todos são bons ainda que uns melhores que outros. Porque, além da suavidade do seu sabor, nutrem muito, como dissemos.

Virtudes Medicinais. Lubricam o ventre, dulcificam a acrimônia dos humores salsuginosos e mordazes, razão por que se louvam nos ardores de urina. Têm virtude abstersiva, com que limpam os rins e a bexiga das areias que neles se acham. Os secos louvam-se para as obstruções das entranhas e reprovam-se nas inflamações internas. Eles são peitorais e maturativos, por isto servem nos catarros frios, nas asmas úmidas e nas bexigas. Traliano concede aos hécticos os figos, dizendo que, quando estão maduros, nunca ofendem:

Quod permaturus ficus nunquam obesse poterit.
Porque o figo completamente maduro jamais poderia prejudicar.

Alguns autores disseram que eles resistiam aos venenos. E refere Plínio que Mitridates, rei de Ponto, usava de um bezoártico que se compunha de arruda, sal, nozes e figos.

UVAS (*Uvae*). As uvas são como os figos, quentes e úmidas, ainda que haja entre elas alguma diferença. Compõem-se de casca e bagulho, que são indigestos, e de polpa, que se coze facilmente, distribui-se bem e nutre muito, o que se experimenta nos que guardam as vinhas, que, comendo uvas e figos, dentro de dois meses se põem bem nutridos. Ainda que esta nutrição seja menos sólida que a que se faz das carnes e outros alimentos. Há várias diferenças de uva, porque umas são brancas, outras rubras e negras. E de cada uma delas há várias espécies, das quais umas são doces, outras azedas. De todas, as brancas e doces, que têm muita carne e pouco suco, são as melhores. As doces, como os moscatéis, são mais quentes que as menos doces. As acerbas, ou azedas, são frias. Das mais doces gera-se sangue quente e bilioso e, comidas com excesso, causam febres podres e ardores de urina, cursos e outros danos. As que têm mais carne e menos sumo são as que mais nutrem e menos ofendem. As que são mais sucosas nutrem menos e ofendem mais. Um dos danos que logo fazem são estilicídios, que certamente resultam dos frutos muito úmidos, ou eles sejam quentes, ou sejam frios. Hão de comer-se bem maduras; e, se forem colhidas de dois ou três dias, serão melhores, porque terão perdido alguma umidade excrementosa e o empireuma, que lhes introduziu o sol, por cuja causa se julgam melhores as uvas dependuradas e contam-se entre os alimentos frios, porque o tempo lhes tem consumido as partes quentes e biliosas. As uvas de terras frias são azedas e adstringentes, porque nunca chegam à perfeita maturação e, por isto, nutrem pouco e não laxam o ventre, antes o constipam e servem de remédio nas laxações dele.

Os danos que costumam fazer as uvas, comidas com excesso, são diarréias, cólicas, estilicídios e, por flatulentas, causam dores em várias partes e vertigens.

Virtudes Medicinais. Comidas com moderação, fazem muita utilidade, porque laxam o ventre, facilitam a urina, limpam os intestinos e rins dos humores e areias, principalmente se se comerem com o rocio com que se colhem, e nutrem, de maneira que Piério[2] restaurou com elas alguns hécticos. Tanto pode a sua umidade nutriente, que serve de remédio aos marasmados.

2. *Lib. 4. Instit cap. 15.*

As uvas secas, a que chamamos passas, sendo de uvas doces, são mais quentes que as mesmas uvas. Hipócrates lhes chamou estuosas, porque geram muita cólera, principalmente em temperamentos quentes e biliosos, que com todas as coisas doces se ofendem. As melhores são as que têm mais polpa e casca muito delgada. Estas nutrem muito em naturezas frias ou temperadas. Têm sua familiaridade com o fígado, são amigas do estômago, lubricam o ventre, abstergem e limpam as vias da urina pouco menos que os figos secos, são peitorais e têm grande uso nos catarros, rouquidões e asmas de matérias frias e viscosas, porque as ajudam a cozer e facilitam o escarrar. Para laxar o ventre se fazem passas purgativas e laxantes, que são o único remédio dos hipocondríacos e dos que têm prisão de ventre, cujas receitas propusemos na nossa *Medicina Lusitana*, no capítulo da adstrição do ventre. As passas de uvas azedas e austeras são frias e secas. Roboram o estômago, constipam o ventre, nutrem menos que as doces e não servem para os mesmos usos, mas antes para os contrários. As uvas podres têm virtude para fazer baixar a purgação do mênstruo: cozem-se em água, toma-se por baixo o vapor do cozimento quente. As folhas vermelhas de parra secas e feitas em pó servem para suspender os fluxos de sangue por qualquer parte que seja, o que muitos guardam por segredo. Tomam-se na quantidade de uma oitava muitos dias, duas ou três vezes em cada um, em água cozida com tanchagem, ou destilada dela.

PÊRAS (*Pyra*). Das pêras há várias diferenças e têm diversa natureza. Umas são insípidas, outras austeras e acerbas e outras doces. As ínspidas são frias e úmidas; as austeras e azedas são frias e secas; as doces declinam para calor e se, com a doçura, forem aromáticas, como as pêras de cheiro, são quentes. Mas, porque são poucas as pêras doces, por isto se reputam por frias e adstringentes todas as pêras. Elas são flatulentas, causam cólicas e inchações de ventre. As que são muito sucosas causam estilicídios e defluxos, razões por que as amaldiçoaram os de Salerno, tendo-as por venenosas quando cruas, e por antídoto dos venenos quando cozidas:

Si pyra sunt virus, sit maledicta pyrus.
Dum coquis antidotum pyra sunt, sed cruda venenum[3].
Se as pêras são veneno, maldita seja a pereira.
Enquanto cozidas, são antídoto, mas cruas são veneno.

3. *Cap.* 39.

Nós cuidamos que os salernitanos não viram pêras bergamotas, nem virgulosas, nem pêras-do-conde e outras muitas de gracioso sabor, que não fazem dano, senão comendo-se com excesso e para os que têm saúde são melhores cruas do que cozidas. É verdade que cozidas, ou assadas, ficam menos flatulentas e menos úmidas, mas também ficam sem aquela umidade que recreia o palato e que as faz descer do estômago com facilidade. Cozem-se as pêras facilmente e nutrem pouco.

Virtudes Medicinais. São amigas do estômago, porque como adstringentes o confortam, extinguem a sede e temperam a acrimônia da cólera. São boas para os que padecem cursos por laxação do ventre, principalmente as acerbas e insípidas, que as doces têm menos adstringência, com que corroborem. As pêras secas confortam mais e, infundindo-as em vinho por algumas horas antes de as comer, ficam mais medicinais para os estômagos fracos.

MARMELOS (*Citonea*). Os marmelos são frios e secos. Cozem-se com mais dificuldade que os outros frutos e descem devagar do estômago, por serem, além de secos e crassos, muito adstringentes. Nutrem pouco, mas gera-se deles um suco que alegra o coração e resiste aos venenos. Deles, uns são doces, outros acerbos e azedos. Estes mais adstringentes que aqueles, porém todos têm virtude corroborante, com que confortam o estômago e ajudam o seu cozimento.

Virtudes Medicinais. São remédio em todos os fluxos de ventre, ou sejam diarréias, ou disenterias e nos vômitos, em que se usa dos marmelos crus, cozidos e assados, que de qualquer modo aproveitam. O xarope que deles se faz é excelente para os ditos males. Têm virtude de provocar a urina, comidos com freqüência. E por isto não devem usar deles os que padecerem diabetes ou incontinência de urina. A água cozida com marmelo, principalmente galego, é admirável para os cursos que procedem de relaxação de estômago e ventre, usando-a por água ordinária.

O seu óleo aplicado no estômago e ventre serve para os mesmos usos. Os pós de marmelo galego seco no forno são remédio com que se têm curado muitos cursos e vômitos rebeldes. Um grande remédio para os que costumam padecer fluxões e inflamações nos olhos, se faz das folhas dos marmeleiros: hão de colher-se inteiras na primavera e guardarem-se em parte que lhes não chegue pó, nem outra coisa com que se inquinem. Então, cozer uma mancheia delas em meia canada de água e lavar os olhos com ela fria, porque os preserva de que se inflamem e os livra de algum rubor, se neles o há. É remédio que temos experimentado muitas vezes. Aprendemo-lo de Plêmpio, que o traz muito encarecido na sua *Ophtalmographia*[4].

4. *Lib. 5. cap. 12.*

PÊSSEGOS (*Persica*). Os pêssegos são frios e úmidos, cozem-se com facilidade e nutrem pouco, enquanto verdes. Se se detêm no estômago, corrompem-se brevemente e causam febres podres e prolixas. Por isto se hão de comer com moderação, que não encha as veias do seu suco, que por muito fermentescível, perverte a fermentação intestina da massa sangüínea e excita febres ardentes. Comidos moderadamente, não ofendem, mas antes excitam o apetite, laxam o ventre, ainda que tenham alguma adstringência, por razão da qual são bons para o estômago. Dos pêssegos há várias diferenças: entre todos são melhores os malacotões e os calvos, porque são mais duros, têm menos umidade e, por isto, não se corrompem tão facilmente. Assados, ficam menos úmidos e mais livres de corrupção. Os pêssegos secos nutrem muito, mas digerem-se tarde. Muita gente lança os pêssegos em vinho algumas horas antes de os comer, com que entende que ficam corretos da pravidade que neles consideram. É certo que do vinho se lhe comunica a parte mais sutil, que em si recebem, por serem porosos, com que se emenda a sua flatulência e evita-se o dano que se teme da sua muita umidade.

Virtudes Medicinais. Das amêndoas que se acham dentro dos caroços dos pêssegos, se faz um óleo que é quente e seco e útil para os tinidos dos ouvidos, para a surdez e para nascer o cabelo nos lugares depilados, para conciliar o sono, para cólicas e para a pedra dos rins, tomando-o em clisteres ou pela boca, na quantidade de quatro onças. E da flor do pessegueiro se faz um xarope que purga suavissimamente. As suas folhas são boas para as lombrigas, pisando-as e pondo-as por emplastro no ventre, com losna, hortelã e artemige, tudo pisado, lançando-lhe umas pingas de vinagre forte e uns pós de ferrugem, para fazer emplastro. Os pós das mesmas folhas, tomados uns dias em água de beldroegas, ou em qualquer outra coisa, também matam as lombrigas. As amêndoas dos seus caroços preservam da temulência, comendo seis ou sete antes de beber vinho.

DAMASCOS (*Persica armenia*). Os damascos são uma espécie de pêssego, que merecem lembrança particular. São frios e úmidos, ainda que o povo os tenha por quentes, pelas febres e outros danos que causam, entendendo que só os podem fazer o calor. Sendo assim, que os males que deles nascem, é por se corromperem facilmente, por causa da sua muita umidade, com que são entre os pêssegos, como os figos lampos entre os figos. Comendo muitos, corrompem-se e causam febres podres, cólicas, flatulências e outros danos. Se se comem com moderação, raras vezes ofendem e fazem a utilidade de laxar o ventre. Em doce são muito bons e não se corrompem com facilidade.

Virtudes Medicinais. Das amêndoas dos caroços dos damascos, se tira por espremedura um óleo de muita utilidade para almorreimas inflamadas, para dores de ouvidos e para os tumores das chagas. Bebido na quantidade de cinco onças, é bom para dores de cólica e para lançar as pedras e areias dos rins.

FRUTAS NOVAS (*Fructus novi*). As frutas novas são frias e úmidas, como os damascos. Maduram no mesmo tempo que eles, mas não se corrompem tão facilmente, porque são mais duras e têm menos umidade. São uma espécie de pêssegos precoces, ou temporãos.

Virtudes Medicinais. Comidas com excesso, fazem os mesmos danos que os damascos. Usadas com moderação, laxam o ventre, sem fazer ofensa. Em doce, são excelentes e ficam mais livres de se corromperem.

MAÇÃS (*Poma*). Das maçãs há grande variedade, porque umas são doces, outras azedas e outras austeras e acerbas. As doces são temperadas no calor e são úmidas. As azedas e acerbas são frias e secas. Todas são flatulentas, porém as azedas muito mais que as doces. Umas e outras se cozem mal e nutrem pouco. As doces, no sentir de Celso[5], são alimento de bom suco e pelo contrário as azedas. Entre estas as melhores são as verdeais e entre as doces, as camoesas. São as piores as maçãs de craveiro, que em outras terras se chamam malápias, porque se corrompem com grande facilidade e causam febres podres, de tal sorte que em Trás-os-Montes, onde há muitas, o mesmo é dizer malápias que maleitas. Todas as maçãs comidas em grande quantidade ofendem os nervos e causam dores de juntas.

5. *Lib. de med.*

Virtudes Medicinais. Das camoesas se faz um xarope útil para os melancólicos, para os quais se preparam também camoesadas ou conservas de camoesa purgativas.

ROMÃS (*Granata*). As romãs, assim como as maçãs, umas são doces, outras azedas e outras bicais. As doces são quentes e úmidas mas mais úmidas que quentes. As outras são frias e secas.

Virtudes Medicinais. Todas têm virtude adstringente, com que se fazem úteis aos estômagos relaxados e nauseantes. Aproveitam nos cursos, de qualquer causa que sejam, pelo que corroboram, e nos biliosos, porque temperam a acrimônia e mordacidade da cólera, principalmente as bicais. Todas as romãs são de bom suco, mas nutrem pouco. As bicais e azedas são convenientes nas febres, em que também a cada dia vemos usar as doces, preferindo-as às outras; umas vezes será por ignorância, outras por complacência. Sendo assim, que as doces têm partes quentes e estuantes. E sem embargo de laxarem o ventre, ainda que tenham sua adstringência, não se devem conceder nas febres biliosas, nem nas naturezas quentes e intemperadas por calor, que se ofenderam com elas. Que sejam estuantes, disse expressamente Hipócrates[6] por estas palavras:

6. *Lib. 2. de diaet.*

Mali punici dulcis succus, alvum movet; habet tamen quid aestuosum.
O doce suco da romã move o ventre, contudo tem algo de quente.

Que não se devam usar nas febres, aconselha Dioscórides, dizendo:

Dulcia stomacho utiliora habentur, sed aliquantulum in eo calorem gignunt, inflationes pariunt, unde in febre abdicantur[7].
As doces são consideradas mais úteis ao estômago, mas produzem nele um pouco de calor e geram inchaço, donde são recusadas nas febres.

7. *Lib. 1. cap. 127.*

Mais claramente Avicena:

Granatum Muzum confert febribus acutis et inflamationibus stomachi, sed dulce multoties nocet acutas habentibus febres[8].
A romã contribui para febres agudas e inflamações do estômago, mas a doce muitas vezes prejudica aos que têm febres agudas.

8. *Can. tr. 2. c. 320.*

As romãs também são laxativas, mas é maior a sua virtude adstringente, que a laxante.

Delas se faz um xarope útil para os fluxos de ventre e para os vômitos. A flor da romã brava tem grande virtude adstringente, assim como a casca de todas elas. Cozidas em vinho vermelho, faz-se um bom remédio para confortar as gengivas e firmar os dentes, que por laxação delas estão vacilantes. Os pós dos caroços das romãs azedas são bons para os fluxos de ventre e para as purgações brancas das mulheres: hão de secar-se no forno e tomar-se muitos dias na quantidade de duas oitavas.

AMEIXAS (*Pruna*). As ameixas são frias, úmidas e flatulentas, cozem-se com facilidade e nutrem pouco. Laxam o ventre e corrompem-se facilmente, por cuja causa, de comer muitas, nascem febres podres, diarréias e disenterias, o que mais certamente acontece quando se comem mal maduras. Não devem usar delas as pessoas que tiverem o estômago débil, frio e úmido, nem os velhos que forem muito cheios de fleumas. E são mais próprias para os moços e para temperamentos coléricos e sangüíneos. As secas não ofendem o estômago, nem se corrompem com facilidade e sempre laxam o ventre, para o que se devem lançar em água algumas horas, porque, com a umidade da água, abranda-se da natureza e secura delas.

Das ameixas há várias diferenças: as melhores são as reinóis, as saragoçanas negras, as damascenas, ou abrunhos de rei e os outros abrunhos, e as reinóis de cal, que em Trás-os-Montes chamam *endrinas*. As saragoçanas brancas e as mais que não forem negras são menos boas, porque se corrompem com mais facilidade, de que se originam febres e outros danos. As ameixas doces são menos flatulentas e sempre laxantes.

Virtudes Medicinais. Das ameixas faz-se o electuário *diapruno*, que tem virtude purgante. E as mesmas ameixas, fervidas em cozimento de sene bem vigorado, até ficar como calda de ameixas doces, são purgativas e excelentes para os hipocondríacos e para pessoas de ventre constipado, que as podem tomar cada quatro dias, com que andarão lúbricos e brandos, para o que bastará que comam oito ou dez ameixas com alguma calda.

CEREJAS (*Cerasa*). As cerejas são frias e úmidas, de fácil cozimento e pouca nutrição. Se se dilatam muito no estômago, corrompem-se e causam febres e cólicas. São flatulentas e fazem muito estilicídio com a muita umidade que têm.

Das cerejas há muitas diferenças, porque umas são doces, outras azedas, umas vermelhas, outras negras, umas pequenas, outras grandes e umas moles, outras duras. As melhores são as grandes, vermelhas e duras, a que chamam de saco, porque, sobre serem do melhor gosto, laxam o ventre, como fazem todas, e não se corrompem tanto como as moles. As azedas são mais frias, menos úmidas e corrompem-se mais dificilmente que todas. As outras são menos laxativas e mais adstringentes. As secas são menos flatulentas e são boas para os ardores de urina, sendo doçais.

Virtudes Medicinais. A água cozida com elas é boa para beberem de ordinário os que padecem disurias. Das negras destila-se uma água de virtude antiepiléptica e por isto tem grande uso nos espasmos e convulsões, nos acidentes de gota-coral e nas vertigens. A mesma virtude tem o espírito que delas se tira; nas paralisias de língua é excelente assim tomando sete, até dez ou doze gotas dele, em tintura de chá, como usando-o nos gargarejos que se aplicarem. Dos caroços das cerejas tira-se, por espremeção, um óleo de grande virtude para tirar as nódoas e sardas do rosto.

GINJAS (*Cerasa acida*). As ginjas, umas são garrafais e outras galegas. Aquelas são frias e úmidas, e estas são frias e secas. As garrafais são doces, têm muita polpa e são de melhor gosto; cozem-se bem no estômago, laxam o ventre, nutrem pouco e corrompem-se facilmente. As galegas são azedas e adstringentes, não se corrompem com tanta facilidade, são amigas do estômago, constipam o ventre, temperam o calor das entranhas, modificam a acrimônia da cólera e são para a saúde tão boas como as garrafais para o gosto. Umas e outras nutrem pouco, as galegas menos, e são flatulentas. As secas são mais adstringentes e menos flatulosas. As ginjas não se devem dar a pessoas de estômago debilitado nem achacadas de flatos, principalmente se forem de idade provecta, e são próprias para os moços de estômago robusto e de temperamento quente.

Virtudes Medicinais. São de muita utilidade nas febres coléricas, porque temperam o ardor da cólera e o fervor do sangue. A água destilada de ginjas galegas é excelente para os olhos inflamados, porque tempera o calor da inflamação, reprime o ímpeto das fluxões e conforta os olhos com a adstringência que têm.

AMORAS (*Mora*). As amoras são um pouco frias, muito úmidas e algum tanto adstringentes, ainda que Hipócrates[9] as tivesse por quentes, como teve também as pêras, que são frias, como em seu lugar dissemos. Cozem-se e distribuem-se facilmente, nutrem pouco, laxam o ventre, sem embargo de terem sua adstrição, o que fazem tanto pela lubricidade da sua substância como por terem algumas partes acres com que irritam as fibras dos intestinos para as dejeções; provocam a urina e são boas para naturezas quentes e biliosas, em que Galeno as prefere às ameixas. As amoras de silva (*fraga*) são mais adstringentes e causam dores de cabeça. Galeno diz que umas e outras se lavem para se haverem de comer.

9. *Lib. 2. de diaet.*

Virtudes Medicinais. Das amoras faz-se um arrobe que é bom para as esquinências. As folhas da amoreira feitas em pó têm virtude para as sezões. A casca da sua raiz é boa para os fluxos de sangue, ou bebendo a água cozida com ela, ou tomando-a em pós. Os pós das amoras verdes, principalmente de silva, são bons para os cursos e vômitos pela muita adstringência que têm. O cozimento das folhas e casca da amoreira é bom para as dores de dentes. Horácio louvou as amoras colhidas sem sol, quando disse:

[...] ille salubres
Aestates peraget, nigris qui prandia moris
Finiat, ante gravem quae legerat arbore solem[10].

10. *Sat.* *II, 4, 21-23.*

[...] passa verões salutares, aquele que termina as refeições com amoras negras, que antes do sol ardente colhera da árvore.

CIDRA (*Malum citricum*). A cidra é um fruto todo medicamentoso, confortante e estomático; não tem parte inútil. A sua casca exterior é quente e seca, a casca de dentro é fria e seca, a polpa é fria e úmida e as pevides são como a casca de fora: secas e quentes. Da casca de fora faz-se aquele doce a que chamam de casquinha, e do interior da casca, o cidrão, que é o príncipe dos doces; mas é indigesto e quer estômago forte, que possa cozer e digerir; nutre muito. A casquinha ainda é mais indigesta que o cidrão e nutre menos.

Virtudes Medicinais. O azedo da cidra é coisa muito confortante, útil para os flatos melancólicos e do útero, e para febres podres e malignas. As pevides têm virtude de antídoto, por isso dá-se a beber nas febres malignas a água cozida com elas, e, finalmente, toda a cidra é um contraveneno. Refere Ateneu que no Egito foram lançados às feras uns homens condenados à morte. E, sendo mordidos das áspides e de outros animais venenosos, eles não se ofenderam com o veneno, porque haviam comido uma cidra que uma mulher compadecida deles lhes dera; o que se confirma com outra história, de um homem que, agonizando já com o veneno de uma víbora que o havia mordido, comendo uma cidra, livrou-se da morte; cujo caso se pode ver em Mangeto, no tomo 2 da sua *Bibliotheca Pharmaceutica*, fol. 203.

Da casca seca da cidra faz-se um xarope de virtude cardíaca e corroborante de estômago. É bom para os que padecem debilidade das entranhas por falta de calor. Do azedo da cidra faz-se outro xarope excelente para febres ardentes e malignas, e para o apetite alterado das grávidas, para o que serve também a cidra, comendo-a verde. Também da cidra tira-se o espírito e prepara-se a essência assim líqüida como seca; são remédios de virtude cardíaca e de alexifármaca.

LARANJAS-DA-CHINA (*Aurantia*). Das laranjas há várias diferenças: há laranjas-da-china, laranjas doces, laranjas bicais e laranjas azedas. As da-china, depois de maduras, são frias e úmidas e, enquanto verdes, são frias e secas. Geram muito estilicídio pela muita umidade que têm, excitam fervor na massa do sangue, causam pruídos e comichões, ardores de urina, tosses e esquinências, principalmente se se comerem antes de estarem perfeitamente maduras; por isto não se devem comer senão de maio por diante e sempre em moderada quantidade.

Virtudes Medicinais. A sua casca é quente e seca, tem virtude de confortar o estômago e virtude cardíaca, quase como a da cidra. Da sua flor faz-se a florada, que é doce de suavíssimo gosto e útil para estômagos fracos por falta de calor.

Da casca seca fazem-se pós, que se usam para os cozimentos do estômago e para flatos, para o que serve também o cozimento da casca seca, a que nós algumas vezes ajuntamos umas folhas de chá. As raspaduras, ou pó, da cutícula exterior das laranjas-da-china têm virtude para os ardores de urina. As mesmas laranjas, comidas, são boas para os que padecem escorbuto:

> *Mala aurantia* [diz Mangeto] *scorbuto sanando efficacissima esse perhibentur, ut quidam etiam solo esu crudorum diuturno per curentur.*
>
> Diz-se que as laranjas-da-china são muito eficazes para curar escorbuto, de tal maneira que indivíduos unicamente pela alimentação de longa duração com frutos frescos são completamente curados.

LARANJAS AZEDAS (*Aurantia acida*). As laranjas azedas são frias e secas, e são boas para naturezas quentes e biliosas, porque temperam o ardor do estômago, mitigam a sede e modificam o amargor da cólera; por isto têm tanto uso nos fastios e nas intemperanças de entranhas que ficam depois de febres coléricas e ardentes.

Virtudes Medicinais. A sua casca é quente e seca. De toda laranja azeda, cortada em rodas com a casca, ou só da casca, faz-se um cozimento em água, a qual, tomando meio quartilho de manhã e outro meio de tarde, cura, em poucos dias, os fluxos de sangue uterinos admiravelmente. É remédio de Septálio, que se pode ver nas suas obras, e quem não as tiver, em Rivério[11]. As laranjas azedas, comidas com as pevides, preservam de pedra, se é certo o que escreve Curvo[12].

11. *Cap. deflux. mens. immodic.*

12. *Polyant. tr. 2. cap. 83.*

LARANJAS DOCES (*Aurantia dulcia*). As laranjas doces são quentes e úmidas, laxam o ventre, tomando-as pelas manhãs com açúcar, e causam defluxos de estilicídios, comendo-se muitas, porque têm muita umidade, que enche os vasos de soro e de linfa, de que nascem as fluxões.

LARANJAS BICAIS (*Aurantia dulcacida*). As laranjas bicais participam do doce e do azedo, são temperadas quanto às primeiras qualidades e são úmidas. Comidas com excesso, causam estilicídios.

Virtudes Medicinais. Têm virtude de temperar o sangue melancólico adusto e de moderar o fervor da cólera; laxam o ventre e excitam o apetite.

TORANJAS OU AZAMBOAS (*Adanpoma*). As toranjas são uma espécie de cidra de que não se usa senão em condimento que da sua casca se faz.

Virtudes Medicinais. A casca é quente e seca, tempera-se em conserva com mel, que, sobre ser de bom gosto, é útil aos que padecem fraquezas de estômago, flatos e indigestões. O interior da toranja é frio e seco.

LIMAS E LIMÕES DOCES (*Mala limonia dulcia*). Os limões e limas doces são frios e úmidos, laxam o ventre, refrigeram as entranhas, temperam a acrimônia da cólera e mitigam a sede; são flatulentos, como é toda fruta úmida, e, comendo-se com excesso, causam estilicídios.

Virtudes Medicinais. Mas não tanto como as laranjas, assim porque têm menos suco que elas como porque o suco das laranjas tem uma agudeza e acrimônia que inquieta as fibras e excita fermentações nos humores a que se comunica, o que não se acha no dos limões.

LIMAS E LIMÕES AZEDOS (*Limonia acida*). Os limões e limas azedas são frios e secos; o seu sumo refresca muito e é contra a podridão.

Virtudes Medicinais. É grande remédio nas febres podres e ardentes, nas malignas, em que prevaleceram humores semelhantes a lixívia e biliosos, nos vômitos e cursos de calor, e nas febres de lombrigas, as quais mata e afugenta. A limonada de neve é excelente nas febres continentes, nas biliosas e ardentes, e nas cólicas e fluxos de ventre procedidas de humores coléricos. As cascas dos limões são quentes, secas e aromáticas; o vinho fervido com elas secas é bom para as fraquezas de estômago falto de calor. O sumo de limão azedo é eficacíssimo em desfazer a pedra e areias dos rins e em excluí-las pela virtude que tem de dissolver e limpar. Do mesmo sumo faz-se um xarope de grande virtude para refrigerar as entranhas nas febres ardentes, para temperar a estuação da cólera, para os vômitos e soluços que se acham nas ditas febres, e também para a pedra e obstruções dos rins.

MAÇÃS-DE-ANÁFEGA (*Syziphum*). As maçãs-de-anáfega são quentes e úmidas, cozem-se e digerem-se com dificuldade e nutrem pouco. Comidas com excesso, fazem febres, pruídos, comichões, cólicas, cursos e tenesmos.

Virtudes Medicinais. Galeno disse que não lhes achava coisa porque fossem úteis à saúde, mas não há dúvida em que elas são peitorais e que aproveitam ao peito nas tosses, rouquidões e nos defluxos, e que mitigam as dores dos rins, bexiga e os ardores de urina, como afirmam os escritores depois de Galeno, e o uso delas nos tem ensinado. Veja-se Mangeto no tomo 2 da *Bibliotheca Pharmaceutica*, fol. 63.

MEDRONHOS (*Unedo*). Os medronhos são frios e secos, cozem-se e distribuem-se mal, ofendem o estômago e causam dores de cabeça.

Virtudes Medicinais. Feitos em conserva ou calda com mel, têm virtude alexifármaca contra a peste, a qual virtude se acha também na água destilada das folhas do medronheiro.

SORVAS (*Sorbae*). As sorvas são frias, secas e grandemente adstritivas, principalmente as verdes; cozem-se com dificuldade, não estando maduras, e nutrem pouco.

Virtudes Medicinais. Confortam o estômago, suspendem os fluxos de ventre, mas hão de ser verdes ou mal maduras, que, depois de moles, perdem a acerbidade e adstringência que têm quando verdes. Delas faz-se xarope útil para os ditos fluxos.

NÊSPERAS (*Mespila*). São as nêsperas frias e secas como as sorvas, e mais adstringentes que elas, como mostra o seu sabor acerbo, que é maior que a acerbidade das sorvas. Cozem-se mal e dão pouca nutrição.

Virtudes Medicinais. Verdes e mal maduras, têm virtude de confortar o estômago e ventre, e de coibir os seus fluxos. Os pós dos caroços das nêsperas são excelentes para quebrar e expelir as pedras e areias dos rins; há de tomar-se uma oitava deles repetidas vezes. A água em que ferverem quatro ou cinco nêsperas maduras é boa para corroborar o estômago relaxado.

TÂMARAS (*Dactyli*). As tâmaras são quentes, secas e adstringentes, cozem-se com dificuldade e distribuem-se mal; nutrem mais que outros frutos e geram-se delas humores crassos e lentos, que causam obstruções. Têm propriedade para causar dores de cabeça e de almorreimas, e para excitar estímulos libidinosos.

Virtudes Medicinais. Os pós dos seus caroços têm virtude para quebrar e excluir as pedras e areias dos rins.

AZEITONAS (*Olivae*). As azeitonas, umas são verdes e outras, negras e maduras; aquelas são frias, secas e adstringentes, cozem-se mal no estômago e não nutrem muito. Comidas com moderação, ofendem pouco, confortam o estômago com a sua grande adstrição e excitam o apetite. As maduras são quentes e úmidas, também de difícil cozimento e de pouca nutrição. Geram-se delas humores melancólicos e causam fluxões de estilicído.

Virtudes Medicinais. Laxam o ventre e relaxam o estômago com a sua oleosidade.

ANANASES (*Ananas*). Os ananases são frutos do Brasil. São quentes e úmidos, cozem-se com facilidade, mas são muito flatulentos e, pela sua muita umidade, causariam defluxões de estilicídios e encheriam os vasos da linfa, se não fossem tão diuréticos que não buscassem logo as vias da urina, por onde o seu sumo tem saída.

Virtudes Medicinais. Têm os ananases virtude de desfazer as pedras e areias dos rins, e de lançá-las fora por urina. São úteis nas supressões delas e têm uma tal virtude de gastar as coisas a que se chegam que, em pouco tempo, gastam o ferro das facas com que freqüentemente se cortam, ou que metidas neles se deixam, porque dentro de dez ou doze horas as desfazem, se é certo o que escreve Acosta e Linschotano. E, ainda que isto seja encarecimento, não há dúvida em que eles têm grande virtude corrosiva, por cuja causa disse Bôncio que, antes de se comerem os ananases, deviam lançar-se algumas horas em vinho ou em água, para tirar-lhes algumas partes corrosivas com que fazem chagas na boca e causam disenterias. Veja-se Mangeto na sua *Pharmaceutica.*

Capítulo XVII
Dos Frutos Lenhosos

AMÊNDOAS (*Amygdalae*). As amêndoas doces são moderadamente cálidas e um pouco úmidas, com uma umidade pingue e oleosa. Depois que se fazem rançosas, são quentes. Cozem-se com dificuldade, dão bom suco e nutrem bastantemente, ainda que Galeno diga o contrário.

Virtudes Medicinais. Comendo-se com excesso, enjoam e relaxam o estômago com a sua oleosidade. O que não fazem torradas, porque ficam menos untuosas. Comidas com moderação, fazem muita utilidade, porque são atenuantes e detergentes, movem a urina, lubrificam o ventre, facilitam o escarrar nas asmas, nas tosses e nas rouquidões, livrando o pulmão da sufocação que lhe causam os humores que ocupam os seus brônquios, aumentam a genitura e conciliam o sono. Delas fazem-se amendoadas, que aproveitam muito nas tosses secas e convulsivas. O seu óleo é bom para os espasmos e convulsões, e para abrandar as matérias e apostemas endurecidos; para as dores de ouvido por causa da ressicação e para todos os mais casos em que seja necessário amolecer, resolver e abrandar. As amêndoas amargas, como não entram nos alimentos, parece que não têm lugar nesta obra. Elas são quentes e secas, aperitivas e detergentes, e têm muitos usos medicinais. O seu óleo serve para os achaques do útero; tomado pela boca, faz lançar as páreas, provoca a urina, é bom nos zunidos dos ouvidos e na surdez, nas cólicas de flato e de causa fria, e nas dores de juntas e de ouvido, de semelhante causa.

NOZES (*Nuces juglandes*). As nozes são quentes e secas, cozem-se mal e nutrem pouco. Delas geram-se humores biliosos. Ofendem o estômago e pulmão, causam dores de cabeça e, comendo-se com excesso, causam febres, cólicas e tenesmos, principalmente se forem râncidas, porque têm mais calor e menos umidade.

Virtudes Medicinais. Usadas com moderação, fazem bem aos estômagos úmidos, expelem as lombrigas e resistem aos venenos. Das nozes verdes, quando ainda não está bem formada e endurecida a casca, faz-se uma conserva com mel, que é de agradável sabor e boa para os estômagos faltos de calor. O seu óleo é bom remédio nas cólicas flatulentas, nas gretas dos peitos das mulheres e nas contusões e puncturas de nervos. É conselho comum dos dietários que se use de nozes quando se comer peixe, porque o peixe é frio e úmido, e geram-se dele humores fleumáticos que facilmente se corrompem, o que se pode evitar com o calor e secura das nozes; por isto diz-se na Escola de Salerno que se use de nozes depois de comer peixe:

> *Post pisces nux sit, post carnes caseus esto.*
> Depois de peixes use-se noz, depois de carnes seja usado queijo.

Têm as nozes virtude com que resistem aos venenos e por isto as recomendam nas pestes, comendo-as torradas ou misturadas com figos secos, arruda e sal. Também são boas para fazer baixar os meses, lançando-as de molho em água até que abrandem, de sorte que se lhes possa tirar a casca interior e, estando sem ela, infundam-se dois dias e duas noites em aguardente; e, dez dias antes que baixe o mênstruo, comam-se duas ou três nozes destas em jejum. A casca interior das nozes e a membrana que entre elas se acha, feitas em pó e bebidas em vinho, na quantidade de meia oitava, é grande remédio para dores de cólica de causa fria. A água que se destila delas verdes tem virtude alexifármaca e é corroborante. Das suas raízes verdes, arrancadas em fevereiro e março, e furadas, destila um licor útil para as dores de gota artética e cabeça, segundo diz Bartolino[1]. Este mesmo sumo, tirado e espremido da raiz em qualquer tempo, posto uma só noite no escroto, que é a bolsa dos testículos, faz negros os cabelos da cabeça que a idade tem feito brancos, e duram negros um ano, se é certo o que escreve Henrique de Hecr[2]. O arrobe das nozes, que se compõe do sumo das suas cascas verdes com açúcar, é muito bom nos catarros e rouquidões de estilicídios tênues e delgados, e nas esquinências.

1. *Centur. 3. histor. 67.*

2. *Lib. 1. obs. 16.*

AVELÃS (*Nuces avellanae*). As avelãs são quentes e secas, menos oleosas que as nozes, mais duras e de mais difícil cozimento que elas, nutrem pouco e são flatulentas. Comidas com largueza, ofendem o estômago, porque são oleosas, causam vômitos, dores de cabeça, disenterias e cólicas. Comendo-se moderadamente, não ofendem e são úteis nos catarros e tosses de causa fria, porque ajudam a expectoração das matérias que ocupam o peito.

Virtudes Medicinais. Têm grande virtude para queixas nefríticas e, usadas no princípio da mesa, preservam de que se gerem pedras, segundo o que escrevem os Práticos. Delas faz-se um óleo que é bom para tosses antigas, para cólicas flatulentas, para o tinido dos ouvidos e para contusões e picaduras de nervos.

PINHÕES (*Strobilli*). Os pinhões são quentes e úmidos, cozem-se com dificuldade, dão um suco crasso, que nutre muito, mas mordicam o estômago, se não se lançam algum tempo em água quente. Se se comem com excesso, aquentam e fazem ferver viciosamente a massa do sangue, causam febres, comichões, esquinências, cursos e tenesmos.

Virtudes Medicinais. Comendo-se com moderação, nenhum dano causam, mas antes detergem, umedecem, engordam e refazem as pessoas emaciadas, e por isto louvam-nos comumente os Práticos para os tábidos e tussiculosos. Aumentam o leite às mulheres que criam, fazem crescer a matéria seminal e estimulam a natureza para os atos libidinosos; têm propriedade para aproveitarem na paralisia, o que não quer Mercado, que, por pingues e oleosos, os reprova neste achaque. São úteis nos achaques dos rins e da bexiga, como são a disuria e a estranguria, na acrimônia da urina, cuja mordacidade temperam e dulcificam, e retêm a urina que involuntariamente se larga.

COCO (*Nux indica*). O coco também se deve numerar entre os frutos lenhosos. É quente e úmido, quando novo, e, depois de velho, é quente e seco. Coze-se mal e enfada o estômago, mas gera-se dele um suco de boa natureza que nutre muito bem. Se se comer com excesso, ofenderá como os mais frutos da sua natureza, mas usando-se com moderação, conduz para engordar o corpo, ajuda os estômagos faltos de calor e acrescenta a matéria seminal. Há de comer-se sem a casca interior da substância do coco, porque é indigesta.

Virtudes Medicinais. Dele tira-se por expremeção um óleo de grande eficácia para dores de almorreimas.

CASTANHAS (*Castaneae*). As castanhas não são frias nem quentes: são secas, e, nas primeiras qualidades, inclinam-se para o calor. Cozem-se muito mal no estômago, são indigestas e flatulentas, mas nutrem copiosissimamente. Causam inchações do estômago e ventre, cólicas flatulentas e constipam o ventre. Dizem que a sua flatulência se emenda cozendo-as com erva doce, mas o certo é que a elas nada se lhes comunica da erva doce. Assadas ou cozidas sem casca, são menos flatulosas, porém ficam com menos gosto. As secas são mais indigestas e nutrem menos.

Virtudes Medicinais. A casca interior das castanhas tem grande virtude adstringente e, feitas em pó, são remédio para os fluxos do ventre.

BOLOTAS (*Glandes*). São as bolotas frias e secas, cozem-se com dificuldade e digerem-se mal, porém nutrem muito, ainda que não tanto como as castanhas. São flatulentas e, comidas com excesso, causam cólicas, dores de estômago e vertigens. Antigamente não eram alimento dos homens, e diz Galeno que, no seu tempo, em uma grande falta de pão, começaram a comê-las e que, até então, serviam para nutrir os porcos, para o que hoje servem.

Virtudes Medicinais. Delas escreve-se que têm virtude para suspender os fluxos do ventre e os escarros de sangue, a qual se acha particularmente na casca, mais que na medula.

ALFARROBAS (*Silique*). As alfarrobas são frias e secas, ainda que nelas se perceba alguma doçura, que atesta calor; cozem-se com grande dificuldade, distribuem-se muito mal e dão suco de prava natureza, de que não pode haver boa nutrição. Enquanto são verdes, ofendem o estômago e relaxam o ventre; depois de secas, fazem o contrário, porque corroboram o estômago e constipam o ventre.

Virtudes Medicinais. Têm virtude para suspender os cursos e os fluxos de sangue, para moderar as dores pungitivas do ventre e para provocar a urina, ainda que pareçam coisas contrárias.

Capítulo XVIII
Dos Condimentos

AZEITE (*Oleum commune*). O azeite é moderadamente cálido e úmido, amolece e abranda as fibras do estômago, e, por isto, causa vômitos e laxa o ventre. Tempera a acrimônia dos humores, mata as lombrigas, resiste aos venenos e é antídoto geral para eles; conserva as coisas que nele se metem sem dano nem corrupção. Nele não se cria nenhum inseto, mas antes, em lhe chegando, logo morrem. Da azeitona verde tira-se o azeite a que chamam onfacino, que é frio e adstringente (como é o que se tira da azeitona madura das oliveiras bravas ou silvestres, a que chamam zambujo) e é útil para a composição de muitos ungüentos.

VINAGRE (*Acetum*). O vinagre é frio e seco, penetrativo e adstringente, ainda que pareçam coisas contrárias; penetra, porque é agudo, e adstringe, porque é seco. É muito conveniente aos alimentos, porque excita o apetite, vigora o ácido do estômago, ajuda a incindi-los, a penetrá-los e a cozê-los, e conduz muito para sua distribuição.

Virtudes Medicinais. Tem virtude de repercutir e por isto se usa no princípio das inflamações. Mata as lombrigas e desperta do sono, chegando-o ao nariz. Usado com excesso, exalta o ácido estomacal, causa azias, ofende os nervos e por isto é infenso às mulheres cujo útero é nervoso; é nocivo aos melancólicos e aos que padecem ardores de urina, e não deixa nutrir bem o corpo, mas antes é causa para não engordar.

SAL (*Sal*). O sal é quente, seco e é muito necessário nos alimentos, porque os preserva de que se corrompam; excita o apetite e dá graça a toda comida, ajuda o cozimento do estômago e estimula o ventre para a expulsão dos excrementos.

Virtudes Medicinais. Tem virtude abstergente, digestiva e adstringente. Usando-se em nímia quantidade, gera pedra, causa impigens, sarna, comichões e pruídos, e faz na massa do sangue um vício escorbútico, achaque muito ordinário nas regiões em que com freqüência se usa de peixes e carnes salgadas. Além disto, ofende a vista, diminui a genitura e é muito nocivo a naturezas coléricas e melancólicas.

MEL (*Mel*). O mel é quente, seco e quase incorruptível; o branco é menos quente que o flavo, o que depende da diferença das ervas e flores de que as abelhas o tiram. É alimento e é medicamento. Como alimento, nutre de maneira que muitos, com pouco mais que mel, viveram idades provectas.

Virtudes Medicinais. Como medicamento, faz muitas utilidades, porque ele absterge e limpa as fleumas e matérias crassas e viscosas do estômago e ventre, ao qual laxa por este modo: mundifica as chagas tanto internas como externas, cura as tosses e rouquidões, os catarros e asmas de causa fria, fazendo escarrar os humores que causam estes danos. Provoca a urina, limpa os rins e a bexiga das matérias e areias que neles se acham, preserva de corrupção as coisas que com ele se preparam, como se vê nos frutos fugazes do estio, que, corrompendo-se facilmente, com o mel se conservam sem corrupção muitos anos, sem serem tão nocivos como os doces de açúcar, de que logo falaremos. É útil para os velhos e para pessoas de temperamento frio, para os que padecem cálculos, para os asmáticos que padeçam asma úmida e comum e para os mais achaques do pulmão que não sejam secos nem convulsivos. Contemplando Plínio na prestância do mel, chamou-lhe *néctar divino*; outros lhe deram vários epítetos, insinuando que o muito que dele usavam os antigos não conduzia pouco para viverem largos anos. Pitágoras, que vivia com frugalidade, muitas vezes passava sem mais alimento que o mel e morreu com noventa anos. O médico Antíoco comia todas as tardes pão e mel ático, e viveu mais de oitenta anos. O gramático Télefo, com o uso de mel por alimento, chegou a viver cem anos, segundo refere Galeno[1]. Ultimamente, além das referidas virtudes,

1. *De sanit. tuend. cap. 4.*

afirmam que o mel, sendo puro nutrimento do corpo, vigora as forças da alma e que recreia e aguça todos os sentidos. O que comprovam com aquele lugar da Escritura Sagrada, em que, falando de São João Batista, se diz que comeria mel e manteiga, para que soubesse eleger o bom e reprovar o mau:

Butyrum et mel comedet, ut sciat eligere bonum et reprovare malum.
Comerá manteiga e mel, para que saiba eleger o bom e reprovar o mal.

A razão natural vem a ser porque do mel geram-se bons humores; dos bons humores, bons espíritos, com os quais se fazem bem as funções do corpo e as principais do cérebro, de que se segue que com o seu uso tenha maior agudeza o engenho e o entendimento, cuja operação consiste no verdadeiro conhecimento do bom e do mau.

AÇÚCAR (*Saccharum*). O açúcar é quente e seco, não tanto como o mel; alguns dizem que é úmido, enquanto fresco, e seco, depois de velho. Nutre muito e tem quase as mesmas virtudes que o mel, porque, sobre dar gracioso sabor aos alimentos que com ele se preparam, também os preserva de corrupção, como vemos nos mesmos frutos de que falamos tratando do mel.

Virtudes Medicinais. É abstergente e, como tal, diminui as névoas dos olhos, mundifica as chagas, limpa os rins e bexiga das areias e matérias mucosas que muitas vezes causam danos graves; laxa o ventre, abranda e mundifica o peito, facilita a excreção das fleumas crassas e viscosas que o ofendem nos catarros, nas tosses, nas asmas e rouquidões desta causa; desopila e é útil para cozer e limpar as fleumas do estômago; por isto, é conveniente aos velhos e aos que tiverem estômago frio e úmido. É nocivo em estômagos quentes e em que houver cólera, e em naturezas biliosas. Usado com excesso, causa grandes danos, porque se converte em cólera, causa obstruções, icterícias, azias e dores agudas de estômago e ventre; é inimigo dos nervos, ofende os dentes, fazendo-os negros, cariosos e podres, e, finalmente, introduz na massa do sangue um vício salino, acre e mordaz de que procedem febres fermentativas, comichões, pruídos, cursos, tenesmos, chagas corrosivas, exulcerações escorbúticas nas gengivas e outros mais danos que fazem formidável o açúcar e os doces que com ele se preparam, por haver no açucar um ácido corrosivo que causa os referidos incômodos, o que se confirma com a certeza de que do açúcar tira-se um licor tão erodente que corrói o ferro e os metais duríssimos. E por isto muitos escritores reprovam totalmente o uso do açúcar e doces, sendo assim que, comidos com moderação, nunca ofendem muito, particularmente em pessoas que com eles se criaram, porque já o costume os tem feito familiares à sua natureza, a qual se acomoda bem e se recreia com eles.

AGUARDENTE DO AÇÚCAR. Nos lugares onde se cultiva o açúcar, tira-se por destilação das suas canas um licor claro, espirituoso e ardente a que os bárbaros chamam rum e os do país, aguardente do açúcar, e usam dela como da aguardente ordinária. Tomada com moderação, aproveita aos estômagos frios e úmidos, porque os aquenta e coze as suas fleumas, gasta os flatos, desseca as umidades do cérebro e dá vigor aos espíritos. Porém, usando-se com excesso, esquenta as entranhas, causa sede, faz ferver o sangue, excita pruídos, comichões, vertigens, cólicas e convulsões das fibras do estômago e ventre.

Capítulo XIX
Dos Aromas

CANELA (*Cinamomum*). De todos os aromas que servem para tempero dos alimentos e bom condimento deles, tem a canela o lugar primeiro. É quente e seca.

Virtudes Medicinais. Corrobora o estômago, ajuda o seu cozimento, dissipa os flatos, aguça a vista, atenua, incinde e digere os humores, confortando as partes com alguma adstrição que tem, a qual não lhe serve de embaraço para provocar a urina e promover a purgação dos meses e dos lóquios. A água que dela se destila é excelente para os estômagos frios e úmidos, para cólicas de causa fria, para os flatos em naturezas que não sejam quentes e biliosas.

Clareta. Entre muitos licores que com a canela se fazem para os ditos usos, louvamos uma água a que chamam *clareta*, cuja preparação é esta: tomem duas onças de canela fina, grossamente pisada, uma libra de aguardente e metam-se em um vaso de vidro. E em outro vaso metam-se seis onças do melhor açúcar que houver e outras seis de água rosada; tapem-se bem os vasos e deixem-se estar três dias, revolvendo-os muitas vezes em cada um deles. Depois, misture-se tudo, passe-se por manga e guarde-se em vaso bem tapado. Toma-se uma ou duas colheres desta água, quando é necessária; tem gosto muito bom e grande virtude para os flatos e para estômagos frios e fracos.

PIMENTA (*Piper*). A pimenta é quente e seca em sumo grau.

Virtudes Medicinais. Ajuda o cozimento do estômago, gasta os flatos, aclara a vista, provoca a urina, é útil nas cólicas de causa fria e flatulentas, ajuda os partos, aproveita nas tosses e asmas procedidas de humores fleumáticos, crassos e víscidos, e é boa para as esquinências, aplicada com mel. Usada com excesso, causa ardores de urina, dores de estômago e ventre, pruídos e impigens, calor nas entranhas e fervor na massa do sangue, principalmente se for em sujeitos quentes e secos. Da pimenta fazem-se três espécies: pimenta longa, pimenta branca e pimenta negra, sendo que não há mais que uma, de que se fazem estas diferenças pelo tempo em que se colhe. A longa não é outra coisa mais que muitos grãos de pimenta amassados em um, quando é muito tenra, e ficam em forma longa. A branca é a pimenta que se colhe verde. A negra é a que se colhe madura. Todas são quentes e secas, a branca, mais quente, mais acre e mordaz. A longa, menos seca, porque querem muitos que tenha alguma umidade, que é causa de se fazer cariosa. A que se usa nos alimentos é a negra, em que se acham as qualidades e virtudes que temos dito. O melhor modo de usar dela é lançando-a inteira nos alimentos que com ela se temperarem e, ainda para o estômago, é mais conveniente engolir alguns grãos inteiros do que tomar seu pó, porque daquele modo comunica a sua virtude sem fazer dano, o que não sucederá com o pó, que tem muita acrimônia, com que causa soluço e pode produzir outros males.

CRAVO (*Cariophyllum*). O cravo é quente, seco e muito apropriado para o cérebro, coração, estômago e útero, porque ajuda o cozimento do estômago.

Virtudes Medicinais. Dissipa os flatos, recreia o útero, socorre o coração nas síncopes, refaz os espíritos, aguça a vista, estimula para o uso de Vênus, corrobora o cérebro, conforta a memória, emenda a intemperança fria e úmida do cérebro e das entranhas e ajuda a curar os males que dela procedem. Usado com excesso em temperamentos quentes e secos, produz efeitos de calor e secura: causa febre, sede, dores agudas de estômago e ventre, comichões e tenesmos.

GENGIBRE (*Zinziber*). O gengibre é quente e seco, mas menos seco que quente, e alguns o fazem úmido, com uma umidade indigesta, como a da pimenta longa, por razão da qual se faz carioso e carcomido como aquela pimenta.

Virtudes Medicinais. Conforta o estômago e ajuda o seu cozimento, dissipa os flatos, cura o fastio que procede de matérias frias que ocupam o estômago, aclara a vista e tem pouco menos virtudes que a pimenta.

AÇAFRÃO (*Crocus*). O açafrão é quente, seco e algum tanto adstringente.

Virtudes Medicinais. É confortante, inimigo dos venenos e da podridão, ajuda o cozimento do estômago, abre as obstruções das entranhas, dá elegante cor ao rosto, move a urina, facilita o parto, lança as páreas e provoca a purgação dos meses; excita estímulos libidinosos e é excelente nas tosses, nos pleurises, nas asmas e nas tísicas, por cuja virtude chamaram-lhe *alma do pulmão*, porque é tal a sua virtude nos males desta parte que escreve Dodoneo que aos tísicos que estiverem agonizando se lhe prorroga algum tempo a vida, tomando de doze até vinte e quatro grãos de peso de açafrão em vinho doce; e diz que observara muitas vezes nos acidentes de asma passarem logo no mesmo instante em que usou deste remédio. Tem virtude de resolver e madurar os apostemas, e diz Laguna que é tão penetrativo que, posto na palma da mão, passa subitamente ao coração, o que se deve entender da sua virtude que pelas artérias se lhe comunica. Usado com excesso e cheirando-o continuamente, causa dores de cabeça, sonolência, tristeza, fastio, faz a cor de todo o corpo pálida, perturba o entendimento, atenua e dissolve os espíritos e, ultimamente, tomado em grandíssima quantidade, mata como veneno. Rivério[1] conta que uma mulher tomara muito açafrão, para lhe baixar a purgação dos meses, e que dentro de três dias acabara a vida com um copiosíssimo fluxo de sangue pelo útero. Alguns escrevem que os que tomam em vinho tanto açafrão que os mate passam as agonias da morte envoltas na alegria do riso com que acabam, porque o nímio uso de açafrão causa um riso morboso, como observou Amato Lusitano e Júlio Alexandrino, cujos casos se podem ver na *Bibliotheca Pharmaceutica* de Mangeto, fol. 674.

1. 4. *Institut.*

MOSTARDA (*Sinapi*). A mostarda é quente e seca em tão alto grau que alguns latinos lhe chamam *Mustum ardens*.

Virtudes Medicinais. Ajuda o cozimento do estômago, emenda a sua intemperança fria e úmida, absterge as fleumas e matérias crassas e víscidas que nele se acham, excita o apetite, é corretivo dos alimentos frios e úmidos, tem virtude para as enfermidades frias do peito, para a tosse e asma úmidas, ajuda a distribuição do alimento e a circulação do sangue, e conserva os sentidos e a memória. Feita em pó e tomada como tabaco, faz purgar pelo nariz as umidades da cabeça. Para os escorbúticos tem uma insigne virtude, segundo as experiências de Mervault, que, no assédio de uma praça, observou que um grande número de soldados que padeciam escorbuto, tendo a respiração difícil, as gengivas podres e os dentes negros, morriam todos até que, achando muita mostarda no fosso da muralha e bebendo a sua semente pisada com vinho branco, nunca mais morreram e livraram com este só remédio muitas centenas deles.

Semen Sinapeos [diz Mangeto referindo este caso no tomo segundo da *Bibliotheca Pharmaceutica*] *in mortario tritum et cum vino albo mixtum, multas centurias scorbuticorum in obsidione Repellensi sanitati restituit. Plerique enim obsessorum et urbe inclusorum, fame et inedia pressi, multa sordida et quae natura abhorret, esitare coacti, respirandi difficultatem, gingivarum putredinem, dentium nigritiem, et vacilationem, aliaque scorbuti sympthomata contraxerant, unde multi moriebantur, donec tandem sinapi in fossis circa urbem copiose inventum et quo dictum est modo adhibitum, omnes liberauit.*

A semente de mostarda moída no pilão e misturada com vinho branco restituiu à saúde muitas centenas de vítimas de escorbutos. Com efeito, a maior parte das vítimas condenadas pela inanição e pela fome na cidade, e vítimas da inédia, pela muita imundície que aborrece a natureza, coagidos a comer muito, contraíram dificuldade para respirar, podridão nas gengivas, pretume dos dentes, vacilação e outros sintomas do escorbuto, de que muitos morreram, até que se descobriu quantidade de mostarda nos fossos, ao redor da cidade, e aplicada, como foi dito, livrou a todos.

Usada com excesso, queima os humores e gera muita cólera, porque faz o sangue adusto; causa sede, febre, morsos de estômago, dores de ventre, ardores de urina, comichões, dores das almorreimas e tenesmos.

SEÇÃO IV

DA ÁGUA, DO VINHO E DE OUTRAS BEBIDAS ALIMENTARES E MEDICAMENTOSAS QUE NO PRESENTE SÉCULO SE FREQÜENTAM

Capítulo I

Da Água e suas Diferenças

Água. A água é fria e úmida, e, ainda que sendo pura não nutra, é muito necessária para a boa nutrição do corpo e para a bem ordenada economia da sua máquina, porque ajuda a distribuir o alimento depois de cozido no estômago, facilita a circulação do sangue e a depuração das impuridades excrementícias que a natureza continuamente elimina pelos ductos para este fim destinados; excita o apetite, conforta o estômago, laxa o ventre, modifica a ação com que o calor natural se emprega no úmido substantífico, tempera o excandescente empireuma das entranhas, rebate o furor da cólera, reprime o arqueu do estômago, deprime a exaltação do suco pancreático, mitiga a sede e parece que recreia a alma, quando, entre as ânsias de uma sede incompescível, acha na sua frialdade o refrigério e o alívio. Tudo isto faz a água quando é boa; mas, quando é má, ofende o estômago, perverte o cozimento e, segundo as suas qualidades, assim excita os danos.

Para fazer a água as referidas utilidades, é necessário que seja boa, e a que se houver de julgar por boa há de ter as propriedades seguintes: há de ser pura, limpa, clara, translúcida, insípida, sem sabor algum, sem cheiro, tênue, delgada e leve, de sorte que com facilidade se aquente e se esfrie, e possa permear os hipocôndrios e distribuir-se facilmente pelo corpo. A água em que se acharem estes dotes e prerrogativas, essa é a melhor água. Para examinar a sua bondade, no que toca às circunstâncias de clara, pura, insípida e sem cheiro, corre isto por conta dos sentidos externos; mas, para saber se é tênue, leve e delgada, é necessário ver se se cozem os legumes nela com facilidade, porque eles não se cozem bem na água que é crassa, senão na que é leve e delgada. E para saber qual é mais leve e delgada, tomem dois pedaços de pano de linho, ambos do mesmo pano e iguais em tudo; molhem a cada um deles em sua água, ponham-se a enxugar, e aquela água que primeiro se secar, essa é a mais leve e mais delgada. E, depois de enxutos ambos os panos, o que menos pesar é o que se meteu na água mais leve e mais tênue. Alguns dizem que é sinal de ser boa água o desfazer-se bem o sabão nela.

E porque são várias as diferenças da água, a saber: água da fonte, da chuva, que é a das cisternas, de poço, de rio, de lagoa e a que se tira da neve e do gelo derretidos, de cada uma delas falaremos particularmente.

ÁGUA DA FONTE. De todas as águas, esta é a melhor quando nela se acham os dotes e condições de água boa, na forma que dissemos nos parágrafos antecedentes, porque, não as tendo, só por ser água de fonte, não deve preferir às outras águas, que podem ser melhores que ela. Hipócrates[1], além das ditas propriedades que deve ter a água da fonte para ser boa, acrescenta outras e diz que a fonte há de estar ao nascer do sol, principalmente no estio, e que a água há de passar por terra limpa, que não seja lodosa nem argilosa e que corra por areias ou por pedras. Diz mais: que a água há de correr da fonte no inverno, quente, e no estio, fria, porque é sinal de que a água traz a sua escaturigem das mais profundas entranhas da terra, as quais, pela antiperístase, no inverno estão quentes e no estio estão frias. As fontes que nascem para o setentrião e para o poente, como o sol não as calcina e depura, têm as águas cruas, crassas e pesadas, as quais não descem facilmente do estômago e causam obstruções nas primeiras vias e outros mais danos.

1. *Lib. de aer. loc. et aq.*

ÁGUA DA CHUVA OU DE CISTERNA. Esta é a melhor de todas as mais que não sejam de fonte, e não faltam autores gravíssimos que dêem o primeiro lugar a esta, preferindo-a à das fontes. Hipócrates[2] a louva muito, dizendo que é leve, doce, limpa e tênue, como gerada dos tenuíssimos vapores e exalações, atraídos pelo sol e convertidos em chuva. Aécio, varão de grande autoridade entre os antigos, a tem pela mais leve de todas:

2. *Loc. cit.*

> *Aqua pluvialis,* [diz ele], *omnium levissima censetur et facile transmutatur*[3].
> A água pluvial é a mais leve de todas e de fácil transformação.

3. *Tatrab. 1 serm. 3 cap. 165.*

E Celso[4], que, ainda que jurisconsulto, tem bom lugar entre os médicos, expressamente está a seu favor, dizendo: *Levissima pluvialis est, deinde fontana*

4. *Lib. de Med.*

[A água pluvial é levíssima, depois a da fonte]. Nem faltam razões que com experiência se cheguem a estas autoridades, porque a água da chuva, trazida à balança, é a mais leve de todas, é a que mais prontamente recebe as alterações do calor e do frio; não tem cor, nem cheiro e nem sabor que ateste alguma qualidade insigne. A sua tenuidade e delgadeza mostra-se com a certeza de que nela se cozem os legumes melhor que na água da fonte.

Para ser boa a água da cisterna, de sorte que mereça estes louvores, é necessário que se achem nela as seguintes prerrogativas: a primeira, que seja recolhida na primavera e não de chuva procelosa, senão de chuva branda e serena. A segunda, que corra por telhas de barro bem limpas, das quais passe para a cisterna por ductos cobertos, de sorte que se recolha nela sem vício. A terceira, que a cisterna esteja tão limpa, que a água se conserve nela pura e incorrupta, livre de qualquer impuridade que a possa inquinar e corromper. Mas, ainda que se ache água de cisterna com todas estas prerrogativas, o que é difícil, sempre damos o primeiro lugar à água da fonte, tendo as qualidades de boa, na forma que dissemos atrás neste capítulo, porque esta água, sendo boa, sempre assim se conserva, livre das mudanças de causas externas a que está exposta a da chuva, ainda que recolhida e guardada em cisterna limpa.

Esta água é muito usada nas inflamações dos olhos e com ela se preparam os colírios. E também para as esquinências se fazem os gargarejos com água de cisterna, entendendo que tem alguma adstringência, sendo assim que, se parece adstringente, é porque se encaminha às vias da urina e por falta da sua umidade se constipa o ventre, o que se atribui falsamente à virtude adstringente da dita água.

ÁGUA DE POÇO. Depois da água da chuva, esta é a melhor entre as que restam. As águas de poço, ordinariamente, são grossas, pesadas e cruas. Não se cozem bem nelas os alimentos, nem se distribuem bem, donde nascem obstruções na primeira região e nos hipocôndrios, em que depois de feitas se fundam muitos mais danos. Mas com tudo isto poços haverá que tenham água tão boa, que compita com as das fontes, porque, se o poço for profundo e descoberto, se tiver ar livre, se lhe der o sol que lhe depure e serene a água, se tiver algumas fontes vizinhas de boa água que se lhe comunique, ou se estiver perto de algum grande rio de rápida corrente, se a água for muito batida e tiver grande gasto, se o poço andar bem limpo, se estiver distantes de cloacas e de lugares imundos donde não possa receber algum vício e, finalmente, se com todas estas circunstâncias, a água for leve, tênue, clara, pura, sem sabor, sem cheiro e se cozer bem os legumes, se no inverno estiver quente e no estio fria, esta água pode igualar à das boas fontes, porque, para ser como elas, nada lhe falta mais que correr por um anel com maior limpeza e facilidade.

Porém, faltando estas condições, ainda que a água pareça boa, não se deve louvar muito e poderá ser nociva. Porque, se o poço estiver vizinho de cloacas e esterquilínios, hão de viciar-lhe as águas e há de ter mau cheiro e mau sabor. Se o poço não for profundo, fica a sua água exposta às injúrias do tempo, pouco menos que as águas palustres e estagnantes. E assim estão frias no inverno e quentes no estio, salvo se tiverem perto algumas fontes de que se lhe comuniquem as águas. Se o poço estiver em parte onde não lhe dê sol, como são os que estão em casas cobertas, inquinam-se as águas com a umidade do lugar, não se calcinam, nem se serenam com a luz do céu. Se a água não é bem batida e não tem muito gasto, fica crua, corrompe-se com facilidade, ofende o estômago, coze mal os alimentos, causa obstruções, destrói a harmonia das entranhas e excita gravíssimos incômodos.

ÁGUA DE RIO. A água fluvial, ou de rio, é pior que a dos poços, porque os rios, correndo por várias partes, vão recebendo algumas infecções que viciam a água, principalmente no estio, em que se metem nos rios os linhos e outras coisas que corrompem as águas e as fazem grandemente nocivas. Além disto, nos rios entram vários animais e alguns deles podem ser venenosos e, ficando a água infectada com o veneno, já se vê como será danosa. Por estas razões causam muitas vezes grandes males as águas dos rios. E os homens que delas usam, ordinariamente, são descorados e se fazem caquéticos, padecem obstruções e queixas de garganta.

Entre as águas de rio há também suas diferenças e são umas menos más que outras. As águas de rios pequenos, turvos e cenosos, que corram por terra lodosa e argilosa e que não tenham a corrente precipitada, estas são águas que se devem reprovar como impuras e infensas ao estômago e mais entranhas. As águas de rios grandes, que correm arrebatadamente por areias, ou pedras, sendo claras, limpas, sem gosto, nem sabor que as condene, são as melhores. E devem tomar-se no meio da corrente, porque aos lados dos rios sempre há mais impuridades que viciam a água. E devem advertir aos que houverem de bebê-las que, depois de as terem nas moringas, ou cântaros em que as guardam, primeiro deixem passar alguns dias antes que as bebam, para que deponham no fundo das moringas as suas impuridades, e sempre as bebam coadas e fervidas, porque o fogo de algum modo as purifica, o que se deve fazer com todas as águas de rios, cuidando sempre que não são boas, privilégio que só ficou para as águas do Nilo, das quais diz Avicena[5] que são melhores que as dos mais rios, por causas que nele se podem ver.

5. 2. 1. Doct. 2. 10.

ÁGUA DE LAGOA. As águas de lagoa são as piores de todas, porque, como não se movem, são crassas, impuras e cruas, de fácil corrupção, com que muitas vezes se fazem malignas e pestilentas. E ainda que não se corrompam, sempre causam dano, porque nelas os alimentos não se cozem bem e distribuem-se mal, causam obstruções nas primeiras vias e nas entranhas, de que resultam inumeráveis incômodos, e não transcoam bem pelos rins e pelas vias da urina.

ÁGUA NEVOSA E GLACIAL. A neve e o gelo desfazem-se em água e assim uma como a outra são péssimas, porque, quando se chegam a congelar, perdem as partes tênues, claras e leves e ficam só com as partes crassas, turvas, pesadas, ásperas e duras e nunca tornam à sua antiga natureza, como afirmou Hipócrates[6], donde se vê que disse mal Avicena[7], quando disse que estas águas eram boas, sendo limpas, reprovando as glaciais, quando o gelo fosse de más águas, e as nevosas, quando a neve tivesse caído em lugares imundos que a viciassem. Estas águas são cruas e crassas, nelas os alimentos não se cozem bem, nem os deixam distribuir bem. Causam obstruções de entranhas e supressões de urina. Irritam as fibras das partes sólidas, ofendem o estômago, pervertem o seu cozimento, causam cruezas e flatulências, provocam tosse, fazem mal ao peito, oprimem os espíritos e congelam os fluidos do corpo, de que se seguem males gravíssimos, que não se experimentam bebendo a água que se esfria com a neve ou gelo circumpostos, o que não ignorou Marcial naquele epigrama bem recebido e decantado dos hidrófobos ou grandes bebedores de água:

6. *Lib. aer. aq. et loc.*

7. 2.1 *Doct.* 2. 16.

Non potare nivem, sed aquam potare rigentem.
De nive, commenta est ingeniosa sitis.
Não beber neve, mas beber água gelada.
De neve, imaginou-se engenhosa sede.

Capítulo II

De que Água se Há de Usar, em que Quantidade, em que Tempo e com que Ordem se Há de Beber

I. Depois de falarmos da natureza e utilidades da água e das suas diferenças, resta dizer de qual delas hão de beber os que tiverem saúde. A esta dúvida responde profundamente Hipócrates[1] com mais clareza do que costuma, porque diz expressamente que os que forem sãos e robustos bebam a água que se lhes oferecer, sem terem algum cuidado na eleição dela:

1. *Lib. de aer. loc. et aq.*

Quisquis sanus, ac robustus est, is nullum discrimen afferat, sed semper eam, quae prasens est, bibat.

Qualquer um que é sadio e robusto, este não traga nenhuma discrepância, mas sempre beba a que se oferecer.

Foi o mesmo que dizer que os que têm saúde não se tratem como doentes. Os que padecem queixas, hão de cuidar muito no que hão de comer e beber, mas quem logra saúde, há de usar dos alimentos e da água que presente tiver, sem mais cuidado que o de não exceder o modo e moderação que nisso deve observar. Mas, sem embargo deste preceito de Hipócrates, não há dúvida que se deve pôr grande cuidado na água que houvermos de beber, porque, se sendo boa faz as utilidades que dissemos no primeiro parágrafo do capítulo antecedente, sendo má, é causa de muitos e muito graves danos, porque se perverte o cozimento do estômago, de que resultam inumeráveis males, assim na primeira região, como em todo o corpo. Se não se distribui bem, causa opilações, hidropisias e supressões de urina, retarda a circulação do sangue, de que nascem muito piores conseqüências e, finalmente, pode ser causa de gravíssimas queixas, que brevemente acabem a vida.

2. Do que dissemos no capítulo antecedente, se vê que a água que por eleição se deve buscar, há de ser de fonte, que esteja ao nascer do sol, cuja água seja pura, clara, limpa, transparente, sem sabor e sem cheiro, tênue, delgada e leve, que facilmente se esfrie e aqueça e que no estio esteja fria e no inverno quente. Onde não houver esta água, pode servir a de cisterna limpa, sendo recolhida e guardada na forma que dissemos quando tratamos da água da chuva. E faltando esta, tem lugar a de poço, cuja água tenha as prerrogativas de boa. E na falta desta, servirá a de rio, tomando-a do meio da corrente. As águas de lagoas e do gelo e neve derretidos nunca se devem usar pelas razões que dissemos, falando delas. E sendo preciso valer-se de alguma destas, seja antes da nevosa e glacial, porque, ainda que crassas e cruas, não serão corruptas e podem fervê-las, que é o que se deve fazer com toda a que não for boa, porque o fogo a purifica, deixando-a atenuada para com mais facilidade se distribuir.

3. A quantidade de água que se há de beber não se pode determinar para todos com igualdade. Quem comer muito, é preciso que beba mais largamente, para que o alimento se coza sem se esturrar e se distribua sem demora, deixando juntamente umidade, para que os excrementos que das cocções resultam se possam expurgar pelos ductos. Quem comer pouco não há de beber muito, porque flutuará o alimento no estômago, cozer-se-á muito mal e causará muitos danos que dos cozimentos pervertidos costumam resultar. É doutrina expressa de Galeno[2], por estas palavras:

2. 7. *Met.* 6.

Potionis quantitas ea debet esse, ut nec in ventriculo innatet, nec fluctuationis ullus sensum invehat. A quantidade de bebida deve ser tal, que nem flutue no ventre, nem traga a impressão de flutuação a nenhum órgão.

Para um almoço, ou jantar moderado, bastará beber dois, ou três quartilhos de água, a qual se poderá diminuir, ou acrescentar pela diversidade dos temperamentos, da idade, da região, da quadra do ano e do costume de cada qual. Os que forem de temperamento quente, seco e adusto devem beber mais largamente. Os meninos, que são muito úmidos, é justo que bebam menos. Os mancebos, que são quentes e secos, é razão que bebam mais. Os velhos, que por secos se vão corrugando, necessitam de beber mais vezes. Nas regiões quentes e no estio sempre é preciso beber com mais largueza do que em terras frias e nas outras quadras do ano. E finalmente, os que forem costumados a beber mais ou menos sem ofensa, bebam segundo o seu costume, que sempre devem observar, por preceito de Hipócrates[3], que assim lho aconselha.

3. 2. *Acut.* 36.

4. No que toca ao tempo e ordem com que se há de beber, dizemos que o tempo certo de beber é quando se come. E era preceito dos dietários antigos que a água que se bebesse fosse repartida entre o comer, bebendo muitas vezes e pouco de cada uma delas, cuidando que assim se misturava melhor a água com os alimentos e que por este modo se faria melhor a sua dissolução, ou cozimento. Sendo assim que nada conduz para isto este modo de beber, nem é necessário para se misturar o que se come com o que se bebe, porque, por meio da fermentação do alimento, tudo se mistura e se confunde, até que, acabado o cozimento e depurado, se separaram umas partes das outras, como dissemos no Capítulo I da Seção I desta obra. O que nos parece é que quem estiver comendo com saúde, beba quando tiver sede. E como sempre aconselhamos a moderação, será bom que de cada vez não seja a água tanta que nela fique flutuando o alimento. E se a mesa não for composta de muita comida, nem muita a sede, bastará beber no fim um púcaro de água que satisfaça a sede e encha a medida necessária para se cozer e distribuir o alimento. Sendo que não é coisa de importância para estes fins o beber toda a água no fim da mesa, nem o reparti-la no decurso dela, como temos dito. O que nos não parece bem é beber no princípio da mesa antes de haver comido alguma coisa, porque o estômago, que é muito nervoso, pode suceder que se ofenda com a presença da água e que fique em disposição de não cozer bem o alimento.

5. Fora da mesa há muitas ocasiões de beber, porque entre o almoço e o jantar e depois de jantar, nas horas do cozimento e ainda depois dele, pode haver sede, que obrigue a beber em jejum. Neste particular há gente tão supersticiosa, que antes se deixará estalar de sede, do que beber um púcaro de água no tempo do cozimento, cuidando que este se retarda bebendo, no que há um grandíssimo engano, porque, se a sede é grande, necessita o estômago de água para melhor cozer. E no caso que os alimentos se cozessem mais devagar por causa da água, menor inconveniente seria este do que esturrarem-se depressa por falta dela. Quem, tendo boa saúde, tiver grande sede, seja no tempo e na hora que for, beba, porque não é sede morbosa, visto que há saúde, é sede do estômago, que assim como com a fome pede alimento, de que necessita, assim com a sede clama pela água, de que tem indigência. Na verdade, que é conselho bem fundado em razão, que quem lograr uma saúde perfeita, não coma quando tiver fome, nem beba quando tiver sede! Que mais fica então para os doentes?

6. Não há dúvida em que o tempo mais oportuno para beber fora da mesa, é depois de haver acabado o cozimento do estômago, que dentro de sete horas

se conclui. E esta é a bebida a que Galeno chama *potus delativus* [bebida delatora], porque leva e faz distribuir o alimento depois de cozido, mas também é certo que pode haver casos em que o beber se faça preciso antes de se acabar o cozimento, porque se o calor das entranhas, ou a sede for grande, ou por causa de alimentos quentes, ou salgados, que se hajam comido, ou por muito vinho, ou por uso nímio de bebidas quentes, é necessário beber, para que o alimento melhor se coza, nem esta sede se tira sem água. Também é necessário beber nas horas do cozimento, quando ao comer se bebeu tão pouca água que falte umidade para se cozerem os alimentos, porque, além de que se esturrarão por falta dela, também não se poderão distribuir pela mesma causa depois de cozidas. Assim também se beberá nas horas do cozimento, quando a sede for intensa, ou por grande calor do estômago e entranhas, ou por algum exercício violento e forte, ou por haver precedido um suor copiosíssimo, porque nestes casos é preciso beber, ainda que ao comer se tenha bebido bem.

7. Algumas pessoas têm por costume beber em jejum e de noite ao recolher-se na cama. E se isto é feito sem necessidade, é mau costume, de que se devem tirar paulatinamente, porque ainda os costumes viciosos deixados de repente dão muito que sentir à natureza, segundo a doutrina de Hipócrates[4] e Galeno. Quando houver necessidade de beber em jejum, será melhor que a água assente sobre algum alimento, ainda que pouco, porque assim a receberá o estômago sem ofensa, que o beber em jejum sempre se fez formidável a quem sabe que, estando o estômago inanido e patentes os ductos e meatos internos, entra a água por eles sem defesa e pode causar tão graves danos como se fora veneno. E por isto numera Avicena[5] entre os venenos a água que em jejum se bebe.

4. *2. Aphor. 51.*

5. *6. 4 Tr. 1. 12.*

CAPÍTULO III
Se se Há de Beber Água Fria, se Quente, Crua, ou Fervida; e das Utilidades e Danos de Cada uma Delas

I. A água ordinariamente se bebe fria e é assim que faz grandes utilidades. Não falamos em pessoas achacadas, falamos nos sãos, para quem escrevemos esta obra. Estes, pois, sempre devem beber água fria, porque, se a água se bebe para cozer e distribuir o alimento, se se bebe para extinguir a sede, para refrigerar o coração, para temperar o calor do estômago e das entranhas, tudo isto se consegue melhor com água fria que com a quente. Porque primeiramente a água fria excita o apetite e fortifica o estômago, circunstâncias principais para se fazer bem todo o negócio da digestão e das suas conseqüências. E pelo contrário, a água quente debilita o estômago e corrompe a digestão, fazendo com que o alimento flutue nela, como expressamente disse Avicena:

> *Aqua frigida appetitum excitat, et stomachum fortem facit; aqua vero calida digestionem corrumpit; et facit natare cibum.*
>
> A água fria excita o apetite e faz o estômago forte, porém a água quente corrompe a digestão e faz o alimento flutuar.

Só a água fria extingue brevemente a sede, tempera o estuante empireuma das entranhas, recreia a alma e é uma das grandes consolações desta vida, quando é remédio de uma grande sede. Circunstâncias que não se acham na água

1. *De art. med.*

quente e por isto dizia Cristóvão da Vega[1], grande autor entre os antigos, que a água quente, ou tépida, a nenhum homem são podia ser útil.

2. Para fazer a água fria estas utilidades, há de beber-se com moderação, porque, em se excedendo o modo, tudo vai perdido. E nos temperamentos quentes e em tempo estival e região cálida, sempre se há de beber mais copiosamente, porque há maior indigência de refrigerar as entranhas, que o ar não tempera, e de extinguir a sede, que nos biliosos e adustos ordinariamente é grande, quando o ar frio e úmido a não modifica e para recobrar a umidade que o corpo perde no suor, que sempre no estio é copioso. E bebendo-se água fria com excesso, não só não faz as utilidades de moderada, mas antes causa muitos danos de excessiva, porque debilita o estômago e perverte o cozimento, de que se seguem graves e inumeráveis males. Enfraquece o calor natural das entranhas, ofende o peito, é danosa ao cérebro e nervos, causa opilações, caquexias, hidropisias e muitos mais danos.

3. Mas, sem embargo de fazer grandes utilidades a água fria e de a aconselharmos aos sãos, há todavia estômagos e naturezas que, tendo saúde, se ofendem com ela e se acomodam melhor com a quente, ofendendo-se com o vinho. Nestes tais é tão necessária a água quente, como nos outros a fria; e usada com moderação, além de fazer melhor cozimento e digestão, fará também a utilidade de laxar o ventre e de temperar o calor dos rins, limpando-os das areias e impedindo a geração das pedras, para cujos fins é louvada a água quente do comum dos Práticos, tomando-a de manhã em jejum, com açúcar ou sem ele.

4. No que toca a beber água crua ou fervida, dizemos que, se a água é boa, nem para os sãos, nem para os doentes se deve ferver, senão que a bebam crua. E só quando for viciosa se ferva, porque o fogo a purifica. Assim o resolve Galeno, quanto aos doentes, no livro sexto das *Epidemias*, o que se deve fazer também quando se quiser que a água seja medicada, que então se ferverá com o que parecer conveniente.

Capítulo IV
Da Água Nevada, Sorvetes, Limonadas de Neve; e da Água Fria nos Poços e ao Sereno, e de Outras Bebidas

1. São tantas as utilidades que faz a água nevada, que quiséramos que todas as pessoas usassem dela, assim para que as experimentassem na saúde, como para que a pudessem beber sem dano nas doenças, porque é uma circunstância muito necessária, para se dar confiadamente nos males em que se julgar conveniente o costume de bebê-la, sem o qual tememos que a natureza a estranhe e que o estômago se ofenda com ela. E não há dúvida que a água de neve, que no tempo estival se bebe com moderação, não só serve de delícia e recreação para o gosto, mas de muito proveito para o corpo, porque o grande calor do estio exsolve o calor natural, e o ar quente e seco como que rarefaz a massa do sangue e a faz dissolver e desatar, de que nascem os reumatismos, os catarros, as tosses e outros danos que, depois de feitos, custam muito a curar, e com o uso da água de neve, facilmente se podem impedir, porque esta água, com a sua frialdade atual, vigora o calor natural que com a quentura do tempo se está exalando, e une a massa do sangue que com o ar quente e seco se está dissolvendo.

2. Além disto, a água nevada, usando-a com moderação, conforta o estômago, refrigera as entranhas, extingue a sede, enfreia e tempera o furor e orgulho da cólera, que no estio se enfurece, sendo causa de haver dores ictéricas, cólicas

convulsivas, diarréias, tenesmos, disenterias, sezões, febres ardentes e coliquativas e outros mais danos que a cólera costuma causar em tempo e região quente, dos quais se preservará quem beber água de neve e se tratar na mesa com moderação nos frutos fugazes e alimentos quentes.

3. Do mesmo modo aproveita a água de neve no estio, excitando o apetite que a calma e o calor do tempo costumam destruir, aquentando o fermento do estômago e o seu ácido esurino, que excita a fome, porque a dita água tempera este empireuma, ou calor do estômago, e põe o ácido, ou fermento azedo, livre do calor que o destempera, de sorte que não faz as suas funções como devia fazer.

4. As pessoas de temperamento quente, biliosas, adustas, com a água de neve temperam a acrimônia da cólera, moderam o fervor do sangue, que no tempo quente ferve e se fermenta com desproporção, até causar febres continentes, cursos coliquativos, suores diaforéticos e outros males que com a água de neve se evitam.

5. Porém se a água de neve faz todas estas utilidades, sendo moderada, não causa menos danos, sendo excessiva, porque extingue o calor natural, debilita o estômago, destrói o seu cozimento, ofende o peito, enfraquece as fibras e nervos, excita cólicas, faz tremores, entorpece os espíritos, retarda a circulação do sangue e causa estupores, paralisias e apoplexias. Por isto é justo que cada qual cuide muito em beber a água que baste para lhe trazer proveito e que não sobeje para estes danos.

6. Nas febres ardentes e ustórias, nas continentes, nas cólicas quentes, nos vômitos e cursos coléricos e nos tenesmos é a água de neve tão útil, que às vezes parece coisa de milagre, pela facilidade com que brevemente remedeia os ditos males.

7. As mesmas utilidades faz a limonada nevada, em que o limão tem grande parte, pelo muito que o seu ácido refrigera e une a massa do sangue, quando se dissolve, e pelo que rebate o amargor da cólera e a sua efervescência, de maneira que cursos coléricos muito precipitados suspendem-se com um púcaro de limonada de neve, como observamos muitas vezes. O mesmo sucede com o sorvete, que na força da calma nos serve de refrigério e de delícia, sendo que, assim para extinguir a sede, como para temperar o calor das entranhas e para os mais fins para que se dão as bebidas nevadas, a melhor delas é a água e limonada e, em último lugar, o sorvete, porque este toma-se aos bocados, como coisa sólida que é, pois está gelado, e a água e limonada são umas bebi-

das grandes e continuadas que entram melhor pelas entranhas e pelas veias, refrigerando mais intimamente o incêndio e fervor interno.

8. Onde não houver neve nem gelo para se esfriar a água, ponha-se ao sereno e se esfrie em poços, procurando sempre bebê-la fria. Galeno[1] diz que se ferva primeiro a água que se houver de esfriar, porque, depois de fervida, se esfria mais brevemente. A que se puser ao sereno, ou se ponha descoberta, ou se cubra com pano de linho, de maneira que, livrando-a do pó e de tudo que a pode inquinar, não impeça que dela se exale o vapor quente e se introduza o ar refrigerante. E assim a que se esfriar ao sereno, como a que se esfriar em poço, será em vaso, ou cantimplora que não esteja cheia, porque o ar que nela fica logo se esfria com a frialdade do ar e do poço e ajuda a esfriar a água.

1. 7 *Met.* 4.

9. Advertimos, porém, que não usem da água de neve as pessoas que se reconhecerem fracas de estômago, nem as que forem de temperamento frio, nem as que tivessem alguma queixa de nervos, ou padecessem estupores e paralisias legítimos, ou fossem achacados de asma úmida, ou tenham o peito debilitado, ou sejam sujeitos a catarros de causa fria, ou tivessem padecido obstruções do baço, ou de qualquer das entranhas, porque, ainda que estejam livres destas queixas, sempre naquelas partes que as padeceram, fica uma debilidade ou disposição para se ofenderem com a frialdade tão intensa, como é a da neve. O que sucederá também nas mulheres que não forem bem regradas e nas que parissem muitas vezes, cujo útero, enfraquecido dos partos, se ofenderá insignemente com a água de neve, ou de gelo, que vale o mesmo quanto aos graus e intensão da frialdade. Também não devem usar de água nevada os velhos, principalmente se não fossem criados com ela e a não bebessem continuamente na melhor idade, porque nos velhos a estranharão muito os nervos, os estômagos e mais entranhas depauperadas de calor natural, que na senilidade é pouco vigoroso, e brevemente acabarão a vida, como sucedeu ao Cardeal Pompeu Colona, sendo Vice-Rei de Nápoles, do qual conta Paulo Jóvio nas Vidas dos varões ilustres que, entrando a comer figos nevados, logo com o primeiro lhe deram subitamente tais convulsões por todo o corpo, que em pouco tempo rendeu a alma ao Criador dela. E em consideração dos danos que muitas vezes faz a água de neve, disse Aulo Gélio que, sendo fecunda para os campos e frutos, era prejudicial para os homens. E Plínio[2], que a reprovou, disse, que da neve usavam os homens, fazendo gosto do que os montes sentiam por castigo:

2. *Lib.* 19. *cap.* 4.

Hi nives, illi glaciem potant, poenasque montium in voluptatem gulae vertunt.
Estes bebem neve, aqueles gelo, e o castigo dos montes transformam em prazer da gula.

10. Os castelhanos, que são famosos pocionários, usam muito de uma bebi-

da que no seu idioma chamam *aloja*, a qual preparam em água com mel, ou com açúcar, mas o mais comum é com mel, em porção bastante para ficar com moderada doçura, a que ajuntam alguma coisa de canela ou cravo e algumas vezes sumo de limão azedo, de que resulta uma bebida agradável, que em tavernas públicas se vende nevada e se bebe geralmente com grande freqüência, sem ofensa do estômago, mas antes com utilidade sua e das mais entranhas, que no tempo do estio se abrasam e acham complacência nesta bebida, pelo refrigério da neve, que não as ofende pela mistura dos aromas e do mel com que se prepara.

II. Também das ginjas doces e azedas e das romãs, preparam outras bebidas, tirando-lhes o sumo, misturando-lhe açúcar e algum vinho vermelho e ficam bebidas muito agradáveis ao gosto e confortantes, que corroboram o coração, temperam o calor das entranhas, confortam o estômago e modificam o fervor do sangue e a sua estuação.

Capítulo V
Do Vinho e suas Diferenças

1. O vinho é quente e seco, ainda que Aristóteles[1] o tenha tido por úmido, o que parece que não negou Galeno, quando disse que o vinho nutria brevissimamente, pela muita umidade que tinha. Sendo assim, que o vinho tirado de uvas maduras, depois de bem fermentado e cozido nas pipas, não tem mais umidade que a atual, que é a que tem toda coisa fluida, porém esta não faz qualidade que constitua temperamento.

1. *Sect. 3. problem. 17.*

2. Do vinho há várias diferenças, porque diferem por muitos princípios. Diferem pela própria substância e natureza, porque uns são brandos, outros fortes. Pelo sabor, porque uns são doces, outros azedos e acerbos. Pela cor, porque uns são brancos, outros negros, uns louros e palhetes, outros vermelhos e rosados. Pelo cheiro, porque uns são muito fragrantes, outros pouco odoríferos. Pela idade, porque uns são novos e frescos, outros de meia idade e bem cozidos e outros antigos e mais dessecados.

VINHOS BRANDOS. Os vinhos brandos são aqueles a que chamam aquosos, pela sua frouxidão e pela semelhança que têm com a água na tenuidade, na cor, no sabor e na falta de cheiro e porque sofrem pouca mistura de água, quando com ela se diluem. Estes são pouco quentes e nutrem pouco, mas são mais diuréticos que todos os outros e não só movem a urina, mas também todas as mais evacuações, pela celeridade e prontidão com que se distribuem por todo o corpo. Estes vinhos não aquentam muito, nem ofendem a cabeça e os nervos, ainda que fracos. E são próprios para naturezas quentes e delicadas e para os velhos, que têm pouco calor natural e não podem sofrer sem ofensa outros mais fortes.

VINHOS FORTES. Os vinhos fortes, a que chamam vinosos e generosos, são os que vencem a água na mistura, ainda que se faça igual, e quanto mais generosos são, mais calor e maior secura têm. Estes ofendem a cabeça e os nervos, fazem gota artética e reumatismos, excitam febres e outros danos de calor e, por isto, não servem para naturezas quentes e debilitadas e são mais próprios para pessoas de temperamento frio.

VINHOS DOCES. Os vinhos doces são moderadamente quentes, nutrem muito e as entranhas os recebem com desejo e os detêm com gosto, porque não há neles qualidade irritante que lhes desperte as suas oscilações. E como se dilatam muito no estômago e eles são crassos, fazem sede, causam obstruções, intumescem os hipocôndrios, dão de si muitos flatos, convertem-se em cólera e geram pedra nos rins. Mas não ofendem a cabeça, nem os nervos, nem o peito e nos males do pulmão os aconselham alguns Práticos, como não seja nas inflamações, ainda que na declinação dos pleurises os concedem outros por expectorantes. Embebedam menos que os vinhos acres e, quando fazem alguma temulência, é com sopor e com sono, assim como os vinhos acres com delírios.

VINHOS AZEDOS. Os vinhos azedos, austeros e acerbos são frios, têm pouco calor, nutrem pouco, distribuem-se mal, dilatam-se muito no estômago e ventre, não passam às veias com facilidade, de que se segue o encaminharem-se às vias da urina como diuréticos, qual é o vinho do Reno e o vinho verde da Beira e do Minho. São adstringentes e por isto os usa Galeno nas feridas e nos fluxos do ventre.

VINHOS BRANCOS. Os vinhos brancos, uns são aquosos e brandos, outros vinosos e fortes. Estes mais quentes que aqueles, mas todos menos que os negros e que os louros e palhetes:

2. 3 *Acut.* 6.

Ex vinis albis [diz Galeno][2], *nullum valenter calefacere potest; quod enim summe calidum est, continuo et flavum existit, veluti et quod ab ipso est fulvum, mox ab his rubrum, et deinde dulce; album autem minus quidem his omnibus calefacit.*

Dos vinhos brancos, nenhum pode aquecer fortemente; aquele que é extremamente quente, logo depois também se mostra louro, assim como também aquele que por si é louro, logo por esses é rubro e depois doce; o branco, entretanto, esquenta pouco menos que todos esses.

Vulgarmente se diz que os vinhos brancos secam mais que os outros. Isto é engano. Todos os vinhos secam, porque são quentes e secos, porém os brancos aquosos secam menos que todos. E Galeno[3] os prefere quando concede vinho aos febricitantes e Avicena[4] aconselha aos sãos que no estio bebam este vinho branco, não só porque entendeu que aquecia e secava menos que os outros, mas por lhe parecer que umedecia. Havemos de transcrever suas palavras para ver se podemos tirar esta mal merecida opinião dos vinhos brancos:

3. *2 Ubi. supra.*

4. *2 Can. 37.*

Vinum album, et subtile aquosum, calefactis est melius; non enim capitis efficit dolorem, sed quandoque humectabit.

O vinho branco, sutil e aquoso, é melhor do que os quentes, pois não causa dor de cabeça, mas algumas vezes a umedecerá.

Esta opinião deveu de nascer de serem os vinhos brancos diuréticos e evacuando as umidades pelas vias da urina, entenderiam que vinham a secar acidentalmente o corpo. Se não foi que por nutrirem menos, entenderam que secavam mais que os outros, que são crassos e mais nutrientes. Em serem diuréticos excedem aos mais os vinhos brancos e não têm adstringência alguma, como muitos cuidam com Galeno[5], que entendeu que eram levemente adstringentes, porque há experiência de que o ventre se laxa bebendo-os, principalmente sendo diluídos, donde vieram a dizer outros que o vinho branco umedecia o ventre. Se os vinhos brancos forem austeros ou azedos, estes, que não se devem numerar entre os vinhos quentes, não há dúvida que têm alguma adstrição.

5. *3. Acut. com. 2.*

VINHOS NEGROS. Os vinhos negros nutrem mais que os outros e geram muito sangue, mas é excrementício, crasso e melancólico. E quanto mais negros e crassos, menos generosos são. Causam obstruções, hidropisias, geram pedra e ofendem os velhos. Se forem austeros, têm virtude adstringente, com que aproveitam nos fluxos do ventre e de sangue, em que Galeno[6] concede vinho crasso, negro e acerbo.

6. *1. Ad Glauc. 14.*

Os vinhos negros tênues e delgados abrem os meatos, desopilam, movem suores e a urina, e nutrem menos que os crassos.

VINHOS LOUROS E PALHETES. Os vinhos louros e palhetes tomam esta cor por serem antigos, que os novos, ou são brancos, ou negros, ou vermelhos. E com o tempo se fazem louros e palhetes e são mais quentes que todos os outros, o que afirmou Galeno[7], quando disse:

7. *12. Meth. 4.*

Calidissimum ergo ex jam dictis, si colorem spectes, flavum est.

Portanto do que já foi dito, se consideras a cor, o mais quente é o louro.

8. 5. *De sanit.* 5.

E em outro lugar[8]:

Quotquot autem in ipsis calidissima sunt, omnia certe flava sunt.
Todos que calidíssimos são em si mesmos certamente são louros.

São estes vinhos muito penetrativos e por isto socorrem prontamente aos que têm síncope e aos hidrópicos, porque restauram brevemente as forças, mas ofendem muito em naturezas quentes. Ferem a cabeça e os nervos. Causam febres, comichões, impigens. Fazem fluxos de sangue e embebedam facilmente.

VINHOS VERMELHOS. Os vinhos vermelhos e rosados, uns são mais fortes que outros. Os que são crassos e têm a cor quase negra, nutrem muito e são mais brandos. Distribuem-se devagar, causam obstruções e hidropisias. Os que são de cor rosada e de substância tênue são generosos e penetrativos, nutrem menos e não opilam, mas antes incindem e adelgaçam os humores crassos, que fazem as opilações e mundificam a massa do sangue pelos rins.

VINHOS CHEIROSOS. Os vinhos muito cheirosos são mais quentes que os que cheiram pouco, mas são melhores, porque o bom cheiro no vinho atesta bondade de substância e incorruptibilidade dela. Eles restauram muito as forças, confortam os espíritos, alegram o coração e recreiam todo o corpo. São bons para os velhos e debilitados. Têm lugar nos achaques do peito procedidos de causa fria, não havendo febre. Porém ofendem a cabeça e os nervos e, por isto, não se devem conceder nos que padecerem catarros, defluxões, reumatismos, gota artética e dores de cabeça.

VINHOS NOVOS. Os vinhos novos que retêm ainda a doçura do mosto são aquosos, fracos, crassos, de dificultoso cozimento e distribuição, porque se demoram muito tempo no estômago e ventre e nem descem por este, nem pelas vias da urina, e por isto causam obstruções, incham e distendem os hipocôndrios, perturbam o sono, geram pedra, principalmente se forem crassos, turvos e mal dessecados, como costumam ser todos os vinhos novos, em que se conservam algumas partes fermentescíveis do mosto, com as quais excitam febres, causam esquinências, pleurises, erisipelas e outras inflamações internas e externas.

VINHOS VELHOS. Os vinhos muito velhos são calidíssimos e tanto devemos reprová-los como os novos, porque, sobre esquentarem insignemente, nutrem menos e ofendem mais que todos, principalmente se logo quando novos foram generosos, porque estes com o tempo fazem-se mais acres e vinosos e têm calor mais intenso. Uns e outros ofendem a cabeça e os nervos, causam sede, destemperam as entranhas, excitam cólicas ictéricas, secam o corpo e embebedam com facilidade. Fazem grandes danos em naturezas quentes, em que não se devem conceder, senão muito diluídos; e em naturezas frias só se devem usar mais como medicamento do que como alimento, porque, além de fazerem os referidos males, nutrem tão pouco que quase ficam fora da classe dos alimentos:

Vinum vectus [diz Avicena][9] *est quasi medicina, et pauci existit nutrimenti.*
O vinho velho é quase remédio e tem pouco de nutrimento.

9. *3. 1. Doct. 2. c. 8.*

VINHOS DE MEIA IDADE. Os vinhos de meia idade são os melhores para os sãos e para os enfermos e para toda idade, porque já o tempo os tem bastante dessecados e são moderados no calor, o qual cresce nos vinhos com o tempo, de sorte que quando novos têm pouco, na meia idade têm muito e muito mais quando são de muitos anos. A meia idade nos vinhos generosos, entre os antigos, era de sete anos, segundo escreve Dioscórides[10]. Na antiga Roma havia oitenta diferenças de vinhos nobres, conforme diz Galeno[11], que se conservavam vinte anos, como afirma Plínio[12]. E falando Galeno do vinho sabino, diz que ainda no sexto ano não estava bom de se beber:

10. *Lib. 5. c. 7.*

11. *3. Lib. de medic. secund. gener.*

12. *Lib. 14. cap. 12.*

Quo circa citius sexto anno nobile Sabinum idoneum non est[13].
Por isso, não antes que por volta do sexto ano, o nobre Sabino não está bom.

13. *Lib. de Euchym. 11.*

E o água-pé destes vinhos tão generosos durava na Itália um ano. Nos vinhos ordinários, era a meia idade de dois anos até quatro. Em Portugal, onde não se colhem vinhos inteiramente maduros, será a sua meia idade um ano perfeito.

ÁGUA-PÉ. Água-pé é a água que se lança no bagaço, depois de se lhe haver tirado o vinho, com a qual se fermenta dois ou três dias. É brando, flatulento, mas útil para pessoas de temperamento quente, às quais seja preciso usar de vinho. É muito diurético, como se verá adiante no Capítulo 7, n. 3.

Capítulo VI

Qual Seja o Melhor Vinho; se Devem Usar Dele as Pessoas que Têm Saúde; em que Quantidade se Há de Beber e das Utilidades e Danos que Causa

1. Genericamente falando, o melhor vinho é aquele que em regiões quentes, ou temperadas, se tira de uvas maduras e que, depois de bem cozido e dessecado nas pipas, é claro e algum tanto vermelho, nem muito tênue, nem muito crasso, nem muito forte, nem muito débil; de sabor entre doce e austero e que é odorífero e de um ou dois anos. Algumas naturezas, por particular analogia de seus temperamentos, dão-se melhor com uns vinhos que com outros. Uns gostam de vinho branco e brando, outros do vermelho e generoso e acham neles maior utilidade. Outros acomodam-se melhor com o louro e palhete. E para cada qual o melhor vinho é aquele com que melhor se dá o seu estômago e de que recebe maior benefício a sua natureza.

2. Pergunta-se se os que têm boa saúde hão de beber vinho. Respondemos que os que têm saúde podem comer e beber o que quiserem, não excedendo os limites da moderação. A bebida mais própria para eles é a água, porque ela é a que mitiga a sede, que é a que obriga a beber aos que têm saúde. Nela se coze o alimento no estômago, com ela se distribui depois de cozido e com ela se expurgam os excrementos pelos seus ductos, que são os fins para que se bebe, quando não há queixa que particularmente persuada a beber vinho; que, havendo-a, já estamos fora do estado da saúde e dos termos da questão.

É verdade que algumas pessoas, ainda que tenham saúde, são de natureza tão débil e fria que necessitam de beber vinho, sem embargo de que não tenham achaque a que se deva. Outros que trabalham e se exercitam muito, com grande dispêndio de espíritos, necessitam de beber vinho para restaurar os espíritos perdidos e alentar as forças, que com ele brevemente se recobram. Os pobres, que ordinariamente vivem do seu trabalho, comendo alimentos de pouca substância, é muito necessário que bebam vinho. Porém os cavalheiros, os príncipes, os homens ricos, que põem uma mesa de alimentos sólidos e muito nutrientes, escusam de beber vinho, principalmente quando freqüentam as bebidas de chocolate, chá e café, com que se ajuda o calor do estômago para boa dissolução dos alimentos e dissipação dos flatos que resultam das cocções. Mas se todavia tiverem temperamento frio e úmido, se andarem debilitados e se o estômago cozer com dilação e com enfado, bem podem beber vinho às refeições, que acharão nele grande utilidade. Galeno[1] notou que Hipócrates nunca aconselhara o vinho como alimento, senão como medicamento, porque, como alimento, entendeu que se escusava, quando havia outros de que se compusessem as mesas e para beber achou melhor a água do que o vinho.

1. 3 *Alim.* 40.

3. A quantidade que se há de beber não se pode determinar para todos. Os trabalhadores e os que se exercitam com tal violência que gastam muitos espíritos, necessitam de beber mais. Os que o tomam só por ajudar os cozimentos, comendo coisas substanciais com que se reparem da perda dos espíritos e sangue que nas nutrições se gastam, estes devem beber menos. Ordinariamente bastará de meio até um quartilho, quando muito. O mais já se roça em temulência. E o tempo de bebê-lo há de ser às refeições e fora delas por nenhum caso.

4. Os meninos que têm saúde não devem criar-se com vinho, porque são muito quentes e ordinariamente se ofendem com ele:

> *Pueris quidem* [diz Avicena][2], *vinum ad bibendum dare, est sicut ignem igni addere in lignis debilibus.*
>
> Dar de beber vinho aos meninos é, na verdade, o mesmo que acrescentar fogo ao fogo em lenha leve.

2. 3.1. *Doct.* 2.8.

E se Hipócrates algumas vezes o concede nos meninos, é misturado ou diluído em água, para que fique menos seco, mais úmido e mais análogo à sua natureza.

5. Nos velhos tem lugar o vinho e Avicena[3] diz que é o leite da senilidade, porque lhes aquenta as entranhas frias e debilitadas, dá vigor aos espíritos e à massa do sangue e faz sair pelas vias da urina as muitas serosidades de que abundam os velhos. E porque estes ordinariamente têm a cabeça fraca, adverte o mesmo

3. *Ubi supra.*

Avicena que não bebam tanto vinho que lhas ofenda. Mas sem embargo de que o vinho se conceda aos velhos, como leite da sua idade, alguns pode haver que o não sofram sem dano, porque os velhos que forem de natureza quente, biliosos e adustos, se o beberem, há de ser com prejuízo seu. Nestes tais é melhor a água, que os umedeça, do que o vinho, que os desseque.

6. Na juvenilidade parece se escusa o vinho, porque nestes anos está vigoroso o calor natural e fortes as partes do corpo e não necessitam dele. Porém isto não pode ser em todos. Haverá naturezas que o necessitem, ainda tendo saúde. Galeno[4], que o nega até os vinte e dois anos, o concede moderado desde estes até os trinta. E Avicena diz no lugar alegado: *Et juvenibus da ipsum temperate* [E para os jovens dê o mesmo moderadamente]. E é certo que sempre se deve usar do vinho dentro dos limites da sobriedade e moderação, que assim é de muita utilidade ao corpo, porque ajuda os cozimentos, vigora o calor natural, alegra e conforta o coração, aumenta os espíritos, refaz as forças, atenua e adelgaça as fleumas, expurga a cólera pelas vias da urina e promove a expulsão de todos os excrementos pelos seus ductos.

4. *Lib. quod anim. mor.*

7. Mas se o vinho moderado faz todas estas utilidades, não causa menos danos sendo excessivo, porque esturra os alimentos no estômago, debilita o calor natural, faz muita sede e intemperanças nas entranhas, aquenta muito e faz ferver a massa do sangue, causa hidropisias, não só timpânicas, mas anasarcas e ascites. Provoca acidentes epilépticos, estupores, paralisias, apoplexias, gota artética, reumatismos, tremores de mãos, fastio, vômitos, pleurises e outras inflamações internas e externas e outros muitos danos, não só de calor, mas de frialdade; porque, sendo muito, não o pode cozer nem regular a natureza e causa achaques frios, como se não fora quente e seco. É expressa doutrina de Galeno, por estas palavras:

Vinum ubi plus bibitur, quam ut vinci possit, tantum abest ut animal calefaciat, ut etiam vitia frigida gignat; quippe apoplexiae, et paraplixiae, et quae graece caros, et comata vocamus, et nervorum resolutio[5].

O vinho, quando se bebe mais do que pode ser tolerado, tão longe está de esquentar o animal, que produz até vícios frígidos, pois que as apoplexias, paralisias e as que chamamos, à maneira grega, caros, e comatos, e o rompimento dos nervos.

5. 3. *De temper. cap. 2.*

E não só causa estes incômodos ao corpo, mas também ofende a alma bebendo-se com excesso, porque perturba a luz da razão, excita a ira e precipita os homens a atos torpes e libidinosos. Por isto os lacedemônios e cartagineses proibiram totalmente nas suas leis o vinho aos que se ocupavam nas campanhas, aos escravos na cidade, aos príncipes e magistrados, aos governadores e aos juízes no tempo de seu governo, considerando que o vinho os faria errar, perturbando-lhes o entendimento e ofendendo-lhes a razão.

Capítulo VII

Se o Vinho se Há de Beber Puro, se Linfado

1. Para temperar o calor do vinho e impedir os danos que dele puro se podem seguir, aconselha-se que se lhe misture água, no que nos pareceu dizer que quem beber o vinho por remédio, como há de ser em pouca quantidade, beba-o puro, que com os alimentos e com a água que se bebe, lá se vem a linfar no estômago. E se os médicos lhe disserem que o beba com água, satisfaça ao que lhe ordenarem. Porém os que o beberem por gosto e por regalo é bem que o bebam aguado, principalmente se os vinhos forem vinosos, fortes e generosos, porque se tempera o seu grande calor e secura com a frialdade e umidade da água; e esta, com a mistura do vinho, fica mais penetrativa, distribui-se melhor, entra mais facilmente pelas entranhas e assim tempera o calor delas e mitiga a sede muito melhor do que se fosse a água pura. É verdade que há de haver sua diferença em linfar o vinho e em temperar a água com ele, fazendo-a avinhada. O temperar ou avinhar a água faz-se com muita água e pouco vinho; esta nunca serve para os sãos, senão para os doentes que padecem obstruções, a fim de que possa a água permear por elas e distribuir-se melhor, e para isto basta que a água fique com uma pequena representação de vinho.

2. O linfar do vinho, nunca a água há de ser tanta que o iguale, nem exceda, que isto é o que reprovaram Hipócrates[1] e Galeno, quando atribuíram ao

1. 2. *Acut.* 34.

vinho diluído alguns danos. Sempre há de exceder o vinho à água. A quantidade desta não se pode determinar, que não há de ser sempre a mesma, porque há de variar pelo temperamento de quem o há de beber, pela sua idade, pela quadra do ano e pela natureza do mesmo vinho. Se quem houver de beber o vinho tiver temperamento quente, idade juvenil e for no estio, deve ser o vinho mais linfado. Se o temperamento for frio, a idade decrépita e o tempo de inverno, deve ser menos diluído. Assim também se o vinho for brando, há de misturar-se-lhe menos água que ao que for forte. Com que sempre vem a ficar arbitrária e condicional a quantidade da água com que se há de fazer a linfadura do vinho. Se ele for generoso e forte, poderá sofrer a terça parte de água; se for aquoso e frouxo, sofrerá a quarta parte, mas nunca, por mais generoso que seja, se lhe misturará igual quantidade de água, e a que se lhe houver de misturar será uma ou duas horas antes que se haja de beber. É o vinho linfado útil aos biliosos e de temperamento quente, aos que têm sede habitual, aos vigilantes, porque concilia o sono, e aos que têm síncope por exaustos de evacuações grandes.

3. O água-pé, a que os latinos chamam *lora*, pode-se reputar por vinho linfado, pela muita água que tem, por razão da qual é frio ou temperado, mas é flatulento e excrementício, ofende a cabeça e é muito diurético, principalmente se se tira das uvas doces, que o que sai das acerbas e azedas é menos diurético.

4. Do vinho mosto, fervido até engrossar, faz-se o arrobe, de que muita gente usa, como do melaço, que vem do Brasil; ele nutre muito, porém coze-se e distribui-se mal, causa obstruções e flatos; é para trabalhadores e pessoas do povo, que se criam com alimentos grosseiros e exercitam-se muito.

Capítulo VIII
Propõem-se Algumas Advertências que se Devem Observar no Uso do Vinho

1. Do que temos dito nos capítulos antecedentes, tiram-se as advertências seguintes para o uso do vinho. A primeira é: que as pessoas de temperamento quente e seco, de qualquer idade e condição que sejam, escusem o vinho, porque se ofenderão muito com ele. E quando, por alguma queixa, lhes pareça que o necessitam para beber, aconselhem-se com médico douto, e se for douto e abstêmio, não será pior.

2. A segunda advertência é que os meninos não se criem com vinho, porque se abrasarão com ele; razão por que Galeno o nega até os vinte e dois anos. A terceira: que as amas-de-leite não bebam vinho, porque será o leite muito quente, acre e mordaz, e fará grandes danos às crianças. Daqui nascem muitas vezes os usagres, as comichões e pústulas que os meninos padecem.

3. A quarta: que os que beberem vinho lancem-lhe água uma ou duas horas antes, naquela porção que o vinho sofrer e o temperamento de quem o bebe e estação do ano permitir, como dissemos no número 2 do capítulo antecedente. A quinta: que o vinho que se beber seja claro, tênue, algum tanto vermelho, odorífero, de bom sabor e com as mais condições que expusemos no número 1 do capítulo 6 desta seção; e que, sempre que se beber, seja moderado.

4. A sexta: que não bebam vinhos novos nem muito velhos, senão de meia

idade, pelas razões que dissemos no capítulo 5 desta seção. A sétima: que os que forem fracos do cérebro e dos nervos não bebam vinho, salvo se por algum achaque houverem mister; e bebendo-o, será linfado o mais que puder, porque, misturando-lhe pouca água, embebeda com facilidade, penetrando logo no cérebro e nervos muito mais brevemente do que sendo puro ou muito linfado.

5. A oitava: que ninguém beba vinho estando em jejum ou com grande fome, porque assim penetra logo no íntimo do corpo, ofendendo as entranhas, a cabeça e os nervos. A nona: que, pelas mesmas razões, não se beba vinho depois de algum exercício forte ou de um suor copioso. A décima: que os que forem acostumados a beber muito vinho sejam moderados no comer, porque, se bebendo muito comerem com excesso, não poderá a natureza com um e outro enchimento, e necessariamente hão de seguir-se alguns danos.

6. A undécima: que os que beberem vinho tendo muita sede não o bebam puro, senão aguado, porque este extingue-a e aquele acrescenta-a. A duodécima: que, quando se comerem alimentos crassos, frios e de difícil cozimento e digestão, beba-se vinho forte e em maior porção do que comendo alimentos tênues e de fácil transformação, sobre os quais se beberá vinho brando e em menos cópia. A décima terceira: que, quando se beber vinho só para conservar as forças, seja de meia idade, claro, rubro, odorífero, de bom sabor, nem muito forte, nem muito débil e, na quantidade, segundo o costume de cada um, que sempre deve ser nos limites da moderação.

7. A décima quarta: que, quando se usar do vinho para nutrir e engordar as pessoas magras, escolha-se o vinho doce, crasso e negro ou bastante corado, porque estes são os mais nutrientes. A décima quinta: que, quando se beber para não engordar, use-se de vinho branco ou pouco corado e tênue, porque é o que menos nutre.

8. A décima sexta: que, quando se usar de vinho para ajudar o cozimento de estômago, busque-se forte e generoso, sutil, fragrante e de cor moderada. E quando se beber para confortar as forças, será crasso, azedo, negro ou vermelho, que estes, como são mais adstringentes, confortam melhor.

9. A décima sétima: que nunca em uma mesma mesa bebam-se dois vinhos diversos, nem juntos, nem separados, porque, tendo qualidades contrárias, nunca se unirão de sorte que não causem algum enfado à natureza, de que resultarão cruezas, como quando se usa de alimentos diversos e diferentes na substância e nas qualidades, de que nascem indigestões, cruezas e outros danos que destes se seguem.

Capítulo IX
Da Aguardente, do Espírito de Vinho, da Água-da-rainha-da-hungria e do Arrobe de Vinho

1. Do vinho tira-se a aguardente e o espírito, que são licores sutis e inflamáveis. A aguardente é cálida e seca em alto grau. É muito útil nas naturezas frias e úmidas, em pessoas grossas, nos velhos e nos que têm o estômago débil por falta de calor, porque, tomada com moderação, conforta o estômago, ajuda o seu cozimento, aquenta as entranhas, dissipa os flatos, consome as fleumas, alenta os espíritos, vigora o coração, anima o sangue, facilita a sua circulação, restaura as forças e é remédio nas síncopes, nas apoplexias, nas vertigens e nos letargos, dando uma ou duas colheres dela, com que muitas vezes tornam a si os que padecem estes achaques. É remédio nas contusões e paralisias, aplicando-a quente nas partes contundidas e paralisadas, nas queimaduras e erisipelas, e nas dores de causa fria, em qualquer parte que as padecer. Não se deve usar nos meninos, nem nas pessoas quentes e secas, nem nos melancólicos adustos, nem nos que padecem pruídos, sarnas, impigens ou outras quaisquer queixas de calor.

2. A aguardente, usada com excesso e em naturezas biliosas e adustas, faz gravíssimos danos, porque escandesce as entranhas, esturra o alimento no estômago, causa sede, abrasa o coração e excita febres, fazendo ferver a massa do sangue; embebeda, agita desordenadamente os espíritos animais, faz catarros, reumatismos, gota artética, cólicas quentes e convulsivas, hidropisias, apople-

xias e finalmente, destruindo a economia das partes fluidas e sólidas do corpo, é causa de outros muitos danos, às vezes mortais.

3. Os mesmos danos e utilidades faz o espírito de vinho em menos quantidade, por ser mais sutil, mais volátil e mais inflamável que a aguardente. Desta, destilada em banho-maria com flor de alecrim, faz-se a água-da-rainha-da-hungria que, além de ter as mesmas virtudes que a aguardente e espíritos de vinho, é remédio de muitos males que procedem de causa fria, particularmente para os da cabeça e nervos, por razão da flor do alecrim. Ela conforta o estômago e os nervos, e serve para todos os seus males que nascem de humores fleumáticos e frios; anima os espíritos e a massa do sangue, cura as vertigens que procedem do estômago fraco, tomando uma colher dela em caldo de galinha, de manhã, em jejum, alguns dias, como nós observamos em casos que referimos nas nossas observações. Nas síncopes, é remédio pronto, porque restaura muito os espíritos e dá vigor aos que estão desalentados. Usada com freqüência em naturezas quentes ou com excesso em naturezas frias, faz os danos que dissemos da aguardente.

4. Do vinho mosto faz-se o seu arrobe, fervendo o mosto a fogo forte até ficar doce e tão grosso como o melaço do açúcar que vem do Brasil. É mais para alimento que para bebida e, nas terras em que se faz, comem-no com pão torrado, como se fora chocolate. É o arrobe quente e seco; comido com moderação, conforta o estômago, ajuda o seu cozimento, dissipa os flatos e nutre muito. Se se usa com excesso, aquenta as entranhas, perverte a quilificação, causa flatulências e indigestões.

Capítulo X
Da Cerveja

1. A cerveja é bebida que inventaram as regiões do Norte, da qual usam com freqüência e com excesso. A sua composição é vária, porque uns a compõem de farinha de trigo, de cevada, de aveia, de água e vinagre, ajuntando-lhe algumas ervas amargas, como a losna, lúpulos e outras, segundo a descrição de quem a prepara; e por isto há entre as cervejas suas diferenças assim no sabor como na textura e no temperamento. A mais ordinária é feita de água, cevada e lúpulos. A que é feita de maior porção de cevada e vinagre é fria e a que se faz com maior porção de aveia e trigo é quente. Umas fazem-se mais tênues e outras mais crassas; estas cozem-se e distribuem-se mal, causam obstruções, mas são mais nutrientes. Aquelas cozem-se brevemente, distribuem-se com facilidade, nutrem pouco e provocam a urina. Porém a cerveja boa há de ser clara, bem fervida, nem muito nova, nem muito velha e não há de ser azeda. Sendo desta maneira, dizem que tem virtude aperiente e diurética, que refresca muito, conforta as entranhas, nutre bem o corpo, acrescenta as forças e gera bom sangue; assim se lê na Escola de Salerno nestes versículos:

Crassos humores nutrit caerevisia, vires
Praestat et augmentat carnem generatque cruorem[1].
A cerveja nutre os humores crassos, dá
Forças, acrescenta carne e gera sangue.

1. *Cap. 46.*

2. E confirma-se isto com o que se observa nas terras do Norte, onde se usa muito a cerveja, cujos moradores são mais corpulentos e bem nutridos do que os de outras terras, onde se usa do vinho e não da cerveja. Porém, ainda que a cerveja tenha estas virtudes que dela canta a Escola Salernitana, ela mesma adverte que se beba com tal moderação que não grave o estômago e não excite alguns danos:

2. *Cap. 18.*

Da qua potetur stomachus, non inde gravetur[2].
Não seja o estômago gravado pelo que bebe.

E não há dúvida em que, usada com excesso, faz muitos males, porque embebeda muito tempo, e, se a cerveja é turva, ainda que nutra muito, faz o dano de obstruir principalmente os ductos da urina e por isto é danosa aos que padecem cálculos; é muito flatulenta e dificulta a respiração. Se é fresca ou mal fervida, não se coze no estômago, incha o ventre, causa cólicas e fermenta-se dentro do corpo, excitando febres, causando ardores de urina e purgações, como gonorréias. E ainda que seja muito boa, bebida com largueza, sempre é nociva, porque ofende os nervos e a cabeça, excita febres, é infensa aos que padecem pedra, causa cruezas, indigestões e cólicas, donde veio a exclamar o Poeta Abrincense:

Nescio quod Stygiae monstrum conforme paludi,
Cerevisiam plerique vocant, nil spissius illa
Dum bibitur, nil clarius est, dum mingitur, unde
Constat, quod multas faeces in ventre relinquat.
Não sei que maravilha do Estige semelhante ao pântano,
Muitos chamam cerveja, nada é mais espesso que ela
Enquanto bebida, nada é mais claro enquanto urinada, donde
É certo que deixa muitos resíduos no ventre.

3. E, como quer que seja, para os sãos é bebida escusada, porque, se se quiser para refrescar as entranhas e extinguir a sede, para isto é melhor a água de neve, a limonada e o sorvete. Se para aquentar o estômago e para ajudar o seu cozimento, para dissipar os flatos, para alentar os espíritos e nutrir o corpo, para tudo isto é melhor o vinho, de que já falamos, o chocolate, o chá e o café, de que agora falaremos.

Capítulo XI
Do Chocolate

I. O chocolate é a melhor bebida de quantas inventaram os castelhanos. É quente e seco, ainda que não falte quem diga que é temperado, sem excesso de calor, nem de frio. O certo é que ele se compõe de baunilhas, de canela e açúcar, que são quentes, e de cacau e água, que são frios. Pela diferença com que se prepara, resulta que seja mais ou menos quente; porque, se lhe lançam muita canela e baunilhas, fica mais quente; se lhe lançarem menos quantidade destes ingredientes e muito cacau, ficará menos quente, porém sempre quente e seco. Mas é um composto de prestantíssimas virtudes, porque conforta o estômago, ajuda os seus cozimentos, coze-se bem e distribui-se facilmente, coze as cruezas e fleumas do estômago, nutre muito, dissipa os flatos, anima os espíritos, dá vigor à massa do sangue e às partes da geração, favorece o sistema nervoso, cura as cólicas de causa fria, é remédio de indigestões e das febres que delas procedem, quais são muitas vezes as dos recém-casados e de pessoas que fazem excessos nos serviços de Vênus; cura as vertigens que nascem de fraqueza de estômago e é útil naquelas em que a cabeça está insignemente ofendida, tem uso nos cursos lientéricos, celíacos e quilosos, nas cólicas uterinas, nos acidentes do útero, nas síncopes e na debilidade essencial; porque corrobora o calor natural, gera sangue espirituoso e por isto restaura as forças, vigora as entranhas e alenta o corpo todo; tendo mais uma virtude diurética e aperiente com que desopila, de maneira que faz baixar as purgações dos meses e provoca a evacuação da urina, como já dissemos na nossa *Medicina Lusitana*. Não é menos útil nos catarros de causa fria, que os ajuda a cozer e facilita o escarrar.

2. Mas, ainda que o chocolate tenha todas estas virtudes, não se há de usar com excesso, porque fará os danos de esquentar as entranhas, inquietar os espíritos, esturrar os alimentos, causar febres, indigestões, cólicas quentes, tenesmos, vigílias e outros males de calor, principalmente se se usar em temperamentos quentes, secos e adustos, nos quais não tem tanto lugar como nos frios, úmidos, fleumáticos e pingues; por isto, quando for preciso que pessoas de temperamento quente se valham dele, será em moderada quantidade, que assim o temos usado sem ofensa, não só em naturezas quentes, mas em febricitantes, por razão de alguns sintomas que a isso nos obrigaram.

3. O chocolate melhor é aquele que, sendo bem feito de bons ingredientes, se usa muitos meses depois; os castelhanos dizem que há de ser de um ano. Toma-se em jejum, ao almoço, de tarde e ao jantar, ou seja antes, ou depois de comer, que em qualquer tempo e a qualquer hora o recebe bem o estômago, falando em comum; porque estômago pode haver que sempre o receba mal, mas ordinariamente o aceitam bem os estômagos; e não retarda o seu cozimento, ainda que se beba no tempo dele. As bebidas quentes sempre são mais próprias para os tempos frios, mas o chocolate, no inverno, no estio e em todo ano se pode tomar, usando-o com tal prudência que não ofenda por excessivo, o que aproveitará sendo moderado.

4. É o chocolate particularmente útil para as mulheres pelo que respeita ao útero, como aromático; e para os velhos faltos de calor natural e para os caquéticos e hidrópicos de causa fria. Não se deve dar aos meninos, por serem muito quentes, razão por que Galeno lhes proibiu totalmente o vinho e, ainda que o chocolate não ofenderá tanto como o vinho, muito melhor é que não se criem com ele e que, quando algumas vezes se lhes der, seja em pouca quantidade. Não serve para as pessoas biliosas, quentes e adustas, principalmente se for chocolate em que se lance âmbar, ou almíscar, ou quaisquer outros aromas que muitas vezes lhe lançam na sua preparação, com que se abrasam as entranhas, se rarefazem e fermentam viciosamente os humores e a massa sangüínea, de que nascem febres, reumatismos e outros danos.

Capítulo XII
Do Chá

I. O chá é uma erva que vem do Japão e da China, cujas folhas são semelhantes às do sumagre. É quente, seco e tem muitas virtudes medicinais, porque conforta o estômago com as suas partículas absorventes, que tem, como se conhece da sua adstrição e amargor; ajuda os seus cozimentos, cura as vertigens que procedem do estômago, é remédio da asma pneumônica e flatulenta, de cólicas nefríticas, e das que nascem de causa fria e de flatos; cura os cursos quilosos e os que procedem de indigestões, de azias e cozimentos alterados, procedidos de estar muito exaltado o ácido fermentativo do estômago; cura as gravações e dores de cabeça, é útil nas queixas dos nervos, aproveita nas quedas, porque facilita a circulação do sangue e da linfa, que com violência delas se perturba, é conveniente nos vágados, nos acidentes de gota-coral, nos estupores, paralisias e apoplexias, nos sonos profundos, na dificuldade de ouvir, no tinido dos ouvidos, nos catarros e fluxões de estilicídio e nos ptialismos; conforta a memória, desseca as umidades do cérebro e do estômago, tira o sono, sem que a falta dele se sinta, preserva de gota artética e de que se embebede quem o tomar, ainda que se demasie no vinho; provoca a urina, recreia os espíritos, limpa os rins das areias e não deixa formar pedra neles, nem na bexiga, tanto assim que na China e no Japão, onde se usa muito do chá, não é muito comum o achaque de pedra, nem de gota. Tem virtude descoagulante, com que adelgaça e atenua as matérias crassas que podem servir de impedimento à circulação do sangue; purifica a massa sangüínea com as suas partes oleosas e balsâmicas, tomando em si os sais acres e pungentes que nela abundam, por cuja causa é útil nos tísicos e nos escorbúticos.

2. Para o chá fazer estas utilidades, há de ser novo, de folhas miúdas e inteiras, cheiroso e colhido na primavera. O tempo de tomá-lo é diferente, segundo o fim para que se toma. Os sãos, que o tomam sem mais necessidade que a de seu gosto, podem bebê-lo à hora que quiserem, porque é coisa tão inocente que não fará dano, senão por excessivo, e tanto importa bebê-lo antes como depois de comer. Os que o tomam por medicinal hão de ter hora de eleição para bebê-lo. Quando é para ajudar os cozimentos de estômago, deve tomar-se sobre o comer e, quando para não dormir, toma-se na hora em que se quer estar vigilante. Quando se tomar para dores de cabeça, deve ser sobre o almoço e jantar, e, quando para a preservação de alguns achaques, toma-se em jejum e de tarde seis horas depois de almoçar. A quantidade não deve ser menos de meio quartilho de cada vez.

3. E, ainda que sejam tantas as utilidades do chá, todavia, se for excessivo, também fará alguns danos, porque, como é quente e tem virtude dissolvente e descoagulante, pode aquentar e dissolver a massa do sangue, de maneira que faça febre e cause reumatismos e defluxos, que por dissoluções do sangue costuma haver, principalmente sendo em pessoas de temperamento quente, biliosas e adustas, e em meninos, em quem não se devem usar sem necessidade bebidas quentes. Além disto, como o chá é diurético, usando-o com excesso, pode ofender os rins e a bexiga, levando para estas partes os humores das primeiras vias e algumas impuridades do corpo, de que podem resultar disurias e supressões de urina.

4. O modo de tomá-lo é fazendo-o em pó ou tirando-lhe a tintura. Este é o modo mais ordinário. Tira-se a sua tintura em água quente ou em leite e, com açúcar ou sem ele, se bebe. Entre as muitas virtudes que dele resenhamos, temos achado que é excelente nos escorbúticos, tomando-o todos os dias com largueza; e por isto o temos por um dos melhores antiescorbúticos que há. Não falta quem diga que o chá tem poucas virtudes medicinais e que as utilidades que dele se pregam devem-se adscrever à água quente em que se lhe tira a tintura, mais do que ao chá, que julgam invirtuoso. Mas também há quem afirme muitas virtudes do chá que não as pode fazer só a água quente, do que se veja o que escreve Mangeto no tomo 2 da sua *Bibliotheca Pharmaceutica*, fol. 978, onde se acha que, sem embargo de que o chá seja quente e seco, tempera os humores adustos, acres e mordazes, emenda o calor do fígado, abranda a dureza do baço,

preserva de dores nefríticas e de que se gerem pedras nos rins. Ultimamente, dizem do chá que conforta e restaura a vista, de tal sorte que entre os japoneses se tem por antídoto contra a fraqueza da vista e contra os achaques dos olhos que, por razão do muito arroz que comem e de certas bebidas quentes que usam, geralmente padecem, o que não se deve imputar à água quente, que, ainda que tenha virtude para algumas coisas, não é para estas.

Capítulo XIII
Do Café

I. O café, que hoje tanto se freqüenta, é um fruto de certas árvores da Arábia a que os naturais chamam *Bon* e *Bunchu*; na figura, é semelhante às favas, na cor às cidras. É quente e seco, tem muitas partes tênues e balsâmicas, e muito sal volátil, como se colhe do cheiro que exala e do suco oleoso que de si lança, com o qual corrobora grandemente o estômago e cérebro e desimpede as obstruções das entranhas e do útero; por isto é eficacíssimo em provocar a purgação dos meses, para o que o usavam as mulheres do Egito, quando lhes baixavam diminutos, e, tomando-o várias vezes nos dias do mênstruo se repurgavam copiosamente com ele, segundo escreve Próspero Alpino[1]. Além disto, ajuda a digestão do alimento, é útil nos males da cabeça, impede a temulência ou modifica-a, porque reprime e abate os vapores do vinho e dos mais licores espirituosos; conforta a memória, alegra o ânimo, é remédio nas vertigens, nos estupores, paralisias, apoplexias, nos sonos profundos, nas hidropisias, nos catarros, nas fluxões de estilicídio ao pulmão, na gota artética, nos males dos olhos e dos ouvidos; nas palpitações do coração, nas hipocondrias e flatulências, nas cólicas de causa fria, nas quedas, nas supressões de urina, que é muito diurético, e nos mais casos em que se usa do chá, cujas virtudes inclui o café, excedendo-o em desobstruir, em dissipar os flatos e afugentar o sono, vigorando os espíritos animais e conservando-os sem ofensa em todo o tempo da vigília.

1. *Lib. de Med. Aegyp. fol. 18.*

2. Mas, ainda que o café tenha tão excelentes virtudes, não se há de usar dele com excesso, nem se há de dar indiscriminadamente a todos, porque, em naturezas quentes, biliosas e adustas, e nas pessoas magras e secas, fará gravíssimos danos, secando-as e extenuando-as, e causará paralisias, estupores espúrios e impotência no uso de Vênus, como afirma Uvilis[2], que só o concede a pessoas obesas, carnosas e de temperamento frio e úmido, e nos que tiverem o sangue insípido, aquoso, crasso e pouco balsâmico; porque o café, com as suas partes oleosas e voláteis, sutiliza, rarefaz e atenua os humores crassos e víscidos, volatiliza o sangue e facilita a sua circulação.

2. *In Pharmacus. rational.*

3. Não se deve, logo, usar nos meninos, em que há calor vigoroso, nem nos adultos que forem de temperamento quente, de hábito grácil, vigilantes, espertos e orgulhosos; nem nas pessoas que padecerem achaque de calor, porque toda a comodidade do café assenta em temperamentos frios e úmidos, e na presença de queixas nascidas destas causas. As pessoas sãs que o quiserem tomar, façam-no com moderação, que as não ofenda. E os que forem de natureza quente, tomem-no feito com leite de vaca ou de cabra e ovelha, que assim fica a bebida mais temperada e não fará dano, se não for excessiva. E ainda quando se usar o café em temperamentos frios e úmidos, sempre será com moderação, porque, entre outros incômodos, fará perder totalmente o sono, debilitará o corpo e ofenderá as fibras e nervos; porque, rarefazendo, alterando e fazendo fermentar viciosamente os humores ou partes líqüidas com muito dispêndio de espíritos, não pode deixar de sentir esta ofensa o sistema nervoso e de perderem a sua força as fibras das partes sólidas, e darem em lassidões e paralisias.

4. O café bom há de ser novo, bem limpo da casca, de mediana grossura, citrino e que não se tenha molhado no mar. Toma-se de manhã, em jejum, e de tarde, três ou quatro horas depois de almoçar. A quantidade que de cada vez se toma é uma chícara ordinária. O modo de prepará-lo é torrando-o e fazendo-o em pó, de que se lançará uma colher em dez onças de água que esteja a ferver, revolvendo os pós com uma colher, até tirar-se bem a tintura do café, e, estando assim, bebe-se a água, deixando ficar os pós.

Capítulo XIV
Do Licor a que Chamam Sidra

1. Nas nações estrangeiras, particularmente na Baixa Normandia, inventou-se este licor, ou vinho de maçãs, a que chamaram sidra; e não é outra coisa mais que o sumo tirado por expremeção de certos pomos colhidos no outono, quando estão bem maduros, recolhido e guardado em barris ou tonéis em que se fermenta como o mosto, ficando, acabada a fermentação, os ditos sumos em um licor espirituoso, bem dessecado, claro, de cor dourada, odorífero e de um sabor doce e picante. Fermentam-se estes sumos como o sumo das uvas e, assim como no mosto, se o vinho não fica bem purificado por meio da sua fermentação, brevemente se perde; também no sumo destas camoesas, se pela sua fermentação não ficar bem depurado daquelas partes crassas e impuras com que haviam de apodrecer os pomos, em pouco tempo se corrompe a sidra, o que se conhece, porque tem um sabor desagradável.

2. Da sidra há diferentes espécies, pela diversidade de pomos de que se prepara. Os sumos das camoesas doces, que são de bom gosto, de que ordinariamente usamos, dão uma sidra que brevemente se corrompe; e por isto escolhem os pomos algum tanto acerbos e estíticos, de cujo sumo se prepara a melhor sidra, que mais tempo dura. Assim como das camoesas, tiram o sumo das pêras e de outros mais frutos, e fazem diferentes licores vinosos, igualmente espiri-

tuosos como a sidra e de tão bom gosto como ela. Dos pomos de que se tira o sumo depois de espremidos, fazem outro licor, lançando-os em água, onde se fermentam, e fica uma bebida deliciosa que refrigera e umedece muito, a que chamam sidra menor, menos forte, menos aguda e espirituosa que a outra, e por isto não embebeda, ainda que dela se beba maior porção, por cuja causa é bebida ordinária das mulheres daquelas terras.

3. A sidra de camoesas é muito peitoral, serve ao pulmão nos catarros e defluxos e artéria áspera, conforta o estômago, alegra o coração, umedece muito, adoça os humores acres e mordazes e é útil nas afecções hipocondríacas, melancólicas e escorbúticas. Não falta quem diga[1] que é mais conveniente para a saúde do que o vinho, porque os seus espíritos são menos impetuosos e agitados que os do vinho, por se embaraçarem com a quantidade de fleumas víscidas, que são as que fazem este licor frio e úmido. E há muitas experiências de que os que bebem dele são mais fortes, mais robustos e de melhor cor que os que usam do vinho. Refere Lemery, por lição de Bacônio, que oito homens que sempre bebiam da sidra chegaram a viver mais de cem anos, com tal robustez e ligeireza que saltavam e dançavam como os moços. Havemos de transcrever as suas palavras, porque pode haver alguém que se persuada a usar da sidra, em cuja preparação nenhuma dificuldade terá:

1. *Lemery, no tratado de alimentos, cap. da sidra.*

> *Bacon* [diz Lemery] *fait mention de huit vieillards, dont les uns avoient près de cent ans, les autres cent ans et plus. Ces vieillards, dit-il, non avoient bû toute leur vie que du Cidre, et ils avoient conservé à leur age une si grande vigueur que ils dansoient et que ils sautoient aussi bien que de jeunes gens.*
>
> Bacon faz menção de oito velhos, dos quais uns tinham perto de cem anos e outros mais de cem anos. Esses velhos, diz ele, não haviam bebido por toda a sua vida senão sidra e haviam conservado em sua idade um vigor tão grande que dançavam e saltavam como os moços.

4. Este licor, bebido com excesso, embebeda, e dura a temulência muito mais tempo que a do vinho, porque os espíritos da sidra são mais crassos, lentos e viscosos que os espíritos do vinho e necessitam de mais tempo para se gastarem. É conveniente esta bebida em todo o tempo, em qualquer idade e temperamento, que, usando-se com moderação, nunca ofenderá.

Capítulo XV
Do Hidromel Vinoso e do Mulso

1. Nas regiões frias, onde as uvas não chegam a madurar, de sorte que delas se possa fazer vinho doce, preparam uma bebida de água e de mel branco a que chamam *hidromel vinoso*, e não difere do hidromel ordinário mais que na fermentação, com que se faz espirituoso como o vinho, porque tomam igual quantidade de água da fonte ou de rio e de mel branco e fervem-nos até que um ovo fique nadando no hidromel; então, metem-no em barris, de sorte que a terça parte deles fique vazia, porque na fermentação há de crescer o licor, e ocupa todo o vácuo; tapa-se a boca do barril ou tonel com pano de linho, porque não arrebente com a força da fermentação, e põe-se ao sol ou em parte onde se faça fogo, por tempo de um mês, em que se fermenta o hidromel até se fazer espirituoso e vinoso; então, guarda-se bem tapado. Alguns lançam-lhe coisas aromáticas, como canela e cravo, e sumo de cerejas, de amoras e outros tais, com que fazem o hidromel de melhor gosto e de cor mais aprazível.

2. Este hidromel é quente e seco, e, para ser bom, há de ficar claro e de um gosto doce e picante. Se ficar turvo e menos agudo no sabor, é sinal de que não se fermentou o tempo que devia e por isto não se depurou das partes oleosas do mel, de que resulta ficar menos espirituoso e agudo ou picante, por

cuja causa não se há de beber sendo novo, senão que se há de deixar volatilizar e espiritualizar bem por meio da sua fermentação.

3. O hidromel conforta o estômago e o coração, vigora os espíritos e anima o sangue com as suas partes voláteis e exaltadas, dulcifica os humores acres que ofendem o peito, com partes oleosas e balsâmicas de que é dotado, laxa o ventre, assim porque abranda os humores crassos e tartáreos das primeiras vias, como porque irrita, com as partículas salinas, as glândulas e fibras dos intestinos. É útil nos fastios, porque excita o apetite, aproveita nas cólicas frias e flatulentas, nas tosses, rouquidões, catarros e nos tísicos, pela virtude abstergente com que mundifica as chagas do pulmão, tem bom uso nas asmas úmidas, porque facilita o escarrar e nas queixas em que seja necessário urinar, porque é diurético.

4. Se se bebe com excesso, embebeda, grava a cabeça e o estômago, causa náuseas, principalmente sendo novo. Não se deve usar nos biliosos, porque se converte em cólera e é mais próprio para os velhos e para os fleumáticos e melancólicos, que para os moços e para os que forem de temperamento quente e de contextura grácil ou seca.

5. Além deste hidromel vinoso, há o hidromel ordinário, ou mulso, que se compõe de água e de mel, no que há suas diferenças, porque, ou se mistura muita água com pouco mel, e a este chamam hidromel diluído, ou muito mel com pouca água, e a este chamam hidromel meraco [lat. *meracus, a, um*, puro, sem mistura]; e tanto um como outro, ou são crus, ou fervidos. O hidromel fervido ferve ao fogo e vai espumando enquanto ferve. O cru não chega ao fogo e põe-se ao sol. Este é flatulento e causa dores de estômago e cólicas. Aquele é diurético e peitoral, útil para as tosses, rouquidões e catarros de causa fria, e próprio para os velhos e fleumáticos. Não se deve dar aos moços biliosos, nem aos que padecem obstruções.

SEÇÃO V

DO SONO E VIGÍLIA; DO MOVIMENTO E DESCANSO; DOS EXCRETOS E RETENTOS E DAS PAIXÕES DA ALMA

Capítulo I

O que Seja Sono e que Utilidades e Danos Cause no Corpo Humano

1. O dormir e o vigilar são afecções dos sentidos que na vigília trabalham e no sono aquietam. É pois o sono uma prisão dos sentidos externos, ordenada a fim de que os viventes descansem do trabalho que têm na vigília. E é causa do sono tudo aquilo que faz cessar e feriar os ditos sentidos das suas operações. E porque os espíritos animais são os que movem e inquietam, nestes havemos de considerar a causa de cessarem e de não se moverem, o que sucede ou porque os espíritos faltam, ou porque se entorpecem, ou porque se suspendem, ou porque se detêm no cérebro. Faltam os espíritos para inquietar os sentidos externos quando há penúria deles, ou porque se gastaram com as vigílias longas, em que se consomem muitos, ou com o trabalho e exercício laborioso, ou com as curas e achaques em que se têm feito muitos remédios, ou com os banhos, ou com as calmas e estuações do tempo, ou com os cuidados, que com todas estas coisas se dissipam muitos espíritos. Entorpecem-se estes e fazem-se menos móveis com os vapores crassos de coisas odoríferas e narcóticas, ou do que se come e se bebe. Suspendem-se docemente os espíritos no seu movimento com a suavidade da música, com a corrente das águas, com a lição dos livros pouco atenta, com esfregações brandas nos pés ou na cabeça, com o silêncio, com o descanso do ânimo e com a escuridade, com que também os espíritos animais se detêm quietos no cérebro e não podem

fluir para os órgãos do sentido e movimento enquanto não há causa que os irrite e inquiete, quebrando o sono e entrando na vigília.

2. É precisamente necessário o sono para conservar a vida e, sendo moderado, faz grandes utilidades no corpo humano, porque ajuda os seus cozimentos, repara as forças gastas com o trabalho da vigília, descansa os espíritos nos seus movimentos, facilita e franqueia a transpiração insensível, umedece as partes internas, donde veio a dizer Hipócrates que o sono era alimento das entranhas, assim como o trabalho, das juntas: *Labor articulis cibus est; somnus vero visceribus*, etc. [O trabalho é alimento das juntas; o sono, das entranhas, etc.]. O que com igual fundamento se pode dizer dos velhos, cujos corpos frios e secos com o sono se aquentam e umedecem, recuperando a já perdida substancial umidade, o que parece que não ignorou Homero, citado por Galeno, quando disse:

Ut lavit, sumpsitque cibum, dat membra sopori;
Namque haec justa seni.
Depois que lavou e tomou o alimento, entregue o corpo ao sono,
Pois isto é justo para o velho.

3. Mas se o sono moderado faz todos estes cômodos, o dormir com excesso também é causa de muitos graves danos, porque o muito sono debilita o corpo, laxa as fibras e enfraquece as partes nervosas, dá uma cor caquética ao rosto e ao corpo todo, grava a cabeça, enchendo-a de vapores e de humores, enerva o calor natural e põe todas as partes do corpo ignavas e tórpidas. Os quais danos todos dependem da nímia retenção dos excrementos que há no tempo do sono imoderado, porque é certo que o sono coíbe todas as evacuações sensíveis do corpo, a não ser o suor, que é mais copioso no sono; e todos aqueles humores excrementícios e inúteis de que o corpo se havia de livrar na vigília ficam detidos em diversas partes no sono, gravando-as e oprimindo-as até fazerem males agudos em que a vida periga, ou achaques crônicos com que se perde a saúde. De maneira que, depois que a natureza acaba os seus cozimentos, o que se segue é lançar fora do corpo os excrementos e impuridades que resultaram deles, uns pela urina, outros pelo ventre, uns pela saliva, outros pelos olhos e outros pelos ouvidos; e finalmente, a cada qual pelos seus ductos, que para isto estão destinados, o que não se pode fazer dormindo; e por isto os que dormem muito se enchem e engrossam, porque o corpo, com dano seu, guarda todos estes humores que havia de depor com utilidade sua, e por isto do muito dormir ordinariamente resultam gravações da cabeça, estilicídios à garganta, aos vasos salivais e ao peito, porque no tempo do sono suspende-se a salivação e não correm as umidades do cérebro pelo nariz nem pela boca, o que sucede com as mais partes em que há superfluidades, que, ficando nelas,

é para as ofender, franqueando somente o sono a transpiração do corpo pela contextura cutânea; e se assim não fora, seriam muito freqüentes apoplexias nos que dormissem com excesso, pois não há nas horas do sono outra evacuação mais que a que se realiza pelos poros da pele.

Capítulo II
Em que Tempo, Quantas Horas e com que Decúbito se Há de Dormir

1. Para que o sono faça as utilidades referidas no capítulo antecedente e se evitem os incômodos que pode causar a sua nimiedade, é necessário dormir em tempo oportuno as horas que bastem com decúbito conveniente. E já se vê que o tempo mais próprio para o sono é a noite, em que o corpo descansa do trabalho do dia, e dura o sono sem interrupção muitas horas, com maior cômodo do indivíduo, porque pode continuar todo o tempo do cozimento do jantar, coisa muito conducente para se fazer melhor a quilificação. Não se recolherão porém a dormir sobre o jantar, senão que deve passar ao menos uma hora em que se darão uns passeios ou se fará um exercício leve, para que o alimento desça melhor ao fundo do estômago, que, como tem suas rugas, poderá o alimento deter-se e embaraçar-se nelas e não descer logo ao fundo sem estes movimentos.

2. As horas do sono, se isto estivesse no arbítrio dos que dormem, deviam ser todas as que levasse o cozimento do estômago e a distribuição do alimento, no que ordinariamente se gastam sete horas, ainda que, pela diversidade das naturezas, em umas pessoas se fará isto mais tarde, em outras mais cedo, porque é certo que os que tiverem o fermento estomacal mais ativo e o calor mais forte acabarão em menos horas todo o negócio da quilificação, principalmente

se usarem de alimentos que com facilidade se cozam. E seria também muito bom que o sono não excedesse muito as horas do cozimento, para que depois dele se expurgassem as suas impuridades pelos seus ductos, o que não se pode fazer nas horas do sono, porque, como já dissemos no capítulo antecedente, o sono suspende todas as evacuações, exceto o suor e a que se faz pela transpiração insensível do corpo; e ficando detidos por esta causa os excrementos que resultam das cocções, daqui nascem graves danos que causa o dormir muito, de que no dito capítulo fizemos menção. Os glutões, que se enchem muito de alimento, e todos os que tiverem estômago débil necessitam de mais horas de sono, para melhor cozerem, porque é certo que no sono se recolhe o calor ao estômago e que por isto se fazem nele melhor os seus cozimentos. Os que comerem moderadamente e cozerem com facilidade de menos sono necessitam; sete horas de sono é o que basta nos sãos e bem temperados. Os biliosos e secos hão mister mais horas de sono depois de comer, para que com ele se umedeçam. Os fleumáticos e obesos devem dormir menos, para que na vigília se sequem e emagreçam. Os meninos e velhos também necessitam de dormir muito, estes, porque têm pouco calor natural para haverem de cozer bem os alimentos; aqueles, porque comem com excesso e não poderá o seu estômago quilificar bem, se não se ajudar do sono longo, que para isso conduz.

3. Além do sono da noite, também ao meio-dia ou sobre o almoço, costuma-se dormir, sendo que é muito nocivo este sono e por isto reprovado pelos de Salerno no capítulo primeiro da sua Escola, porque nele se enche a cabeça de vapores crassos e de umidades que causam catarros, estilicídios e outros males. Além de que, como o sono do meio-dia não dura em todo o tempo do cozimento, quando acordam e se expande às partes externas e remotas o calor que estava recolhido nas entranhas, interrompe-se o cozimento, fica o estômago pesado com os alimentos, conclui mal a quilificação e experimenta-se muita flatulência, eructações ácidas, fastio e às vezes náuseas e vômitos. Por isto parece que é muito melhor escusar este sono e contentar-se com o da noite, e mais quando este com aquele se diminui, porque ordinariamente os que dormem muito de dia dormem menos de noite.

4. Porém os que por qualquer causa que seja não dormirem bem de noite e os que por muito trabalho se acharem cansados ao meio-dia bem podem dormir depois de almoçar, o que devem fazer também os que estiverem fracos por mal convalescidos de doenças que hajam tido, que em todos estes é necessário sono para descanso do corpo e para melhor transformação do alimento, o que principalmente se deve observar no estio, em que as noites, por pequenas, não consentem os sonos longos e é preciso recobrar de dia o que não se logrou na noite. Além de que os espíritos exsolvidos e gastos com

o calor e estuação do tempo necessitam de sono meridiano com que se reparem. No que se deve atender à natureza, hábito e costume de cada um. Nós nunca dormimos ao meio-dia nem de noite excedemos seis horas de sono, e neste hábito estamos há muitos anos, estudando e escrevendo, como agora atualmente fazemos, logo sobre o almoço e, à noite, depois do jantar, sem que por isto experimentássemos algum dano, de que nos privilegiou a valentia da natureza e a força do costume em que nos pusemos; e por isso concluímos este particular dizendo que os que não tiverem por hábito o sono do meio-dia, que se ponham no costume de passar sem ele, e os que forem acostumados a dormir a sesta sem dano, que guardem o seu costume, porque lhes poderá ser nocivo largá-lo para introduzir outro contrário.

5. Deve-se porém advertir que o sono do meio-dia não há de ser logo sobre o almoço, senão que há de passar uma hora, ao menos meia, para que o alimento desça melhor ao fundo do estômago, como dissemos do sono da noite, fazendo alguma leve deambulação entre ele e o almoço. Advertindo mais que o sono do meio-dia é muito melhor passá-lo com o corpo direito, do que deitado, porque na ereção do corpo se dá melhor êxito aos vapores que sobem que com o decúbito da cama. Ultimamente se há de advertir que o sono meridiano ou há de ser muito breve, ou muito longo. Muito breve, para que nele haja alguma retração do calor às entranhas, com que o alimento melhor se coza. Muito longo, para que dure em todo o tempo do cozimento, de que não se seguirão os danos de o interromper com a quebra do sono.

6. O decúbito com que de noite nos devemos recolher a dormir, dizem comumente os escritores que há de ser, no primeiro sono, sobre o lado direito, para que os alimentos desçam melhor ao fundo do estômago; depois, sobre o esquerdo, para que melhor se cozam com a vizinhança do fígado, no que seguimos a sentença de Plêmpio[1], que, fundado na posição das partes, é de parecer contrário, porque o fundo do estômago, em que o cozimento se realiza, está no lado esquerdo, e por isto parece que é melhor deitar sobre este lado no princípio do sono e enquanto durar o cozimento; e depois de passarem duas horas, deitar sobre o lado direito, em que está a boca inferior do estômago a que chamam *piloro*, para que por ela possa sair mais facilmente o alimento depois de cozido. O dormir de bruços é bom para o cozimento, mas dizem que faz mal à vista. O dormir de costas ofende a cabeça, enchendo-a de vapores, de que nascem vertigens, catarros, dores e outros danos capitais; e impede a evacuação dos excrementos pelos seus ductos; faz mal aos que sofrem de cálculos e aos que padecem intemperanças quentes dos rins, e por isto, em queixas nefríticas, se condena sempre o dormir com decúbito supino, o qual se numera também entre as causas do íncubo, a que vulgarmente chamam

1. *3. Fund. Medicin. 6.*

pesadelo, que só de dormir de costas se pode originar. Com que o melhor decúbito para dormir é sobre o lado esquerdo no princípio do sono e no fim sobre o direito, sempre com cabeceira algum tanto alta, para que a cabeça possa largar melhor os seus excrementos ou as suas umidades excrementícias. Nós dizemos o que se julga por melhor, mas neste particular siga cada qual o seu costume se se acha bem com ele. Aristóteles[2] foi de parecer que se devia dormir encolhendo os joelhos para o ventre, a fim de lhe dar maior calor no tempo do cozimento.

2. *In problem.*

7. Concluamos este capítulo perguntando se será mais útil deitar no inverno a dormir em cama quente, se em cama fria. No que dizemos que o deitar em cama fria no dito tempo pode ser nocivo, constipando-se a pele, impedindo-se a transpiração do corpo, de que resulta muitas vezes um tremor universal que retarda o sono, a que se segue febre, que molesta toda a noite e pode ficar durando dias. E assim nos parece melhor deitar no inverno em cama quente, porque, além de se evitarem os referidos incômodos, consegue-se franquear a transpiração insensível e pegar mais brevemente no sono. Advertimos porém que, depois de estar na cama, não se conserve mais tempo a quentura com artifício, como muita gente faz, deixando ficar dentro da cama um barril de estanho a que chamam comadre, cheio de água quente, que é com que melhor e mais suavemente se aquentam as camas, porque, para impedir a constipação da pele e os danos dela, basta a quentura com que se acha a cama, a qual se vai conservando com o calor do corpo. E ficar o barril com água quente nas horas do sono pode ser causa de aquentar muito o sangue, de se inquietarem os espíritos, de haver febres, erisipelas e outros mais danos que algumas vezes vimos suceder por esta causa.

Capítulo III

Que Coisa Seja Vigília e Quais os seus Efeitos no Corpo Humano

I. A vigília é uma disposição do cérebro, em que os espíritos animais livremente se efundem, para fazerem os seus usos. É uma soltura dos sentidos externos, presos e ligados no tempo do sono. E assim como neste se aquietam os espíritos para o sossego, assim na vigília se movem para o trabalho, vigorando-se com ele todas as partes do corpo que o sono tinha sem uso. E por isto a vigília moderada faz grandes utilidades no corpo humano, porque ela excita e fortifica todos os sentidos, com que fazem melhor as suas operações. Nela os espíritos se movem por todo o corpo e a todo ele se difunde e se comunica o calor para o reto exercício de todas as suas partes. Ela facilita a circulação do sangue, purificando os vasos sangüíneos das superfluidades excrementosas, que podiam renovar o seu movimento. Ela excita e move todas as evacuações do corpo, em cuja execução estriba a saúde dele. Na vigília o ventre depõe os seus excrementos que detidos fariam cólicas, causariam febres e outros mais danos, que podiam acabar a vida. Na vigília a cabeça se livra das umidades, que lança pelos seus ductos, as quais, detidas nela, podiam ser causa de males gravíssimos. Na vigília os vasos linfáticos se descarregam pela salivação, que no sono está suspensa. E finalmente, na vigília se evitam e remedeiam os males, que causa ou pode causar o sono demasiado.

2. Mas para fazer a vigília todas estas utilidades, há de ser moderada; que, sendo excessiva, causa muito grandes danos, porque gasta e dissipa os espíritos, seca todo o corpo, particularmente o cérebro, causa delírios, frenesis e convulsões. Inflama o corpo, queima o sangue, acrescenta e aguça a cólera de maneira que causa dores agudas, vômitos, soluços e vários outros males, todos grandes e perigosos, quais costumam ser os da cólera adusta e superabundante. Faz febres ardentes e não só causa males de calor e secura, mas também males frios, exsolvendo-se os espíritos e debilitando as entranhas e a massa do sangue, de que se seguem hidropisias, paralisias, apoplexias e outros males, que semelhantes causas costumam produzir. Por isto é necessário que a vigília seja moderada e que se solicite o sono, que é o remédio dela.

Capítulo IV

Do Movimento, ou Exercício. Mostra-se o que Seja Exercício e as Utilidades que dele se Seguem

1. Por movimento entendemos o exercício e trabalho e pelo descanso o ócio. É o exercício um movimento do corpo, feito com tal veemência, que a respiração se mude e se acelere. Porque não basta só o movimento para se dizer exercício, senão que há de ser movimento com veemência. Os que andam, movem-se, mas se é com uma leve deambulação, não fazem exercício, que para o fazerem, hão de andar com veemência que os canse e lhes apresse a respiração, a qual com o exercício se muda, porque com ele cresce o calor do corpo e aumenta-se o do coração, o do pulmão e das partes espirituais, de maneira que, para refrigério seu, fazem a respiração mais freqüente, pois é certo que com o ar que se respira se temperam.

2. Do exercício há várias diferenças, porque uns se fazem andando a pé, outros correndo e saltando; uns andando a cavalo, outros em carruagens. Uns são universais, em que se agitam e se movem todas as partes do corpo, como sucede no jogo da péla palmária e na escola de esgrima. Outros são peculiares, destinados para certas partes, como é o remar para os braços, o cantar, o gritar e ler alto para o peito e o andar a cavalo para o estômago. Nós aqui falaremos do exercício universal, que é o de maior utilidade para saúde do corpo todo.

3. Galeno recomenda em primeiro lugar o exercício do jogo da péla, a que se pode chegar o do jogo de espada, porque neles se movem com veemência todas as partes do corpo. Porém, como nem todas as pessoas podem fazer estes exercícios, nem são necessárias estas violências, dizemos que é bom exercício aquele que, em dia plácido e sereno, se faz andando a pé, com moderada veemência, não por lugares alcantilados e sublimes, mas por locais planos e amenos, em que a vista se recreie ao mesmo tempo em que o corpo se exercite. Porque, ainda que neste gênero de exercício só os pés e as pernas propriamente se movam, todas as mais partes gozam do benefício dos seus movimentos. De sorte que não se há de andar com tal violência, que aos primeiros passos se fatigue o corpo, senão que, com movimento moderado, se há de fazer exercício, até que o corpo levemente se quebrante e se mova algum suor.

4. Este exercício faz grandes utilidades ao corpo humano, porque ele aumenta o calor natural de que resulta o fazerem-se bem os cozimentos do estômago e o haver boa nutrição do corpo. Ele adelgaça os humores e alarga os ductos e vasos por onde se movem, de sorte que facilita a circulação do sangue e da linfa e a expulsão dos excrementos, que a natureza expele pelas vias para isto destinadas. Move e agita os espíritos, que com o ócio estão quase entorpecidos. Dissipa os flatos, atenua os humores crassos, que fazem obstruções nas primeiras vias e por isto é grande remédio dos hipocondríacos e melancólicos. Desseca as umidades do cérebro, excita o apetite, conforta o estômago, fortifica as juntas e todo o sistema nervoso. Desfaz as obstruções e desopila as entranhas e aos sãos preserva-os de que adoeçam, porque, além das referidas utilidades, franqueia a transpiração insensível pela contextura cutânea, pela qual se purifica a massa do sangue e se depura o corpo das superfluidades que nele superabundam, sendo certo que é muito maior quantidade a que insensivelmente transpira pelos poros da pele que a que por todas as evacuações sensíveis se evacua. E abrindo-se os poros e atenuando-se os humores com o exercício, já se vê a grande utilidade que dele resulta e quanto ele é necessário para a conservação da saúde.

5. Duas coisas, ambas iguais, disse Hipócrates[1] que haviam de observar os que fossem estudiosos e amantes da saúde: não comer com excesso e trabalhar ou fazer exercício com cuidado:

> *Sanitatis studium est, non satiari cibis et impigrum esse ad labores.*
> É diligência de saúde não se saciar com alimentos e ser ativo para os trabalhos.

Entendeu que era tão necessário o exercício no campo, como a sobriedade na mesa. O que não ignorou Aristóteles[2], quando disse que para conserva-

1. *6. Epidem.*

2. *Problem. 46. sect. 1.*

ção da saúde era preciso comer pouco e trabalhar muito, persuadindo-se a que os homens adoeciam ou por lhes sobejar o alimento, ou por lhes faltar o trabalho:

Causam aegrotandi, [são as suas palavras], *excrementorum habet nimietas, quae tam certe exultat, cum aut cibus superest, aut labor deest.*

O excesso dos excrementos, que certamente tanto aumenta, ou com muito alimento, ou pela falta de exercício, é a causa de doenças.

E havendo de faltar a uma destas duas coisas, ou à parcimônia e moderação da mesa, ou ao trabalho e exercício do corpo, menos nocivo é comer com excesso do que não fazer exercício. Mas a lástima é que ordinariamente se falta a ambas as coisas, porque nem se come com moderação, nem se faz exercício com cuidado, sendo assim, que estas duas coisas são as colunas em que estriba o edifício da saúde, que por falta de qualquer delas se arruína, mas com esta grande diferença, que os erros no alimento, os excessos da gula, os pode remediar o muito exercício. E a falta deste e os danos que resultam de não o fazer, não os pode evitar a parcimônia da mesa. Tudo é doutrina expressa de Galeno[3], que, recomendando repetidas vezes o exercício como o melhor preservativo dos males, em uma delas nos diz que não cuide quem não fizer bastante exercício que com o comer pouco se há de preservar dos males de que aquele o livraria; e que precisamente há de fazer repetidas evacuações por sangria e purga, para suprir a falta do exercício; porém, se o exercício for grande, ainda que se exceda a moderação da mesa, assegura que com ele emendará aqueles excessos e se preservará das enfermidades, que o muito comer lhe podia causar. Tanto como isto pode o exercício, mas a falta dele nenhuma coisa a supre. Havemos de transcrever as palavras de Galeno, que são elegantíssimas e exprimem neste particular tudo quanto se pode dizer:

3. *Lib. de suc. bonit. e vit. cap. 2.*

Nisi quis satis exerceatur, nulla ciborum parcimonia se a morbis immunem tueri poterit, nisi per intervalla inopiam exercitii purgatione, vel per sanguinismissione compenset. Sin integre exerceatur, etiam aliquando in alimenti ratione peccans, durabit sine morbis.

A não ser que alguém se exercite suficientemente, por nenhuma parcimônia de alimento poderá manter-se imune de doenças, a não ser que compense, por intervalos, a falta de exercícios pela purgação ou emissão de sangue. Se, pelo contrário, integralmente exercitar-se, mesmo algumas vezes faltando ao racionamento de alimentos, durará sem doenças.

6. Não há neste particular mais que discorrer, senão emedular a doutrina que incluem estas palavras de Galeno, tão claras que não necessitam de exposição. As pessoas que têm uma vida agitada e laboriosa, os que vivem de seu trabalho, os que jogam a péla, os que freqüentam a esgrima, os que jogam a bola, estes não necessitam de outro exercício, nem devem tratar-se com grande parcimônia na mesa. Porém os que têm vida sedentária e contemplativa, com estudos e

letras e os que passam em ócio por vida, devem fazer exercício com cuidado, sob pena de terem uma vida valetudinária e morbosa, que acabe com uma morte repentina. E não basta qualquer exercício, senão que há de ser bastante exercício: *Satis exerceatur*. Há de ser exercício inteiro: *Integre exerceatur*. Há de ser exercício que tenha a medida larga.

7. Todo exercício há de ter tempo em que se faça e medida até onde chegue. A medida há de ser até que o corpo se quebrante, ou levemente se fatigue, ou até que haja algum suor, ou até que o corpo se faça vermelho, que em havendo qualquer destas coisas, deve cessar o exercício. O tempo de o fazer é de manhã, quando já se tem acabado o cozimento do jantar e o estômago está vazio e são horas de que os excrementos que resultaram do cozimento se evacuem e se dissipem com o exercício, com que o corpo se dispõe melhor para receber novo alimento. O que não sucederá tão bem fazendo exercício de tarde, porque, não estando acabado o cozimento, fará descer o alimento mal cozido e será causa de haver obstruções e outros danos que da perversão do cozimento se podem originar. E por isto é muito melhor o exercício antes do almoço que antes do jantar, porque de manhã o estômago não está ocupado e pela distância do jantar, os alimentos já estão cozidos e distribuídos, o que não pode suceder fazendo exercício antes do jantar. Depois de comer não fica mal uma leve deambulação com a qual não se revoque muito o calor às partes internas, nem se arrebate o alimento cru, mas quanto baste para que desça melhor ao fundo do estômago, onde mais prontamente se coze. Com que concluímos dizendo que o exercício se há de fazer de manhã, andando com moderada veemência, até que se mova algum suor, ou o corpo se fatigue. Os que não puderem fazer exercício a pé, andem a cavalo; e os que nem a cavalo, nem a pé puderem se exercitar, andem em carruagem, dando movimento ao corpo da maneira que lhe for possível, se não quiserem experimentar os danos do ócio. E os que o não puderem fazer de manhã, façam-no de tarde, porque nada é tão nocivo como o não fazer.

8. Para que o exercício faça as utilidades que temos dito é necessário que seja moderado, porque, sendo excessivo, debilita o calor natural, gasta os espíritos, enfraquece as entranhas, aquenta, dissolve e faz ferver a massa do sangue, causa febres, reumatismos, defluxões, achaques frios, como hidropisias, indigestões, paralisias e uma insigne debilidade em todo o corpo.

Capítulo V
Do Descanso. Mostra-se o Muito que Ofende a Falta de Exercício

1. O descanso é contrário do movimento. É a suspensão do exercício. Vale o mesmo que ócio, mas tem esta diferença: que o descanso diz breve tempo de quietação e o ócio, longo tempo de ignávia e de preguiça. E assim como o exercício é necessário aos que vivem ociosos, assim o descanso é preciso aos que trabalham e se exercitam muito. O grande exercício e o trabalho continuado exsolvem muito os espíritos, gastam as forças, enfraquecem as juntas e todo o sistema nervoso, debilitam o calor natural e por isto é conveniente que entre as fadigas do exercício haja algumas horas de sossego e quietação moderada, com que os espíritos descansem dos seus movimentos e as fibras e nervos se reparem do que perderam nos seus usos para depois continuarem com mais valentia nos empregos em que se exercitam. Em todo trabalho se há de alternar o descanso.

Danda est remissio animis [dizia Sêneca][1]*; meliores acrioresque requieti surgent, animorumque impetum assiduus labor frangit; vires recipient paulum resoluti, ac remissi.*

É preciso dar descanso aos ânimos, despertam melhores e mais rijos do descanso, o trabalho assíduo quebra o ímpeto dos ânimos; recebem forças os pouco resolvidos e os remissos.

1. *De tranquil. anim. cap. 15.*

Os que têm vida sedentária, em que o corpo está sem movimento progressivo, é necessário que tomem algum tempo de exercício que lhes sirva de descanso naquele trabalho de estarem sentados sempre. Os que cansam o engenho com discurso e obras de agudeza hão de feriar algum tempo para prosseguir na mesma empresa com maior impulso. Mas nesta alternância, de descanso e de trabalho, sempre o trabalho há de exceder o descanso.

2. O moderado descanso faz as utilidades que temos dito; mas, se for tão imódico, que passe a ócio e a preguiça, pode ser causa de muitos danos, que faltando o movimento e exercício ao corpo, não faltarão achaques que acabem a vida, ou a façam morbosa, porque o corpo se irá enchendo dos excrementos e superfluidades que o exercício havia de gastar. Perder-se-ão os cozimentos, extinguir-se-á o calor natural, o sangue perderá a volatilidade e oxigenação que deve ter para bem circular e para os mais usos que deve satisfazer; impedir-se-á a transpiração do corpo, fechando-se os poros cutâneos, que o exercício faz abrir e patentear; debilitar-se-ão os nervos, que o trabalho e movimento roboram e fortificam e finalmente todas as partes do corpo se enfraquecerão e haverá nele uma universal lassidão e impotência que apresse a velhice, que o trabalho havia de retardar, fazendo entrar a adolescência pelos anos da senilidade, como dizia Celso:

> *Ignavia corpus hebetat, labor firmat; illa maturam senectutem reddit, hic vero longam adolescentiam facit.*
>
> A preguiça embota o corpo, o trabalho fortifica; aquela torna a velhice mais acentuada, este, porém, faz longa a adolescência.

3. De todos estes males preserva o exercício, cujos poderes são tamanhos, que conservam a vida com saúde e por isto não faltou quem dissesse[2] que o exercício era a conservação da vida humana, estímulo da natureza adormecida no ócio, consumpção das superfluidades, consolidação dos membros, morte dos achaques, fuga dos vícios, medicina dos males, lucro do tempo, dívida dos moços, gosto dos velhos, adjutório da saúde e destruição de todas as queixas, utilidades de que se privam todos aqueles que não querem viver com gosto, sendo tão fácil de conseguir esta felicidade, como é fácil o fazer exercício a quem tiver os movimentos livres.

2. *Valesc. de Taranta 4. de crudit. ventriculi.*

Capítulo VI
Dos Excretos e Retentos

I. Por excretos e retentos se devem entender os *excrementos do ventre, a urina, a transpiração insensível* e *o sangue mênstruo*. As quais coisas, se procedem tempestiva e moderadamente, conduzem muito para conservar a saúde que, ou por falta, ou por diminuição, ou por imódica afluência destes excretos, se arruína. Os excrementos do ventre, que a natureza deve expulsar cada dia, retidos nele, causam muitos danos, porque pervertem os cozimentos, de que se seguem fastios, náuseas, vômitos, cólicas, vertigens, dores de cabeça, obstruções, febres e outros inumeráveis males, de que resulta uma grande confusão no governo do corpo. Por isto dizia Hipócrates: *Ventris torpor, omnium confusio* [Torpor do ventre é confusão de todos]. Mas, se a evacuação do ventre for imoderada, também fará grandes danos, porque causará diarréias, disenterias, cursos lientéricos e celíacos, enfraquecerá o estômago, gastará os espíritos, debilitará os nervos e a massa do sangue, de que nascerão caquexias, hidropisias e outros muitos males, com que se destrua a saúde e a vida se acabe. Por isto é necessário trazer a natureza tão regulada que não falte, nem exceda o modo na evacuação dos excrementos, que das cocções do estômago resultam. Se for tarda, ou defeituosa neste ministério, provocá-la com clisteres, usar de coisas laxantes e de alimentos que lubriquem o ventre. Se for pronta e excessiva, valer dos corroborantes e adstringentes, para não vir a dar em laxações muito profusas.

2. A urina, se não se evacua na porção que é necessária, ficam muitos soros nas veias e muita linfa nas glândulas, de que se seguem defluxões, reumatismos, gota artética, febres catarrais e outros vários danos e se finalmente de todo se suprime; e dentro de seis ou oito dias se não provoca, corrompe-se o sangue e em breves dias se exala a alma.

3. A transpiração insensível, que se faz pela respiração e pelos poros da contextura cutânea, que é toda transpirável, se se chega a impedir, logo sobrevêm alguns danos, como são febres, às vezes agudas e malignas, cursos, estilicídios, inflamações, espasmos e convulsões, paralisias e podem sobrevir apoplexias, ou ficarem achaques de longa e prolixa duração. Porque o que insensivelmente transpira pelos poros da pele é mais que tudo quanto pelas evacuações sensíveis se evacua. Coisa que Sanctório averiguou e pôs na notícia dos homens, no livro que escreveu de *Medicina Statica*, assegurando que tanto se evacua pela transpiração insensível em um dia natural, como pelo ventre em quinze dias. Consideremos agora que danos podem sobrevir de faltar qualquer das evacuações sensíveis, que cada dia move a natureza, para temermos os muitos incômodos que podem nascer de se constipar a pele e de se impedir a sua transpiração, sendo certo que o que só por ela transpira, em um dia, pesa muito mais do que quanto no mesmo dia se extrai por todas as sensíveis evacuações. E por isto devemos fazer sempre grande cautela e pôr muito cuidado em que a pele não se constipe e em que se franqueie a sua transpiração, para o que sobre a prevenção de a trazer bem coberta, é utilíssimo o exercício moderado e repetido, porque atenua e adelgaça os humores e abre os poros da pele, para que em formas de hálitos e vapores possam transpirar liberalmente por ela. E quem se sentir constipado, como sucede em um frio grande, havendo pouco reparo, acuda logo a abrir os poros e a facilitar a transpiração impedida, antes de dar em algum dano, que justamente se deve temer, para o que basta muitas vezes qualquer tintura de flores de papoulas vermelhas, ou de carqueja, ou cozimento de cardo santo, usando no mesmo tempo de pedilúvios quentes, que muitas vezes só eles bastam para abrir os poros e provocar suor.

4. A purgação do mênstruo que, sendo tempestiva e bem regulada, muito conduz para boa saúde das mulheres, depurando-se por ela o corpo e purificando-se a massa do sangue das suas partes excrementosas e inúteis, se se suprime, ou é diminuta, causa grandes danos, assim agudos, como crônicos, com que este sexo muito padece, mas não padece menos se a purgação dos meses é imoderada, porque debilitam-se as forças, enfraquecem-se as entranhas e a massa sangüínea, de que resultam hidropisias incuráveis.

5. Entre os excretos e retentos numeram os escritores a *matéria seminal*, mas

menos propriamente, porque ela nem é excremento, nem sua excreção é das evacuações que a natureza cada dia deva promover, de cuja retenção ordinariamente não se segue dano, porque, ainda que algumas vezes se possa seguir, principalmente nos viúvos e nos que depois de dissolutos se fizeram continentes, contudo o mais freqüente é não fazer dano a retenção de matéria seminal, porque ela é uma porção do quilo, que nas pessoas continentes passa a nutrir outras partes e não se retém nos vasos seminais, que faltando-lhes a dita matéria, secam e se fazem ineptos para as seminações. Não negamos que há queixas histéricas nascidas de retenção e corruptela da matéria seminal, mas dizemos que sucedem poucas vezes e que comumente faz maior mal a nímia excreção desta matéria do que a sua retenção, como se observa nos continentes e nos libidinosos, sendo certo que estes padecem mais que aqueles, porque com as freqüentes excreções da matéria seminal debilitam-se as entranhas, dissipam-se os espíritos, enfraquece-se o sistema nervoso e morrem os homens esgotados, exaustos e tísicos dorsais, o que não acontece na retenção.

Capítulo VII
Das Paixões da Alma

I. As paixões da alma são uns movimentos e impulsos do ânimo, nascidos da apreensão do bem, ou do mal, presente, ou futuro. Da apreensão do bem próprio e presente nasce a alegria, o gosto e deleitação. Da apreensão do bem alheio nasce a inveja, a malevolência. Da apreensão do bem futuro, a esperança, o amor. Da apreensão do mal presente, a ira, a tristeza. Da apreensão do mal futuro, o medo e a desesperação. Todas estas paixões têm grande poder no corpo humano, que não só causam gravíssimos males, mas também mortes e às vezes repentinas, de cujos casos estão cheias as histórias. Assim lemos que Quilo, um dos sete sábios gregos, morreu de gosto, abraçando um filho seu vencedor nos jogos olímpicos. Morte que tiveram também Crotoniates e Eneto, recebendo a coroa de vitoriosos nos mesmos jogos. Diágoras, vendo coroados três filhos em um mesmo dia, o gosto e contentamento o matou de repente. Filípide Cômico, vencendo em certame sete poetas, subitamente morreu de gosto. O Papa Leão x, sabendo que os franceses haviam restaurado a cidade de Milão, foi tão grande o gosto que teve, que morreu subitamente com ele. O famoso pintor Zêuxis, depois de pintar uma velha, vendo a deformidade dela, morreu com gosto de haver feito aquela pintura, o que com esta e outras paixões da alma sucedeu a muitos. Nós vimos uma mulher tão irada que lhe rebentou o sangue pela boca e dentro de meia hora exalou a alma.

2. E não há dúvida que as paixões do ânimo comovem muito os humores, alteram o sangue e os espíritos e chegam a mudar a constituição e temperamento do corpo, quando são excessivas e continuadas. Entre todas, as principais são a tristeza, o medo, a ira e o gosto. A tristeza faz recolher ao interior do corpo o calor dele, o sangue e os espíritos, de que resulta o impedimento da transpiração insensível pela periferia do corpo, de que nascem febres humorais podres e outros muitos danos. E continuando a tristeza, debilita o calor natural, refrigera e desseca o corpo, faz pálida a cor do rosto e finalmente vem a consumir e gastar os espíritos e toda a valentia do corpo se vem a render à tirania da morte.

3. O medo revoca subitamente ao coração o calor do corpo, ficando as partes externas e extremas álgidas e pálidas, com tremores e estridor dos dentes, a voz trêmula e interrupta, as pernas e braços sem alento para os movimentos, porque os espíritos se recolheram com o calor, ao interior do corpo e por isto mesmo, se o medo é grande, solta-se o ventre e a urina, como se a bexiga e os intestinos estivessem paralíticos, porque no recurso do calor, as desampararam os espíritos animais, ficando laxas as fibras e pervertido o teor delas, que com os espíritos se conservava. E por último no grande medo se acaba a vida, quando o recurso do sangue e dos espíritos ao coração é tanto e tão impetuoso, que o sufoca e mata de repente, como aconteceu a algumas pessoas ouvindo o estrondo de bombardas e armas de fogo, que de medo acabaram a vida e a outros, que havendo passado sem saber por lagos e rios gelados, constando-lhe depois, morreram de repente, cujas histórias se podem ver em Petrônio.

4. A ira, se é grande, agita veementissimamente o sangue e os espíritos, fazendo-o ferver e inflamar, move e aguça a cólera, excita febres diárias, podres e ardentes e chega muitas vezes a ofender a razão, o que principalmente faz em naturezas coléricas, cujo sangue é mais apto para estes danos e causa mortes repentinas, como sucedeu ao imperador Nerva, que, irando-se contra um régulo, a própria paixão o matou de repente e ao imperador Valentino, que embravecendo-se contra os sármatas, à veemência da ira exalou a alma, infortúnio que padeceu também Venceslau, rei de Boêmia.

5. O gosto é entre as paixões da alma a única que conduz para conservação da saúde, porque, sendo moderado, faz com que o calor natural, os espíritos e o sangue se difundam a todo corpo, de que resulta grande vigor em todas as suas partes e boa nutrição, boa cor e boa umectação em todo ele. Por isto dizia o sábio: *Animus gaudens aetatem floridam facit* [A alma alegre faz a vida florida].

Porém se o gosto é excessivo, exsolve e dissipa os espíritos de maneira que causa uma síncope e muitas vezes mata de repente, como já dissemos, o que principalmente sucede nos velhos, nas mulheres e em naturezas debilitadas.

6. Sendo pois certo que as paixões da alma fazem tantos e tão graves danos, os que forem estudiosos de conservar a saúde, devem solicitar muito a tranqüilidade do ânimo, resistindo à veemência daquelas afecções, desprezando toda a ocasião e motivos que possam excitá-las, prevalecendo sobre todos os estímulos da paixão os superiores poderes do entendimento, que tudo dominam. É verdade que muitas vezes são tais os casos e tão inopinados os sucessos, que não podem evitar-se as paixões, nem prevenir-se os sofrimentos. Mas passado o primeiro impulso, o que podem fazer os homens é divertir-se com vários entretenimentos, ou empregos, que lhe moderem o sentimento. Uns jogando, outros lendo, outros caçando, segundo as suas inclinações e todos conversando com pessoas de seu agrado, que nada diverte tanto como a conversação de que se gosta, com a qual os prazeres se moderam e os trabalhos se aliviam:

Ibat Rex obsitus aevo,
Et comitem Aeneam juxta, natumque tenebat,
Ingrediens, varioque viam sermone levabat[1].
Caminhava o rei, com o peso dos anos,
E tinha perto o companheiro Enéias e o filho;
Avançava tornando leve o caminho com variada conversa.

1. *Virg. 8. Aeneid.*

LAUS DEO

GLOSSÁRIO*

ABSTERGENTE: Que purga, seca as umidades.

ABSTERSIVA: Abstergente, que limpa, que purga.

ACERBAS: Azedas, amargas.

ACRIMÔNIA: Azedume, acidez, o que é acre, áspero.

AÇÚCAR ROSADO: Açúcar derretido, misturado com folhas de rosas e fervido até certo ponto.

ADSTRINGE: Aperta, cerra, constrange, produz sensação de aperto.

ADSTRITIVAS: Que adstringe, provoca a sensação de aperto.

ADUSTOS: Queimados, negros de calor.

ÁGUA ROSADA: Água a que se acrescentam substâncias vegetais.

ÁLGIDAS: Com frio glacial.

ALMORREIMAS: Dilatação das veias hemorroidais que se enchem de sangue.

ALPORCADA: Feitas as folhas em maçarocas, junto às raízes, para ficarem menos adstringentes.

ALPORCAS: Intumescência das glândulas do pescoço.

ANASARCAS: Hidropisia que provoca inchaço geral.

ANATOMIZADO: Dissecado, feita a anatomia.

ANEL: Círculo, o cilíndrico da forma do poço.

ANGÚSTIA: Estreiteza, redução do espaço.

ANGUSTÍSSIMAS: Estreitíssimas, apertadíssimas.

ANÓDINA: Abranda as dores, modera e

* As acepções foram buscadas nos seguintes dicionários: *Bluteau* (1712–1721), *Moraes* (1813), *Constâncio* (1818), *Lacerda* (1874), *Caldas Aulete* (1881), tendo havido o cuidado de informar de acordo com a época da obra, recorrendo, apenas em caso de necessidade a *Laudelino Freire* (1940–1944) e *Houaiss* (2001). Foram necessárias consultas a dicionários especializados, como *Farmacopéia Tubalenso Químico-galênica*, de Manoel Rodrigues Coelho (1735), *Dicionário dos Termos de Medicina*, de Moscozo (1853), e *Dicionário de Termos Científicos de Moléstias*, de João Francisco de Oliveira Balduen (1860) e *Dicionário Médico*, de João Francisco dos Reis (1874).

diminui as dores do corpo.

ANTIPERÍSTASE: Aumento de força por se aumentar a força contrária.

ANTRAZ: Carbúnculo que ocorre em animais, transmissível ao homem pelo *Bacillus antracis*.

APERIENTE: Remédio aperitivo, que desfaz os tumores, desobstruentes.

APOSTEMAS: Abscessos, supurações.

ARQUEU: Calor, queimação.

ARRÁTEL: Unidade de medida de peso, correspondente a 459 g.

ARROBE: Bebida cozida ao fogo, sumo de fruta.

ARTEMIGE: Erva-de-são-joão; é aromática.

ASCITES: Hidropisia do baixo ventre, barriga d'água.

ÁSPIDES: Cobra venenosa.

ASTACOS: Designação comum aos crustáceos, como caranguejos e lagostas.

ATENUATÓRIAS: Relativas ao enfraquecimento do organismo, emagrecimento, debilidade.

AUSTERAS: Acres, adstringentes, de gosto picante.

BACÍVOROS: Aves que se alimentam de bagas, grãos.

BECABUNGA: Planta escrofulariácea, uma das espécies de verônica.

BEZOÁRTICO: Medicamento composto de pedra bazar, concreção calculosa de animais.

BÍBULOS: Que gostam de beber e absorvem líquidos.

BILIOSOS: Que produzem muita bile.

BURJASSOTES: Espécie de figo de massa vermelha.

BUTIROSO: Que tem as propriedades de manteiga.

CALCINAM: Aquecem naturalmente com o calor do sol.

CANÍCULA: Tempo em que a constelação do Cão se levanta e se põe com o sol.

CANTÁRIDAS: Inseto cujo pó provoca urina.

CANTIMPLORA: Vasilhame doméstico para líquidos.

CAQUÉTICA: Vítima de caquexia, envelhecimento com abatimento geral.

CAQUEXIAS: Abatimento senil, fraqueza geral do organismo pela idade ou como se fosse pela idade.

CARBÚNCULO: Doença causada pelo *Bacillus antracis*.

CARDIALGIAS: Dores de estômago acompanhadas de desfalecimento.

CASEOSO: Da natureza do queijo.

CATAPLASMAS: Emplastro que se aplica ao corpo para unir os lábios das feridas e de cortes.

CELÍACOS: Relativos ao intestino.

CENOSOS: Que têm lodo, lama.

CERVICOSOS: Teimosos, que não curavam a cerviz, obstinados.

CIÁTICAS: Dores do nervo ciático ou do osso da bacia.

CIEIRO: Nódoa escura e áspera causada pelo frio nos lábios, nos beiços.

CIRCUMPOSTOS: Postos à volta.

CIRROSOS: Vítimas de tumor duro, renitente, que deriva em cancro.

CITRINO: Da cor da cidra.

COCLEÁRIA: Erva medicinal da família das crucíferas, é antiescorbútica.

CÔDEA: Parte exterior endurecida pelo cozimento, crosta.

COLÉRICOS: Com excesso de cólera, um dos humores do corpo humano.

CONSECTÁRIOS: Que ocorre como conseqüência, resultado, efeito.

CONTEMPERA: Tempera juntamente com alguma substância; modera, equilibra.

CÓPIA: Abundância, grande quantidade, em número elevado.

CORDIAL: Diz-se de medicamento ou porção que ativa a circulação sangüínea.

CORROBORANTES: Que fortalecem, fortificam.

CORRUGANDO: Enrugando.

CÔVADO: Antiga medida de comprimento, correspondente a três palmos, ou 0,66 m.

COZER: Fazer digestão de alimento, digerir.

COZIMENTO: Digestão.

CRASSAS: Grossas, espessas, gordas.

CRUEZA: Matéria indigesta e mal cozida nos canis do corpo; indigestão.

CRUSTÁCEOS: Têm conchas unidas por diversas juntas, como o caranguejo.

DEFEDAÇÕES: Manchas de pele.

DEFLUXÕES: Corrimento mórbido na mucosa.
DETERGENTE: Que limpa, estimula superfícies supurativas, favorecendo a supuração.
DIAFORÉTICA: Que excita a transpiração; sudorífico.
DISURIAS: Ardor, ardência ao urinar.
EFUNDEM: Soltam livremente, abrem.
ELIXAÇÃO: Ato de cozer em água ou em outro líquido.
EMACIADAS: Pálidas, descoradas, magras e fracas.
EMPIEMÁTICOS: Que têm acúmulo de pus, empiema, em algum órgão do organismo.
EMPIREUMA: Gosto e cheiro das águas e óleos queimados ao fogo.
EMULSÕES: Bebida medicinal que refresca.
ENCRASSAM: Adensam, tornam pesados.
ENFREIAM: Refreiam, põem freio, moderam.
ENXÚNDIA: Gordura ou banha que a galinha e outras aves têm no ventre.
EPILOGAR: Recapitular, resumir.
ERUCTAÇÕES: Emissão de gases do estômago pela boca, com ruído; arrotos.
ESCABIOSOS: Cheios de erupções semelhantes à sarna.
ESCATURIGEM: Fonte, nascente de água.
ESCRÓFULAS: Alporca, intumescência de gânglios, tuberculose linfática.
ESCULENTA: Que sustenta, alimenta, nutritiva.
ESPÍCULOS: Pontas, agrilhões, ferrões.
ESPÍRITOS: O ânimo, a disposição da alma.
ESPIRITUOSAS: Com partes invisíveis e sutis que revigoram o corpo.
ESQUINÊNCIA: Doença que aperta a laringe, a faringe e impede de engolir e respirar.
ESQUISITAS: Raras, incomuns, mas definidas, conhecidas.
ESTERQUILÍNIOS: Esgotos, esterqueiras.
ESTILICIDIOSOS: Sofrem de estilicídio, defluxo, fluxo nasal, coriza.
ESTIO: Verão.
ESTÍTICA: Que tem virtude adstringente.
ESTOMÁTICO: Bom para o estômago.
ESTRANGURIAS: Dificuldade máxima em urinar, muita dor, saindo gota a gota.
ESTRIDOR: Som penetrante, no caso, do ranger de dentes.
ESTUANTE: Quente, com marulhos e engulhos de vomitar.
ESTUOSAS: Que têm calor intenso.
ESTURRA: Torra, seca muito até queimar.
ESURINO: Capaz de despertar o apetite.
EXCREMENTÍCIAS: O mesmo que excrementosas.
EXCREMENTOSAS: Da natureza do excremento.
EXCRETOS: Excreção, matéria expelida, evacuada.
EXSICANTE: Que seca, que resulta do processo de exsicação.
EXSOLVEM: Dissolvem, reduzem a líqüido.
FEBRES ALBAS: Febre que pode ocorrer depois do parto.
FEBRES CONTINENTES: Conservam em toda a sua duração o mesmo grau de intensidade.
FEBRES PODRES: Pútridas, malignas, atáxicas, ou tifóide, são contagiosas e gravíssimas.
FEBRES QUARTÃS: Febre intermitente que se repete no quarto dia, isto é, com intervalo de dois dias.
FECULENTO: Carregado de sedimentos, fécula, no caso, fezes.
FEL-DA-TERRA: Centáurea menor, erva muito amargosa.
FERMENTESCÍVEL: Que fermenta.
FETOS: Plantas monocotiledôneas de troncos lenhosos, às vezes embaixo da terra.
FLATOS: Flatulência, ar produzido no estômago ou nos condutores de sangue.
FLAVO: Louro, cor de ouro ou de gema de ovo.
FLEUMÁTICOS: Da fleuma ou pituíta, humor húmido e frio do corpo humano.
FLORES BRANCAS: Fluor albo, leucorréia, corrimento, secreção vulvovaginal branca, ácida, com coceira.
FOMENTOS: Aplicação quente para alívio de dores e de enfermidades.
FORMIDÁVEL: Que causa medo, temível.
FRAGÁRIA: A planta que produz morangos.
FRIÁVEIS: Passíveis de sofrer fragmentação, de reduzir-se a pó.
FUGAZES: Que logo se corrompem, perecíveis.
FUNGOSO: Poroso, esponjoso, à moda de cogumelo.

GENITURA: Geração, origem, princípio da procriação.
GLUTINOSA: Pegajosa como grude.
GOTA ARTÉTICA: Inchaço nas articulações.
GOTA-CORAL: Epilepsia.
GRAVAÇÕES: Pesos, opressões.
GRAVEOLENTE: Fedorento, malcheiroso.
GRETAS: Fendas, aberturas, rachaduras.
HEBETAM: Embotam, enfraquecem, obscurecem.
HÉCTICO: Tísico, tuberculoso.
HELÉBORO: Planta medicinal preta, melâmpio, e vermelha, veratro.
HEMICRANIA: Dor de cabeça, enxaqueca.
HEMOPTÓICOS: Que têm hemoptise, que escarram sangue.
HIDRÓPICOS: Sedentos, insaciavelmente sedentos, ansiosos.
HIDROPISIA: Derramamento de líqüido e serosidade que provoca inchaço; acompanha a sede.
HIEMAIS: Relativas ao inverno, próprias do inverno.
HIPOCONDRIAS: Doença nervosa que faz crer que se têm enfermidades.
HIPOCÔNDRIOS: As partes laterais do abdômen no baixo ventre, falsas costelas.
IGNAVAS: Inativas, inertes, entorpecidas.
ILÉCEBRAS: Seduções, atrativos.
ILÍACA: Da volta do íleo, cuja obstrução impede a saída do excremento.
INCINDINDO: Abrindo por incisão, separando, rompendo.
INCOCTÍVEIS: Que não se digerem; indigestos.
INCOMPESCÍVEL: Que não se vence, não se derruba, insaciável.
INCULPÁVEL: Que não se corrompe tão depressa, não causa doenças.
INFENSAS: Avessas, contrárias, danosas, inimigas.
INQUINEM: Marcam, sujam, poluem.
INSTILADO: Líqüido introduzido gota a gota.
LAMBEDOR: Medicamento xaroposo, para uso nas afecções do aparelho respiratório.
LARDEIAM: Introduzem toucinho na carne.
LENTOR: Lentidão, leve umidade.
LENTOS: Frouxos, moles, pouco rijos.
LENTURA: Umidade de coisa lenta.
LETARGO: Esquecimento, desleixo, inércia acerca de coisas da obrigação.
LICOR: Qualquer líqüido.
LIENTÉRICOS: Relativos à diarréia em que se lançam alimentos mal digeridos.
LINFADO: Diluído em água.
LIXÍVIA: Água impregnada de sais, passada por outros produtos e coada.
LOCH DE CAULIBUS: Poção preparada com determinadas ervas aromáticas.
LÓQUIOS: Regras, menstruação das mulheres.
LUBRICAM: Soltam com remédios ou com purgantes.
LUBRICIDADE: Qualidade do que é mole, escorregadio.
LÚBRICOS: Escorregadios, que obram, evacuam com facilidade.
MALACOTÕES: Moles, brandos.
MANGA: Filtro à maneira de funil para se fazer passar por manga; coar.
MARASMADOS: Vítima de marasmo, o último estado da febre hética.
MATURATIVA: Causa e ajuda a maturação, o cozimento de inflamações.
MELANCÓLICAS: Carregadas de humor da bile.
MÊNSTRUO: Solvente, corpo líqüido dissolvente.
MICTO: Micção, ato de urinar.
MIRABÓLANOS: Fruto das ameixeiras-da-pérsia, usadas na farmacopéia.
MORBO GÁLICO: Mal francês, mal venéreo, sífilis.
MORDACIDADE: O que é pungente, corrosivo.
MORIGERADOS: Bem morigerados: que têm bons costumes; mal morigerados: que têm maus costumes.
MORSOS: Mordeduras, apertos.
MULCÍBERO: Fogoso, ardente. De Mulcebre, um dos nomes de Vulcano.
NEFRÍTICAS: Relativas aos rins, de nefrite, cólica renal causada por pedras ou areia nos rins.
NERVOSO: Forte, robusto.
NÍMIA: Demasiada, sobeja, excessiva.
NITROSA: Relativa a nitro ou salitre, que se forma ou se extrai dele.
NOCENTÍSSIMO: Muito danoso, prejudicial.
NÓXIOS: Nocivos, danosos, prejudiciais.

OITAVA: Antiga medida de peso, correspondente à oitava parte da onça, ou 3,586 g.

OLHA: Caldo.

ONFACINO: Diz-se do azeite fabricado com azeitonas verdes.

OPILAÇÕES: Obstrução de canais ou de órgãos do corpo.

OPORINOS: Do outono.

PANARÍCIO: Inflamação que compromete os tecidos em torno da unha.

PANO: Manchas escamativas na pele.

PÁREAS: Substância que sai pegada ao umbigo da criança, quando nasce; placenta.

PARIETÁRIA: Erva que nasce em parede, alfavaca de cobras.

PARRA: Videira, vide.

PASCENTES: Que se alimentam de ervas.

PEDILÚVIOS: Banhos nos pés.

PEDRA BAZAR: Concreção calculosa que se encontra em órgão de animais.

PEITORAIS: Remédio para o peito.

PÉLA PALMÁRIA: Jogo semelhante ao tênis.

PERIPNEUMONIA: Inflamação dos pulmões, com febre aguda.

PINGAS: Gotas.

PINGUES: Gordos, gordurosos, crassos.

PLEURISES: Inflamação da pleura.

PLEURÍTICOS: Doentes de pleurise, inflamação da pleura.

PODRAGA: Inchaço dos pés, gota.

PRAVAS: Nocivas, prejudiciais, más.

PRAVIDADE: Vício, má qualidade.

PROCIDÊNCIA: Saída violenta para fora da região.

PROLIXAS: Mais que copiosas, muito abundantes.

PRURIGENS: Prurido, comichão, erupção cutânea.

PULTÁCEA: Tem consistência de papas, pastosa.

PUNGITIVAS: Pungentes, penetrantes, fundas.

PURGAÇÕES BRANCAS: Inflamações que derivam em flores brancas, candida albicans, secreção branca.

PURULENTAS: Cheias de pus, com inflamações.

PUXOS: Sensação dolorosa de tensão ou constrição ao evacuar.

QUARTILHO: Quarta parte de uma canada; equivale a 0,665 litros.

QUILIFICAÇÃO: Transformação dos alimentos em quilo, produto líqüido da digestão.

RÂNCIDAS: Rançosas.

REDENHO: Gordura que forra os intestinos de animal.

REPERCUSSIVO: Prolonga o efeito da maturação e o estende a toda a inflamação.

REPERCUTIR: Fazer tornar atrás o humor pelas mesmas vias.

RESSICAÇÃO: Tornar seco, ressequido.

RETENTOS: Retido, matéria presa.

RETUNDE: Reprime, tempera, modera.

RIMAS: Fendas, fisgas, rachadura.

ROBORAR: Fortificar, dar novo vigor, corroborar.

ROSA SOLIS: Bebida feita de aguardente com certos aromas e sândalo vermelho.

SABULOSAS: Que têm areia ou estão misturadas com ela.

SALSUGEM: Humor salgado.

SALSUGINOSO: Que tem salsugem, humor salgado.

SANGÜIFICAÇÃO: Conversão do quilo em sangue, formação do sangue.

SAXÁTEIS: Peixes que se criam entre pedras ou pegados a elas.

SAXOSOS: Cheios de seixos ou pedras.

SECUNDINAS: Páreas, placenta, substância que sai pegada ao umbigo da criança, ao nascer.

SÊMEA: Parte da farinha de trigo que, depois de peneirada, se aparta do farelo.

SEMICÚPIOS: Banhos de água quente até a cintura.

SENE: Erva pungente usada na medicina.

SILIGÍNEO: Feito do puro trigo, da flor da farinha, o melhor pão.

SOPOR: Sonolência.

SORDÍCIE: Matéria grossa, pegajosa.

SUFUSÕES: Derramamento de humor fora dos vasos ou dos órgãos.

SUGILAÇÕES: Manchas do corpo causadas por pancada.

TÁBIDOS: Em que há podridão, infecção, que se definha, sinônimo de hécticos.

TALHADAS: Porção cortada de remédios sólidos, ou de alimentos, como queijo, doce.

TALHADINHAS: Substâncias cortadas em fatias finas.

TANCHAGEM: Erva comum usada na medicina como adstringente.

TEMULÊNCIA: Temor.

TENESMOS: O puxo que tem o ventre embaraçado de obrar, evacuar.

TESTÁCEOS: Coberto de uma concha só, calcária ou córnea.

TÓRPIDAS: Entorpecidas, dominadas pelo torpor.

TRIAGA: Teriaga, remédio contra diversas enfermidades, inclusive contra venenos; medicamento caseiro; panacéia.

TUSSICULOSOS: Que tossem com muita freqüência.

UNTO: Gordura.

UNTUOSAS: Untosas, grassentas, que têm unto.

USAGRES: Espécie de sarna que vai roendo a carne.

VALETUDINÁRIOS: Combalidos, de compleição débil.

VARRÃO: Porco reprodutor, não castrado.

VIRULENTOS: Que infeccionam o corpo, como veneno, peçonha, que tem vírus.

VÍSCIDA: Viscosa.

ÍNDICE DAS COISAS QUE SE CONTÊM NESTE LIVRO

Siquid fortassis Orthodoxae Fidei rectique dissonum moribus in hoc opere reperiatur, indictum volumus; nimirum Ecclesiae Catholicae omnia correcturae subjicimus.

Se nesta obra, por acaso, for encontrada alguma dissonância dos costumes da Fé ortodoxa, queremos fique declarado que, sem dúvida, submetemos tudo à censura da Igreja Católica.

A

Abóbora 184
Açafrão 211
Acelga 167
Açúcar 207
Adem 118
Agriões 169
Água fervida com chifre de veado
para que ferva 103
Água e suas diferenças 215
Água da fonte 216
Água da chuva ou de cisterna 216
Água de poço .217
Água de rio 218
Água de lagoa 218
Água de neve .219
Água de gelo .219
Água de que se há de beber 221
Água em que quantidade, em que tempo
e com que ordem se há de beber . .221 e ss.
Água em jejum é nociva 224
Água se se há de beber fria, se quente . .225
Água se se há de beber crua, se fervida . .226
Água nevada, suas utilidades e danos, que
pessoas não a devem beber 227
Água como se há de pôr ao sereno 227
Aguardente 245
Aguardente do açúcar 208
Aguamel 62
Água-pé 235
Água-pé, deve reputar-se por vinho
linfado 242
Água-da-rainha-de-hungria 246

Alcaparras 185
Alface 165
Alfarrobas 204
Alho 175
Alimento que seja 45
Alimento como se coze no estômago . . . 46
Alimentos para os sãos quais sejam os melhores 48
Alimento apetecido é o melhor para a natureza 47
Alimentos do uso e costume não se devem deixar por outros 49
Alimentos hão de comer-se em moderada quantidade 51
Alimentos comidos com excesso que danos causam 52
Alimentos maus comidos com parcimônia não ofendem 52
Alimento pitagórico qual seja 54
Alimento tênue que danos causam 55
Alimento tênue nunca se deve usar nos sãos 56
Alimento medíocre 56
Alimento pleno 56
Alimentos vários que danos causam 57
Alimentos com que ordem se hão de comer 61
Alimentos não devem preferir uns a outros na ordem de comer 62
Alimento cozido logo sai do estômago, ficando os que estão crus 63
Alimentos no estômago no seu cozimento todos se confundem 63
Alimento quantas vezes e em que horas se há de tomar cada dia 65
Alimentos do jantar se hão de ser diferentes dos do almoço 73
Alimentos assados se são melhores que os cozidos 75
Alimentos cozidos transmutam-se melhor no estômago que os assados 75
Alimentos assados nutrem melhor que os cozidos 76
Alimento próprio para cada temperamento 77
Alimentos da puerícia hão de ser frios e úmidos 77
Alimento para cada tempo do ano 81
Alimento deve ser mais copioso no inverno 81
Almeirão 166
Almoço se há de ser maior que o jantar . . 71
Aloja, bebida dos castelhanos 230
Amêijoas 156
Ameixas 194
Amêndoas 201
Amoras 195
Ananases 200
Animais quadrúpedes 91
Animais voadores 115
Ar que coisa seja 35
Ar que poderes tenha no corpo humano . . 35
Ar ambiente qual seja 35
Ar umas vezes conserva a saúde, outras a arruína 35
Ar tem o primeiro lugar no governo do corpo 35
Ar que se inspira chega com os espíritos a todas as partes do corpo 36
Ar conduz muito para boa nutrição 36
Ar ajuda a circulação do sangue 36
Ar atenua e afina o sangue no pulmão e no coração 36
Ar vigora os espíritos e nervosismo 36
Ar tem domínio no engenho, nas inclinações, nos costumes, nas cores e figuras do corpo 36
Ar conserva o calor natural e refrigera as entranhas 36
Ar impuro, crasso e nebuloso, que danos causam 36
Ar de Atenas faz os homens agudos e engenhosos 37
Ar de Boécia faz estúpidos os seus moradores 37
Ar de Fásis, rio de Colcos, faz de alta estatura a gente daquele sítio 37
Ar da Ásia faz os homens bem inclinados . 37
Ar de Campânia faz a gente soberba 37
Ar da Etiópia faz os homens negros 37
Ar bom qual seja 39
Ar excessivo nas suas qualidades que danos causam no corpo 36
Ar que deve eleger-se 39

Ar como deve preparar-se para cada natureza 36
Ar chega prontamente à cabeça e no peito 41
Ar de Lisboa é nocivo para os que têm estilicídios 42
Ar do Alentejo é útil para os que padecem defluxos e estilicídios 42
Ares hão de mudar-se nas doenças crônicas 41
Ares pátrios se são sempre bons nas queixas rebeldes 42
Arenques 150
Aromas 209
Arrobe de vinho 242
Arroz 163
Aspargos 180
Atum 140
Aveia 90
Avenato como se faz 90
Avelãs 203
Azamboas 198
Azedas 170
Azeite 205
Azeitonas 200
Azévia 149

B

Bacalhau 138
Baços são frios e secos 107
Badejo 138
Barbos 136
Batatas 177
Beiços são frios e secos 107
Beldroegas 168
Berbigões 154
Berinjelas 184
Bezugo 149
Bode 98
Bogas 136
Bolotas 204
Bonito 143
Bordalo 147
Borragem 166
Bredos 169
Budião 143

C

Cabra 99
Cabrito 98
Cação 146
Cachucho 148
Café 255
Café não se deve dar a meninos 256
Cágados 156
Calor não pode dissolver as coisas sólidas 46
Calor do estômago não é o que coze os alimentos .45
Camarões 152
Canela 209
Capado 99
Capão 116
Caracóis 156
Caramujos 155
Caranguejos 153
Carapaus 150
Cardo 174
Carne entre os alimentos é o que melhor nutre 91
Carne dos quadrúpedes é a mais nutriente 91
Carne de animais novos é de difícil cozimento 91
Carne de animais velhos é indigesta 91
Carnes da mesma espécie são muitas vezes diferentes 92
Carne de animais machos são melhores que das fêmeas 92
Carnes magras e duras são indigestas . . .92
Carnes muito gordas ofendem o estômago 92
Carnes de animais castrados são mais tenras 92
Carnes de animais negros são melhores que as dos brancos 92
Carnes assadas nutrem mais que as cozidas 92
Carnes frias e duras são indigestas 93
Carnes salgadas e duras são secas e indigestas 93
Carne de porco e carne humana são semelhantes 100
Carne de porco é a que melhor nutre . .100

Carneiro 97
Carneiro castrado é bom alimento 97
Carneiros inteiros são indigestos
e nocivos 97
Carpa 135
Castanhas 203
Castanhas-da-índia 186
Cavala 150
Cebola 176
Cenoura 175
Centeio 89
Centola 152
Cerefólio 172
Cerejas 194
Cerveja 247
Cevada 89
Chá 251
Chá não se deve dar aos meninos 252
Chancarona .146
Chibarro 92
Chicharro 142
Chícharos 162
Chicória 166
Chocolate 249
Chocolate não se deve dar aos meninos .250
Chocos 151
Choupa 144
Chouriços 100
Clareta 209
Coco 203
Codorniz 121
Coelho 105
Coentros 171
Cogumelos .179
Com que decúbito se há de dormir . . .269
Conchas 153
Condimentos 205
Congro 139
Coração é quente e úmido 107
Corça 104
Cordeiro 97
Corvina 140
Cozimento do estômago como se faz . . .46
Cozimento de estômago em quanto
tempo se faz 46
Costume tem força de natureza 49
Cotovia 123
Couves 168
Cravo 210

D
Damascos 192
Descanso 277
Descanso que utilidades e danos faz . . .278
Doçaina 147
Dourada 143

E
Eirol 141
Elefantes vivem trezentos anos 102
Em que tempo se há de dormir de
quantas horas há de ser o sono 267
Enguia 141
Enxarrocos .151
Enxavo 148
Ervilhas 160
Escalo 136
Escolar 140
Espinafres 167
Espírito de vinho 245
Estômago como coze os alimentos 46
Estômagos são frios e secos 107
Estorninhos .122
Excretos 279
Exercícios e suas diferenças 273
Exercício que utilidades faz 273
Exercício como se deve fazer 276
Exercício com que se supre a sua falta . .275
Extremidades dos quadrúpedes são
frias e secas 109

F
Faisão 120
Faneca 149
Farelos são quentes, secos e abstersivos . . .86
Favas 159
Feijões 161
Fígados são quentes e úmidos 107
Figos 187
Francolim 120
Frango 116
Frutas novas .192
Frutos das árvores 187
Frutos lenhosos 201

Frutos sativos 181

G

Galeno morreu com cento e
quarenta anos .54
Galinha 115
Galinhola 121
Galo 116
Gamos 104
Garoupa 144
Gergelim 163
Gengibre 210
Ginjas 195
Glândulas são frias e úmidas 109
Goraz 148
Gorduras dos animais são quentes
e úmidas 109
Gosto, que efeitos faz no corpo humano .283
Grãos 160

H

Hidromel vinoso 259
Hordeato, que seja e para que serve 89
Hortaliça 165
Hortelã 171

I

Inhame 177
Intestinos são frios e secos 108
Ira, que efeitos faz no corpo humano . .284

J

Jantar deve ser parco, sendo o
almoço largo 70
Jantar se há de ser maior que o almoço . .69
Jantar sempre é conveniente 70
Jantares de peixe que danos causam 74
Jantares grandes causam muitos danos . . .71

L

Lagosta 152
Lampreia 137
Laranjas-da-china 196
Laranjas azedas 197
Laranjas bicais 197
Laranjas doces 197
Lebre 104
Legumes 159
Leitão 101
Leite 111
Leite de vaca 112
Leite de ovelha 112
Leite de cabra 113
Leite de burra 113
Lentilhas 161
Limas azedas 198
Limas doces 198
Limões azedos 198
Limões doces 198
Limonada de neve, que utilidades faz . . . 198
Limonada de neve é melhor que sorvete .228
Linguados 149
Línguas são frias e úmidas 107
Lingueirão 150
Litão 146
Lixa 146
Logabante 152
Longueirões 154

M

Maçãs 192
Maçãs-de-anáfega 198
Manteiga é quente e úmida 113
Mãos são frias e secas 109
Marmelos 190
Matéria seminal, que é 280
Medo, que efeitos faz 284
Medronhos 199
Mel 206
Melancias 183
Melão 182
Melga 143
Melro 123
Mênstruo 280
Mero 144
Mesa de poucos alimentos é mais
saudável que a de muitos 52
Mexilhões 154
Milho grosso 89
Miolos são frios e úmidos 107
Morangos 185
Moréia 140
Mostarda 211
Movimento 273

Mugem 148
Mulso, ou aguamel 260

N
Nabo 173
Nata 114
Nêsperas 199
Nozes 202

O
Orelhas 107
Orelhas são frias e secas 107
Ostras 155
Ovas de peixe, todas são nocivas 131
Ovelha 98
Ovos de galinha 127
Ouriço marinho 155

P
Paios são indigestos 100
Paixões da alma 283
Pâmpano 149
Pão de trigo é o melhor alimento 85
Pão é a triaga dos mais alimentos 85
Pão é o alimento que mais nutre 85
Pão de rala move o ventre 86
Pão tremês é menos nutriente 85
Pão para ser bom, como se há de fazer . . 86
Pão duro coze-se mal no estômago 86
Pão quente, que danos causa 86
Pão de aveia 90
Pão de centeio 89
Pão de cevada 89
Pão de milho 89
Pardelhas 147
Pargo 142
Passas de uva 189
Patarroxas 149
Pato 119
Peixes 129
Peixe ofende os nervos e fibras 131
Peixe seco é menos nocivo que o fresco . 131
Peixe-agulha 148
Peixe-cabra 148
Peixe-espada 147
Peixe-galo 147
Peixe-lingüe 139
Peixe-pau 139
Peixe-prego 139
Pepino 183
Pêras 190
Percebes 155
Perdiz 120
Perrexil 172
Peru 118
Pés são frios e secos 109
Pescada 138
Pêssegos 191
Pimenta 210
Pimentão 185
Pimpinela 170
Pinhões 203
Polvo 151
Pombos 117
Porco 99
Porco-montês 102
Porro 177
Pulmões são quentes e úmidos 107

Q
Queijo fresco é frio e úmido 114
Queijo velho é quente e seco 114

R
Rábão 174
Rabas 173
Raia 146
Raízes sativas 173
Raízes que se não semeiam 179
Rãs 157
Relho 149
Requeijão é frio e úmido 114
Requeime 144
Retentos 279
Rins são frios e úmidos 109
Robalo 148
Rodovalho 142
Rola 122
Romãs 193
Ruivo 148

S
Safio 139
Sal 206

Sal é preciso no panifício 86
Saliva conduz muito para se cozer bem
o alimento no estômago 46
Salmão 133
Salmonete 134
Salsa das hortas 171
Sangue é quente e úmido 111
Sapo, peixe 146
Sarda 150
Sardinha 150
Sargo 147
Saturação de pão se é a pior de todas 87
Saturação do alimento que danos causam .52
Sável 136
Siba 142
Sidra 257
Sidra licor 257
Solha 134
Sono, que seja 263
Sono, que utilidades causa 263
Sono, que danos causa 264
Sono do meio-dia é nocivo 269
Soro de leite 114
Sorvas 199

T
Tainha 148
Tâmaras 199
Tamboril 139
Tartaruga 157
Testículos dos animais são
quentes e úmidos 109
Tolho 146
Tomates 184
Toranjas 198
Tordos 122
Transpiração insensível é maior que
todas as evacuações sensíveis 280
Transpiração insensível impedida é causa
de muitos danos 280
Tremelga 145
Tremoços 162
Trigo 85
Tripas são frias e secas 107
Tristeza, que efeitos faça no corpo
humano 284
Truta 135
Tutanos são quentes e úmidos 111
Túberas da terra 179

U
Ujo 145
Urina se não se evacua em bastante
quantidade, que danos causa 280
Uvas 188
V
Vaca 95
Várias diferenças de peixes 130
Várias diferenças de queijo 114
Veado 102
Vento serve para que o ar se não
corrompa 39
Ventos viciam e alteram os ares 39
Vento meridional, a que chamam Austro
ou Noto, é quente e úmido 40
Vento setentrional, a que chamam Aquilão
ou Bóreas, é frio e seco 40
Vento oriental, a que chamam Euro ou
Subsolano, é quente e seco 40
Vento ocidental, a que chamam Zéfiro ou
Favônio, é frio e úmido 40
Vigília, que seja 271
Vigília, que utilidades e danos causa . . .271
Vinagre 205
Vinho não se deve dar aos meninos 238
Vinho, que utilidades faz nos velhos . . .238
Vinho em que se afogam as enguias
causa ódio ao vinho 142
Vinho em que se sufocam as rãs faz
aborrecer o vinho 157
Vinho e suas diferenças 231
Vinhos azedos 232
Vinhos brancos 232
Vinhos brandos 231
Vinhos cheirosos 234
Vinhos de meia idade 235
Vinhos doces .232
Vinhos fortes .232
Vinhos louros e palhetes 233
Vinhos negros 233
Vinhos novos .234
Vinhos velhos 234
Vinhos vermelhos 234
Vinho, qual seja o melhor 237

Vinho, se o hão de beber as pessoas que têm saúde .237
Vinho, em quantidade se há de beber . .237
Vinho não se deve dar a meninos 238
Vinho é o leite dos velhos 238
Vinho bebido com moderação é muito útil 239
Vinho bebido em excesso ofende muito .239
Vinho, se se há de beber puro, se linfado .241
Vinho, como se há de linfar 241
Vinho no estio não ajuda ao estômago e esturra os alimentos 82
Várias advertências no uso do vinho . . .243
Vitela 96

Título	*Âncora Medicinal*
Autor	Francisco da Fonseca Henriquez
Modernização do Texto	Manoel Mourivaldo Santiago Almeida
	Sílvio de Almeida Toledo Neto
	Heitor Megale
Design	Ricardo Assis
	Negrito Produção Editorial
Assistentes de Design	Tomás Martins
	Ana Paula H. Fujita
Formato	20 x 25 cm
Tipologia	Bembo
Impressão	Lis Gráfica